できる

Access 2024
アクセス

Copilot 生成AI 対応

Access 2024/2021 & Microsoft 365 版

きたみあきこ & できるシリーズ編集部

インプレス

動画について

操作を確認できる動画をYouTube動画で参照できます。画面の動きがそのまま見られるので、より理解が深まります。QRが読めるスマートフォンなどからはレッスンタイトル横にあるQRを読むことで直接動画を見ることができます。パソコンなどQRが読めない場合は、以下の動画一覧ページからご覧ください。

▼動画一覧ページ
https://dekiru.net/access2024

無料電子版について

本書の購入特典として、気軽に持ち歩ける電子書籍版（PDF）を以下の書籍情報ページからダウンロードできます。PDF閲覧ソフトを使えば、キーワードから知りたい情報をすぐに探せます。

▼書籍情報ページ
https://book.impress.co.jp/books/1124101137

●用語の使い方

本文中では、本文中では、「Microsoft Access 2024」のことを、「Access 2024」または「Access」、「Microsoft Windows 11」のことを「Windows 11」または「Windows」と記述しています。また、本文中で使用している用語は、基本的に実際の画面に表示される名称に則っています。

●本書の前提

本書では、「Windows 11」に「Microsoft Access 2024」または「Microsoft 365のAccess」がインストールされているパソコンで、インターネットに常時接続されている環境を前提に画面を再現しています。

「できる」「できるシリーズ」は、株式会社インプレスの登録商標です。
Microsoft、Windowsは、米国Microsoft Corporationの米国およびその他の国における登録商標または商標です。
そのほか、本書に記載されている会社名、製品名、サービス名は、一般に各開発メーカーおよびサービス提供元の登録商標または商標です。
なお、本文中には™および®マークは明記していません。

Copyright © 2025 Akiko Kitami and Impress Corporation. All rights reserved.
本書の内容はすべて、著作権法によって保護されています。著者および発行者の許可を得ず、転載、複写、複製等の利用はできません。

まえがき

本書は、マイクロソフト社が提供するデータベースアプリ「Access」の入門書です。2023年3月に発行された『できるAccess 2021』の「基本編+活用編の二部構成でAccessを丁寧に解説する」というコンセプトはそのままに、活用編のページを増量して内容の充実を図りました。

基本編では、顧客情報を管理するデータベースを作成しながら、データを格納する「テーブル」、データを抽出するための「クエリ」、入力画面となる「フォーム」、プリントアウト用の「レポート」といったAccessの4大機能を紹介します。

活用編では、基本編で作成した顧客管理データベースを拡張して、受注管理のデータベースに仕上げます。顧客情報と受注情報を連携させるためのテーブル・フォームの設計、"インボイス対応"の請求書レポートの作成、クエリを使った受注データの集計など、基本編の復習をしつつ、ステップアップを目指します。また、データベースの操作を自動化する「マクロ」の組み方や、Excelと連携する方法も身に付けます。

さらに、今回新たに『AccessでCopilotを活用するには』という章を設けました。「Copilot（コパイロット）」は、Windowsに付属するAIアシスタントです。Copilotを使えば、分からない操作を質問したり、テーブルの構造を提案してもらったり、式を立ててもらったりと、Accessの作業の時短・効率化に役立ちます。

各章の操作手順は、画面入りで丁寧に説明しています。Accessの仕組みや考え方、用語の意味、時短テクニックなど、手順横にある関連情報も理解を深める支えとなるでしょう。練習用のサンプルファイルは、Webサイトで提供しています。ダウンロードして、ぜひご利用ください。

会員データ、商品データ、販売データなど、さまざまなデータをデータベース化して効率的に活用できれば、業務改善につながるはずです。本書がその一助になれば幸いです。最後に本書の制作にご協力いただいたすべてのみなさまに感謝申し上げます。

2025年2月　きたみ　あきこ

本書の読み方

レッスンタイトル
やりたいことや知りたいことが探せるタイトルが付いています。

サブタイトル
機能名やサービス名などで調べやすくなっています。

練習用ファイル
レッスンで使用する練習用ファイルの名前です。ダウンロード方法などは6ページをご参照ください。

YouTube動画で見る
パソコンやスマートフォンなどで視聴できる無料の動画です。詳しくは2ページをご参照ください。

レッスン 22 クエリのレコードを並べ替えよう

昇順と降順　　　練習用ファイル　L022_並び替え.accdb

クエリでは、レコードの並び順を指定できます。目的に合わせて見やすい並び順でレコードを表示しましょう。ここでは、レッスン21で作成した [Q_顧客住所録] のレコードを郵便番号の昇順に並べ替えます。

キーワード
選択クエリ	P.458
ナビゲーションウィンドウ	P.459
レコード	P.460

関連情報
レッスンの操作内容を補足する要素を種類ごとに色分けして掲載しています。

💡 **使いこなしのヒント**
操作を進める上で役に立つヒントを掲載しています。

🔲 **ショートカットキー**
キーの組み合わせだけで操作する方法を紹介しています。

⏱ **時短ワザ**
手順を短縮できる操作方法を紹介しています。

👍 **スキルアップ**
一歩進んだテクニックを紹介しています。

🔍 **用語解説**
レッスンで覚えておきたい用語を解説しています。

⚠ **ここに注意**
間違えがちな操作について注意点を紹介しています。

レコードを [郵便番号] の昇順に並べ替える

郵便番号の順に並べたい

郵便番号の昇順に並べられた

1 ナビゲーションウィンドウからクエリを開く

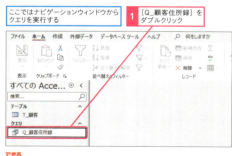

ここではナビゲーションウィンドウからクエリを実行する

1　[Q_顧客住所録] をダブルクリック

⏱ **時短ワザ**
デザインビューを開くには
ナビゲーションウィンドウでクエリを右クリックして、[デザインビュー] をクリックすると、最初からクエリのデザインビューが開きます。

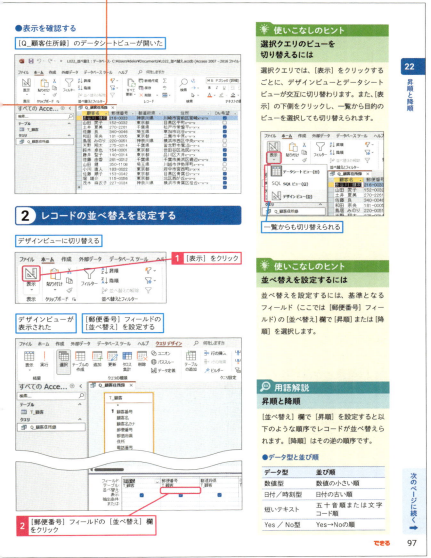

練習用ファイルの使い方

本書では、レッスンの操作をすぐに試せる無料の練習用ファイルとフリー素材を用意しています。ダウンロードした練習用ファイルは必ず展開して使ってください。ここではMicrosoft Edgeを使ったダウンロードの方法を紹介します。

▼練習用ファイルのダウンロードページ
https://book.impress.co.jp/books/1124101137

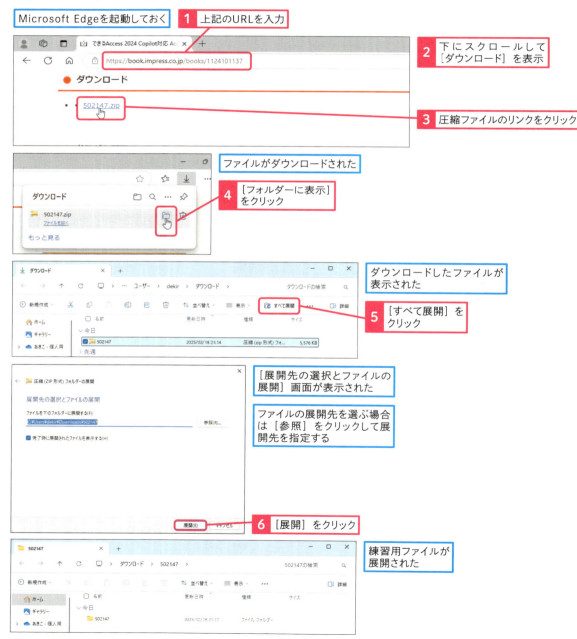

● 練習用ファイルを使えるようにする

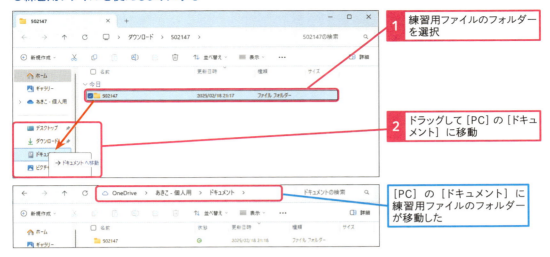

練習用ファイルの内容

練習用ファイルには章ごとにファイルが格納されており、ファイル先頭の「L」に続く数字がレッスン番号、次がレッスンの内容を表します。レッスンによって、練習用ファイルがなかったり、1つだけになっていたりします。 手順実行後のファイルは、収録できるもののみ入っています。

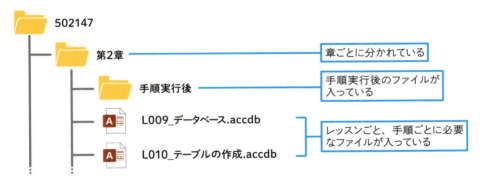

［保護ビュー］が表示された場合は

インターネットを経由してダウンロードしたファイルを開くと、保護ビューで表示されます。ウイルスやスパイウェアなど、セキュリティ上問題があるファイルをすぐに開いてしまわないようにするためです。ファイルの入手時に配布元をよく確認して、安全と判断できた場合は［編集を有効にする］ボタンをクリックしてください。Accessファイルで［セキュリティリスク］が表示された場合は、447ページの付録1を参照してください。

目次

本書の前提	2
まえがき	3
本書の読み方	4
練習用ファイルの使い方	6
本書の構成	25
ご購入・ご利用の前に	26

基本編

第1章 Accessの基礎を学ぼう　27

01 データベースとは　Introduction　28

データベースのことならおまかせ！
Accessはデータベースアプリ
4つの姿を覚えよう
基本からしっかり学びましょう！

02 Accessとは　Accessのメリット　30

大量のデータのを蓄積して一元管理できる
大量のデータを自在に分析できる
専用の入力画面や帳票を作成できる

03 データベースファイルとは　データベースの構成　32

データベースを構成するオブジェクト
「テーブル」はデータを貯める入れ物
複数のテーブルでデータを管理する
「クエリ」でデータを抽出・加工・集計する
「フォーム」でデータを分かりやすく表示・入力する
「レポート」でデータを見やすく印刷する

スキルアップ 処理を自動化するオブジェクトもある　35

04 Accessを使うには　起動と終了　36

Accessを起動する
Accessを終了する

05 データベースファイルを作成しよう　空のデータベース　40

データベースファイルを作成する

スキルアップ ［ドキュメント］以外の場所に保存するには　40

作成されたファイルを確認する

06 Accessの画面を確認しよう　画面構成　42

Accessの画面構成

8

この章のまとめ　Accessの操作に慣れよう　　44

基本編

第2章　テーブルを作成しよう　　45

07　テーブルにデータを貯めよう　Introduction　　46

テーブルから作りましょう
テーブルとは
データを入力しよう
便利な機能で効率アップ！

08　テーブルの基本を学ぼう　フィールド、データ型、主キー　　48

テーブルの構成を確認する
テーブルの設計画面を確認する
データ型の種類
主キーの必要性

09　データベースファイルを開こう　ファイルを開く　　52

データベースファイルを開く準備をする
コンテンツを有効化する

10　テーブルを作成しよう　テーブルデザイン　　54

フィールド名とデータ型を設定する
スキルアップ　フィールドを入れ替えるには　　56
主キーを設定する
テーブルに名前を付けて保存する
テーブルを閉じる

11　テーブルを開いてビューを切り替えよう　ビューの切り替え　　60

［T_顧客］を開く

12　データのサイズを定義しよう　フィールドサイズ　　62

フィールドサイズを設定する
上書き保存する

13　テーブルでデータを入力しよう　テーブルの入力　　64

データシートビューでデータを入力
フィールドにデータを入力する
レコードを保存する
スキルアップ　レコードの表示を切り替える　　67

できる　9

14 フィールドの幅を調整しよう 列幅の変更 68

入力するデータに合わせて列幅を変更する
フィールドの幅を調整する
上書き保存する

15 フィールドの初期値を設定しよう 既定値 70

入力が期待されるデータをあらかじめ表示しておく
フィールドの規定値を設定する

スキルアップ ［登録日］に今日の日付を自動入力する 71

表示を確認する

16 顧客名のふりがなを自動入力しよう ふりがな 72

顧客名を入力するだけでふりがなを自動入力
［ふりがなウィザード］を設定する
ふりがなの入力先と文字種を設定する
ふりがなが自動入力されることを確認する

17 郵便番号から住所を自動入力しよう 住所入力支援 76

郵便番号を入力するだけで住所を自動入力
［住所入力支援ウィザード］を起動する
住所が自動入力されることを確認する

18 日本語入力モードを自動切り替えしよう IME入力モード 80

入力するデータに合わせて入力モードを自動で切り替える
［IME入力モード］を設定する
日本語入力モードの切り替わりを確認する

スキルアップ ［定型入力］プロパティの設定をするには 83

この章のまとめ　テーブルの仕組みを理解しよう 84

基本編

第3章 クエリでデータを抽出しよう 85

19 クエリでテーブルからデータを取り出そう Introduction 86

テーブルにデータを問い合わせる
クエリでデータを操作する
条件を絞ってデータを取り出そう
抽出条件を組み合わせて使おう

20 クエリの基本を知ろう クエリの仕組み 88

選択クエリの機能
選択クエリの仕組み

21 選択クエリを作成しよう　クエリの作成と実行　90

[T_顧客] テーブルの一部のフィールドを抜き出す
新しいクエリの元になるテーブルを指定する
クエリに表示するフィールドを指定する
クエリを実行して保存する

22 クエリのレコードを並べ替えよう　昇順と降順　96

レコードを [郵便番号] の昇順に並べ替える
ナビゲーションウィンドウからクエリを開く
レコードの並べ替えを設定する
クエリの実行結果を確認する

スキルアップ 複数のフィールドを基準に並べ替えるには　99

23 条件に合致するデータを抽出しよう　抽出条件　100

[DM希望] が「Yes」のレコードだけを表示する
レコードの抽出条件を設定する
クエリの実行結果を確認する

スキルアップ データ型に応じて抽出条件を指定する　103

24 〇〇以上のデータを抽出しよう　比較演算子　104

[顧客番号] が「10以上」のレコードだけを表示する
比較演算子を使った抽出条件を設定する
クエリの実行結果を確認して保存する

25 特定の期間のデータを抽出しよう　Between And演算子　106

[受注日] が「2025/5/1 ～ 2025/5/31」のレコードだけを表示する
クエリに表示するフィールドを設定する
特定の期間の抽出条件を設定する
クエリの実行結果を確認して保存する

スキルアップ 「未入力」「入力済み」を条件に抽出するには　109

スキルアップ 「〇〇以外」を抽出するには　109

26 部分一致の条件で抽出しよう　ワイルドカード　110

[住所] が「横浜市」で始まるレコードだけを表示する
ワイルドカードを使った抽出条件を設定する
クエリの実行結果を確認して保存する

スキルアップ ワイルドカードを活用しよう　111

27 すべての条件に合致するデータを抽出しよう　And条件　112

「条件Aかつ条件B」の条件で抽出する
1つ目の抽出条件を設定する

クエリの実行結果を確認する
2つ目の抽出条件（And条件）を設定する
And条件による抽出結果を確認して保存する

28 いずれかの条件に合致するデータを抽出しよう　Or条件　116

「条件Bまたは条件B」の条件で抽出する
1つ目の抽出条件を設定する
2つ目の抽出条件（Or条件）を設定する
Or条件による抽出結果を確認して保存する

| スキルアップ And 条件とOr条件を組み合わせるには | 119 |
| スキルアップ クエリに表示しないフィールドで抽出するには | 119 |

29 抽出条件をその都度指定して抽出しよう　パラメータークエリ　120

クエリの実行時に条件を指定して抽出する
パラメータークエリを設定する
パラメータークエリを実行して保存する

| スキルアップ 抽出条件のデータ型を指定するには | 122 |
| スキルアップ ワイルドカードや比較演算子と組み合わせるには | 123 |

30 テーブルのデータを加工しよう　演算フィールド、加工　124

[登録日] から「月」を取り出して [登録月] フィールドを作成
演算フィールドを作成する
クエリの実行結果を確認して保存する

| スキルアップ 四則演算や文字列結合を行うには | 127 |
| スキルアップ データベースファイルを最適化しよう | 127 |

この章のまとめ　クエリの仕組みに慣れよう　128

基本編

第4章 データを入力するフォームを作ろう　129

31 フォームでデータを入力・表示しよう　Introduction　130

データを入力する画面を作ろう
テーブルからワンクリックで作れる
入力しやすい形に調整しよう
デザインも変えよう

32 フォームの基本を知ろう　フォームの仕組み　132

テーブルのデータを見やすく表示・入力できる
適材適所のビューを使ってフォームを作成

33 1レコードを1画面で入力するフォームを作ろう （オートフォーム） 134

[T_顧客] テーブルのレコードを表示する
新しいフォームを表示する
フォームを保存する

スキルアップ 表形式のフォームを作成するには 137

34 コントロールのサイズを調整しよう （集合形式レイアウト） 138

コントロールのサイズを変更する
フォームを開いてビューを切り替える
コントロールの幅を変更する
コントロールの高さを変更する

35 コントロールの位置を入れ替えよう （コントロールの移動） 142

コントロールの配置を変更する
ラベルとテキストボックスを選択する
コントロールを移動する

36 ラベルの文字を変更しよう （ラベルの編集） 144

フォームのタイトルを編集する
ラベルを選択する
ラベルを編集する

37 フォームにテキストボックスを追加しよう （テキストボックスの追加） 146

テキストボックスを追加して登録月を表示する
[コントロールウィザード] を無効にする
新しいテキストボックスを追加する
テキストボックスに関数を入力する

スキルアップ 表形式のフォームにテキストボックスを追加するには 149

38 タイトルの背景に色を付けよう （デザインビュー、セクション） 150

フォームヘッダーの色を変える
フォームのデザインビューを表示する
フォームヘッダーを編集する
ラベルの文字の色を変更する

39 フィールドのカーソル表示を調整しよう （タブストップ） 154

入力しないフィールドにカーソルが移動するのを防ぐ
[タブストップ] を設定する
テキストボックスの色を変更する
カーソルの動きを確認する

できる 13

40 フォームでデータを入力しよう フォームでの入力 158

フォームでデータを入力する
フォームを表示する
フォームに入力する
テーブルに入力されたことを確認する

この章のまとめ 使いやすいフォームを作ろう 162

基本編

第5章 レポートで情報をまとめよう 163

41 レポートでデータを印刷しよう Introduction 164

データを見やすく印刷しよう
レポートウィザードで簡単に作れる
要素のメリハリをつけよう
きれいに仕上げよう

42 レポートの基本を知ろう レポートの仕組み 166

テーブルのデータを見やすく印刷できる
適材適所のビューを使ってレポートを作成
セクションの印刷位置を確認する
印刷プレビューを確認しよう

43 データを一覧印刷するレポートを作成しよう レポートウィザード 170

顧客データを表形式で印刷するレポートを作成する
[レポートウィザード]でレポートを作成する
レポートの印刷プレビューを確認する

44 表の体裁が自動で維持されるように設定しよう 表形式レイアウト 174

コントロールに表形式レイアウトを適用する
レポートを開いてビューを切り替える
コントロールを選択する
表形式レイアウトを適用する

45 各セクションのサイズを変更しよう セクションの高さ 178

完成をイメージしながら各部のサイズを変える
ページヘッダーの高さを変更する
コントロールを編集する
レポートヘッダーを非表示にする
セクションと文字の色を変更する

14 できる

46 表形式のコントロールのサイズを調整しよう　表の列幅変更、余白　184

用紙に合わせて列幅を調整する
ビューを切り替えて余白を設定する
コントロールをページの幅に収める

47 縞模様の色を変更しよう　交互の行の色　188

縞模様の色を変えて見栄えを整える
［詳細］セクションを選択する
色を設定する

48 レポートを印刷しよう　レポートの印刷　190

印刷プレビューを表示する
印刷を実行する

49 宛名ラベルを作成しよう　宛名ラベルウィザード　192

［DM希望］がYesの顧客の宛名ラベルを作成する
［宛名ラベルウィザード］を起動する
宛名ラベルを作成する
レイアウトを設定する
［顧客名］フィールドを追加する
印刷プレビューを確認する

この章のまとめ　レポートを使いこなそう　198

活用編

第6章 リレーショナルデータベースを作るには　199

50 リレーションシップでテーブルを関連付ける　Introduction　200

データをリレーしてつなげよう
テーブル同士をつなぎ合わせる
操作はマウスで手軽にできる
テーブルにリストから入力できる

51 リレーションシップの基本を知ろう　リレーションシップの仕組み　202

情報を分割して管理する
複数のテーブルをリレーションシップで結ぶ

52 データの整合性を保つには　参照整合性　204

一対多のリレーションシップ
［参照整合性］を使用してデータの整合性を保つ

スキルアップ　［参照整合性］の3つの監視機能とは　205

できる　15

53 関連付けするテーブルを作成するには （結合フィールド） 206

受注管理システムのテーブルを用意する
[T_受注] のフィールド名とデータ型を設定する
[T_受注] のフィールドプロパティを設定する
[顧客番号] のフィールドプロパティを設定する
[T_受注] の主キーを設定して保存する
[T_受注明細] テーブルを作成する
[T_受注明細] の主キーを設定して保存する

54 テーブルを関連付けるには （リレーションシップ） 212

3つのテーブルを関連付ける
リレーションシップウィンドウにテーブルを追加する
テーブルを関連付ける
リレーションシップウィンドウを閉じる

55 関連付けしたテーブルに入力するには （サブデータシート） 220

サブデータシートを利用して入力する
[T_受注] にデータを入力する
[T_受注明細] にデータを入力する
[T_受注明細] を確認する

| スキルアップ [T_受注明細] テーブルを受注番号順で表示するには | 225 |
| スキルアップ 親レコードの更新や削除を可能にするには | 225 |

56 データをリストから入力できるようにするには （ルックアップ） 226

顧客名の一覧リストから顧客番号を入力できるようにする
コンボボックスを設定する準備をする
リストの内容を設定する
データシートビューを開いて入力を確認する

| スキルアップ オリジナルのデータをリストに表示するには | 229 |

57 「単価×数量」を計算するには （集計フィールド） 230

[金額] フィールドを作成して「単価×数量」を計算する
[金額] フィールドを作成する
式ビルダーで計算式を設定する
計算結果を確認する

この章のまとめ テーブルを正確に設定しよう 234

活用編

第7章 入力しやすいフォームを作るには 235

58 複数のテーブルに同時に入力するフォームとは Introduction 236

フォームを大幅パワーアップ！
親子レコードをまとめて入力できる
フォーム内に合計を表示する
カーソルの移動順も変更できる

59 メイン／サブフォームを作成するには フォームウィザード 238

受注データと明細データを1つのフォームで入力する
[フォームウィザード]でフィールドを指定する
メイン／サブフォームの設定をする

60 メインフォームのレイアウトを調整するには コントロールの配置 244

メインフォームのコントロールの配置を調整する
メインフォームの位置とサイズを調整する
サブフォームの位置とサイズを調整する

61 サブフォームのレイアウトを調整するには サブフォームのコントロール 250

サブフォームのコントロールの配置を調整する
表形式レイアウトを適用する

スキルアップ EdgeブラウザーコントロールにWebページを表示できる 251

コントロールやフォームのサイズを調整する

62 金額の合計を表示するには Sum関数 254

テキストボックスを配置して金額の合計を表示する
テキストボックスとラベルを配置する
Sum関数を使用して合計する
計算結果を確認する

スキルアップ サブフォームに配置したコントロールの値をメインフォームに表示するには 259

63 テキストボックスに入力候補を表示するには コントロールの種類の変更 260

入力候補をリストから選択できるようにする
コンボボックスを設定する
コンボボックスの表示を確認する

64 入力時のカーソルの移動順を指定するには タブオーダー、タブストップ 264

カーソルが表の左側から順に移動するようにする
[タブオーダー]でタブの並び順を設定する
[金額]にカーソルが移動しないようにする
カーソルの移動順を確認する

できる 17

メインフォームのタブストップを設定する

65 メイン／サブフォームで入力するには メイン／サブフォームでの入力 270

メイン／サブフォームの動作を確認しよう
メインフォームのデータを入力する
サブフォームのデータを入力する
テーブルを確認する

スキルアップ サブフォームの移動ボタンを非表示にするには 274

スキルアップ オブジェクト同士の関係を調べるには 275

この章のまとめ 入力ミスを減らせる工夫をしよう 276

活用編

第8章 複雑な条件のクエリを使いこなすには 277

66 用途に応じてクエリを使い分けよう Introduction 278

自由自在にデータを抽出しよう
グループごとに集計できる
クロス集計で見やすく表示！
データをまとめて更新できる

67 複数のテーブルのデータを一覧表示するには リレーションシップの利用 280

3つのテーブルのフィールドを組み合わせた表を作成する
複数のテーブルからクエリを作成する
クエリに表示するフィールドを指定する
クエリを実行して保存する

スキルアップ クエリのデザインビューでテーブルを結合するには 285

68 受注ごとに合計金額を求めるには グループ集計 286

受注番号ごとに金額を合計する
表示するフィールドを指定する
集計の設定を行う
集計クエリの実行結果を確認する

69 特定のレコードを抽出して集計するには Where条件 292

必要なデータを抽出してから集計する
選択クエリを作成する
選択クエリの実行結果を確認する
集計の設定を行う
集計クエリの実行結果を確認する

スキルアップ 顧客名と金額だけ表示するクエリを作成するには 295

18 できる

70 年月ごとに金額を集計するには　日付のグループ化　296

受注日を同じ年月でグループ化して集計する
選択クエリを作成する
集計の設定を行う
集計クエリの実行結果を確認する

スキルアップ 数値や文字列の書式も変えられる　299

71 年月ごと分類ごとの集計表を作成するには　クロス集計クエリ　300

行見出しに年月、列見出しに分類を配置して集計する
集計クエリを作成する
集計クエリの実行結果を確認する
クロス集計の設定を行う
クロス集計クエリの実行結果を確認する

72 取引実績のない顧客を抽出するには　外部結合　306

[T_顧客] にあって [T_受注] にない顧客データを抽出する
内部結合と外部結合を理解する
外部結合の設定を行う
空白のレコードを抽出する条件を設定する

スキルアップ [リレーションシップ] 画面で結合の種類を変更するには　310
選択クエリの実行結果を確認する

73 テーブルのデータをまとめて更新するには　更新クエリ　312

条件に合致するデータを指定した値に自動更新する
選択クエリを作成する
選択クエリの実行結果を確認する
更新クエリを設定する
更新クエリを実行する
テーブルのデータを確認する

74 フォームの元になるクエリを修正するには　レコードソース　318

フォームに表示されるレコードの並び順を修正する
クエリビルダーを起動して並べ替えを設定する
レコードの並び順が変わったことを確認する

スキルアップ SQLステートメントとSQLビュー　321

この章のまとめ 繰り返し使って覚えよう　322

活用編

第9章 レポートを見やすくレイアウトするには　323

75 複数のテーブルのデータを印刷するには　Introduction　324

レポートは見た目が大事！
受注番号ごとに請求書を出力できる
見やすい請求書が手軽に作成できる
レポートの内容をさらに整える

76 受注番号でグループ化して印刷するには　グループ化　326

受注番号でグループ化したレポートを作成する
［レポートウィザード］を起動する
レポートに表示するフィールドを指定する
グループ化と金額を合計する設定を行う
印刷形式を設定する
レポートの表示を確認する

スキルアップ　主キーのレコードを元にヘッダーとフッターが追加される　331

77 明細書のセクションを整えるには　グループヘッダー　332

すべての請求書が同じ体裁で印刷されるようにする
メインフォームの位置とサイズを調整する
不要なセクションを非表示にする
交互の行の色を解除する

スキルアップ　データベースにパスワードを設定するには　337

78 明細書ごとにページを分けて印刷するには　改ページ　338

請求書ごとに改ページして印刷する
［プロパティシート］を表示する
改ページを設定する

79 用紙の幅に合わせて配置を整えるには　レポートの幅　340

用紙に収まるようにコントロールをレイアウトする
用紙の余白を設定する
レイアウトを調整する

スキルアップ　表形式のレイアウトのずれを調整するには　343

80 レポートに自由に文字を入力するには　ラベルの追加　344

ラベルを追加して差出人情報を印刷する
ラベルを追加する
ラベルに文字を入力する

81 コントロールの表示内容を編集するには　コントロールソース、名前　346

宛先と宛名の体裁を整える
都道府県と住所を連結して表示する
顧客名に「様」を付ける

スキルアップ レポートで消費税を計算するには　349

82 表に罫線を付けるには　線を引く　350

明細表に罫線を表示する
罫線を設定する
テキストボックスの枠線を透明にする

スキルアップ ［枠線］機能で罫線を簡単に設定するには　353

スキルアップ コントロールの上下の文字配置を調整するには　353

83 データの表示方法を設定するには　書式の設定　354

データに書式を設定して見栄えを整える
日付を「○年○月○日」の形式で表示する
郵便番号を「123-4567」の形式で表示する
数値を通貨の形式で表示する

スキルアップ レポートをPDF形式で保存するには　357

84 金額を消費税率別に振り分けるには　IIf関数　358

レコードソースに［標準金額］［軽減金額］フィールドを作成する
クエリビルダーを起動してフィールドを作成する
新規フィールドの値を確認する
レポートのデザインビューに戻る

85 合計金額や消費税を求めるには　コントロールの計算　362

インボイス制度対応の請求書に仕上げる
消費税用のテキストボックスを配置する
消費税率別に合計と消費税を計算する

スキルアップ レポートで四則演算する　365

請求書のデザインを整える

この章のまとめ オリジナルなレポートに挑戦しよう　368

活用編

第10章 マクロで画面遷移を自動化するには　369

86 マクロを使ってメニュー画面を作成しよう　Introduction　370

手軽に作る方法、紹介します
マクロでできることを確認しよう
フォームの入力支援にも使える
マウスで項目を選択するだけ

できる　21

87 マクロを作成するには　マクロビルダー、イベント　372

マクロとは
イベントとは
マクロを作成するには

88 メニュー用のフォームを作成するには　フォームデザイン、ボタン　374

メニュー画面としての体裁を整える
デザインビューで空のフォームを作成する
フォームのタイトルを作成する
不要な要素を非表示にする
ボタンを配置する
表示を確認する

89 フォームを開くマクロを作成するには　［フォームを開く］アクション　380

ボタンのクリックでフォームが開くようにする
マクロビルダーを起動する
アクションを設定する

90 レポートを開くマクロを作成するには　［レポートを開く］アクション　384

ボタンのクリックで印刷プレビューを表示する
マクロビルダーを起動する
［レポートを開く］アクションを設定する

91 顧客を検索する機能を追加するには　コンボボックスウィザード　388

フォームにコンボボックスを配置する
メインフォームの位置とサイズを調整する
［コンボボックスウィザード］で設定する
コンボボックスの動作を確認する

92 指定した受注番号の明細書を印刷するには　Where条件式　394

条件が一致した請求書を印刷する
マクロ用のボタンを作成する
アクションを設定する
Where条件式を設定する

スキルアップ　［Where条件式］の構文を確認しよう　397

表示を確認する

93 起動時にメニュー画面を自動表示するには　起動時の設定　400

ファイルを開いたときにメニューを自動表示する
［Accessのオプション］画面を表示する
ナビゲーションウィンドウを非表示にする

この章のまとめ　使いやすいフォームを完成させよう　402

活用編

第11章 AccessとExcelを連携するには 403

94 Excelと連携してデータを活用しよう Introduction 404

Accessの強い味方、Excel登場！
ExcelのデータをAccessに読み込める
AccessのデータをExcelに出力できる
操作の自動化もできる！

95 Excelの表をAccessに取り込みやすくするには 表の整形 406

データベースとしての体裁を整える
余分な行や列を削除する
ふりがなを表示する列を作成する
セルの表示形式を設定する

スキルアップ 表に名前を付けておく方法もある 409

96 Excelの表をAccessに取り込むには インポート 410

Excelの表をテーブルとしてインポートする
インポートを開始する
インポートの設定を行う
インポートされたテーブルを確認する

97 Excelのデータを既存のテーブルに追加するには コピー／貼り付け 416

Excelの表を既存のテーブルに追加する
Excelのデータをコピーする
Accessのテーブルに貼り付ける

スキルアップ コピーを利用してExcelの表からテーブルを作成するには 419

98 Accessの表をExcelに出力するには エクスポート 420

テーブルやクエリからExcelファイルを作成する
AccessのクエリをExcelにエクスポートする
エクスポートしたExcelのファイルを確認する

スキルアップ AccessのテーブルをExcelにコピーするには 423

99 エクスポートの操作を保存するには エクスポート操作の保存 424

エクスポートの設定を保存する
エクスポート操作を保存する
保存した操作を実行する

スキルアップ エクスポートするデータの期間を指定できるようにするには 427

できる 23

100 Excelへの出力をマクロで自動化するには　自動でエクスポート　428

ボタンのクリックでエクスポートを実行する
保存されたエクスポート操作を確認する
エクスポートを実行するマクロを作成する
マクロの動作を確認する

この章のまとめ　2つのソフトの長所を活かそう　432

活用編

第12章　AccessでCopilotを活用するには　433

101 Copilotを活用しよう　Introduction　434

難しい作業はAIにおまかせ？
Copilotの特徴をつかもう
Accessの操作方法を聞いてみよう
計算式を作ってもらおう

102 CopilotにAccessの操作を教えてもらうには　Copilot　436

Microsoft Copilotを起動する
CopilotにAccessの操作を教えてもらう

103 データベースの構成を提案してもらうには　構成の提案　438

データベースの構成を提案してもらう

104 サンプルデータを作成してもらうには　データの作成　440

サンプルデータを作成してもらう
サンプルデータをExcelに貼り付ける

105 演算フィールドの式を作成してもらうには　式の作成　442

演算フィールドの式を提案してもらう
提案された式をクエリに貼り付けて確認する

106 クエリのデザインを解析してもらうには　スクリーンショット　444

クエリのスクリーンショットを撮る
スクリーンショットをアップロードして質問する

この章のまとめ　CopilotをAccessの作業に役立てよう　446

付録1	セキュリティリスクのメッセージが表示されないようにするには	447
付録2	AccessのデータをCSVファイルにエクスポートするには	450
付録3	CSVファイルをAccessにインポートするには	452
用語集		456
索引		461

本書の構成

本書は手順を1つずつ学べる「基本編」、便利な操作をバリエーション豊かに揃えた「活用編」の2部で、Accessの基礎から応用まで無理なく身に付くように構成されています。

基本編 第1章～第5章
基本的な操作方法から、テーブル、クエリ、フォーム、レポートなどAccessの基本についてひと通り解説します。最初から続けて読むことで、Accessの操作がよく身に付きます。

活用編 第6章～第12章
リレーショナルデータベースの作成やメイン／サブフォーム、マクロを使った自動処理など、便利な機能を紹介します。また、Excelとの連携方法やCopilotの活用ついても解説します。

用語集・索引
重要なキーワードを解説した用語集、知りたいことから調べられる索引などを収録。基本編、活用編と連動させることで、Accessについての理解がさらに深まります。

登場人物紹介

Accessを皆さんと一緒に学ぶ生徒と先生を紹介します。各章の冒頭にある「イントロダクション」、最後にある「この章のまとめ」で登場します。それぞれの章で学ぶ内容や、重要なポイントを説明していますので、ぜひご参照ください。

北島タクミ（きたじまたくみ）
元気が取り柄の若手社会人。うっかりミスが多いが、憎めない性格で周りの人がフォローしてくれる。好きな食べ物はカレーライス。

南マヤ（みなみまや）
タクミの同期。しっかり者で周囲の信頼も厚い。タクミがミスをしたときは、おやつを条件にフォローする。好きなコーヒー豆はマンデリン。

アクセス先生
Accessの全てをマスターし、その素晴らしさを広めている先生。基本から活用まで幅広いAccessの疑問に答える。好きなオブジェクトはレポート。

ご購入・ご利用の前に必ずお読みください

本書は、2025年1月現在の情報をもとに「Microsoft Access 2024」の操作方法について解説しています。本書の発行後に「Microsoft Access 2024」の機能や操作方法、画面などが変更された場合、本書の掲載内容通りに操作できなくなる可能性があります。本書発行後の情報については、弊社のWebページ（https://book.impress.co.jp/）などで可能な限りお知らせいたしますが、すべての情報の即時掲載ならびに、確実な解決をお約束することはできかねます。また本書の運用により生じる、直接的、または間接的な損害について、著者ならびに弊社では一切の責任を負いかねます。あらかじめご理解、ご了承ください。

本書で紹介している内容のご質問につきましては、巻末をご参照のうえ、お問い合わせフォームかメールにて問い合わせください。電話やFAX等でのご質問には対応しておりません。また、本書の発行後に発生した利用手順やサービスの変更に関しては、お答えしかねる場合があることをご了承ください。

基本編

第1章

Accessの基礎を学ぼう

第1章から第5章までの基本編では、顧客情報を管理するデータベースを作成していきます。この章では、データベースを作成するにあたり、知っておきたいAccessの仕組みや画面構成、起動の方法などを紹介します。

01	データベースとは	28
02	Accessとは	30
03	データベースファイルとは	32
04	Accessを使うには	36
05	データベースファイルを作成しよう	40
06	Accessの画面を確認しよう	42

レッスン
01

Introduction この章で学ぶこと
データベースとは

第1章では、Accessを学ぶにあたり知っておきたい基本を押さえます。「Accessって何?」「どうやって使うの?」「どんな画面をしているの?」……、そんな疑問を1つずつ解決しながら、実際にデータベースを作成する準備を整えましょう。

データベースのことならおまかせ！

あのさ、Access詳しい？　会社のデータベースからレポート作りたいんだよね。

うーん、簡単な操作なら分かるけど……。

アクセス先生！
お願いします！

はい、そのお悩み解決します！

Accessはデータベースアプリ

まずはAccessの特徴から。大量データの一元管理から抽出・分析、印刷や入力フォームの作成までできる、総合的な機能を持っています。データベースならお任せです♪

4つの姿を覚えよう

Accessは用途に応じて、形を変えるアプリです。「テーブル」「クエリ」「フォーム」「レポート」の4つを覚えましょう。
ちなみに前のページの左下にあるのが「テーブル」です。

結構、見た目が変わりますね！
使いこなせるかな……。

●テーブル

●クエリ

●フォーム

●レポート

基本からしっかり学びましょう！

本書は、Accessを初めて使う人向けに、最初の操作から丁寧に解説しています。基本をしっかり学んで、Accessをもっと使いこなしましょう！

今まで自己流で使っていたので、この機会にしっかり学びます！

レッスン

02 Accessとは

Accessのメリット　　練習用ファイル　なし

基本編
第1章
Accessの基礎を学ぼう

Accessは、マイクロソフト社が提供する製品の1つで、データベースを作成・利用するためのアプリです。ここでは、Accessを使うとどんなことができるのか、どんな点が便利なのかを紹介します。

大量のデータを蓄積して一元管理できる

Accessはデータベースアプリです。「データベース」とは、大量のデータを蓄積して、有効に活用できるようにした仕組みです。企業活動の中で扱う情報は多岐にわたります。売上に関係する情報だけでも、顧客リスト、商品台帳、受注伝票、納品書、請求書……と、多種多様です。それぞれを異なるアプリや別ファイルで管理した場合、互いに連携するのが容易ではありません。顧客リストに顧客情報が入力されているにもかかわらず、受注伝票にも顧客情報を入力しなければならないことも起こり得ます。そうしたさまざまな情報を1つのデータベースに集約すれば、データを一元管理しながら互いに連携して、情報を有効活用できるようになります。

🔍 キーワード

テーブル	P.458
リレーショナルデータベース	P.460
レコード	P.460

🔍 用語解説

リレーショナルデータベース

データベースアプリにはさまざまな種類がありますが、Accessは「リレーショナルデータベース」を扱うアプリに分類されます。リレーショナルデータベースは、データを「顧客表」「商品表」「売上表」などの複数の表に分けて管理し、それぞれの表を組み合わせて利用します。

Accessで多種多様なデータを一元管理できる

💡 使いこなしのヒント

その他のデータベースの種類は?

データベースには、リレーショナルデータベースのほかに、階層型データベースやネットワーク型データベースなどがあります。リレーショナルデータベースはこれらのデータベースに比べ、柔軟なデータ処理ができることが特徴となります。

大量のデータを自在に分析できる

データベースと聞くと、大量のデータの集まりをイメージするかもしれません。間違いではありませんが、ただ蓄積していくだけでは意味がありません。蓄積したデータから必要なデータを取り出して活用することが大切です。Accessでは、売上データを抽出して月別に集計したり、商品ごとに集計したりと、さまざまな角度からデータ分析が行えます。大量に蓄積したデータを自在な形で取り出し、分析できることが、Accessのメリットの1つです。

大量に蓄積したデータを連携させて自在に抽出できる

専用の入力画面や帳票を作成できる

Accessのメリットには、専用の入力画面や帳票を作成できることも挙げられます。さまざまな入力補助機能が付いた専用の入力画面を用意できるので、大量のデータでもスムーズに入力が進みます。また、受注伝票や納品書、請求書などの帳票を印刷する仕組みも用意されています。1つのデータベースアプリで、さまざまな業務に対応できるのです。

専用の入力画面を作ってスムーズにデータを入力できる

用語解説
データベース管理システム

Accessを始めとするデータベースアプリには、データを蓄積する機能だけでなく、必要なデータを素早く取り出して活用する機能が含まれています。そうしたことから、データベースアプリは「データベース管理システム」とも呼ばれます。

使いこなしのヒント
AccessとExcelはどう違うの？

Excelにもデータベース機能がありますが、Accessとは扱えるデータの量が違います。Excelでは最大1,078,576行まで入力できますが、ある程度の行数を入力すると、動作が遅くなったり不具合が起きやすくなります。その点、Accessはデータベース専門のアプリなので、膨大な量のデータをスムーズに蓄積できます。また、膨大なデータの中から必要なデータを探す仕組みも充実しています。

使いこなしのヒント
Accessを入手するには

Accessを入手するには「Microsoft Access 2024」を購入するか「Microsoft 365」を契約します。前者は永続で使用できる買い切り版で、Access単体の製品です。後者は月払いまたは年払いしている間使用できるサブスクリプション版で、WordやExcelなどほかのアプリが同梱されています。個人向けには1ユーザー用の「Microsoft 365 Personal」と6ユーザーまでの「Microsoft 365 Family」が用意されています。なお2025年2月現在、「Microsoft Office 2024」にAccessを含むエディションはありません。

レッスン 03 データベースファイルとは

データベースの構成　　練習用ファイル　なし

Accessのデータベースファイルは、「テーブル」「クエリ」「フォーム」「レポート」などのオブジェクトから構成されます。このレッスンでは、オブジェクト同士の関係や、それぞれのオブジェクトの役割を紹介します。

キーワード

クエリ	P.457
テーブル	P.458
フォーム	P.459

データベースを構成するオブジェクト

データベースファイルの構成要素を「データベースオブジェクト」または「オブジェクト」と呼びます。基本的なオブジェクトは、次の4つです。これらのオブジェクトを連携させることで、データベースのデータを効率的に活用できるようになります。

- テーブル：データを蓄積するためのオブジェクト
- クエリ：テーブルのデータを抽出・集計・加工するためのオブジェクト
- フォーム：テーブルやクエリのデータを表示・入力するためのオブジェクト
- レポート：テーブルやクエリのデータを印刷するためのオブジェクト

●オブジェクトの関係

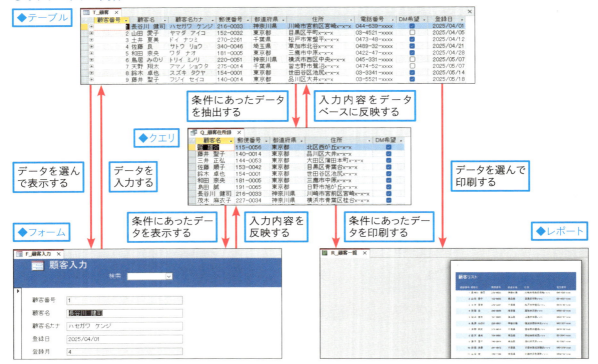

「テーブル」はデータを貯める入れ物

データベースでは、データをテーブルに保存します。データの入力自体はクエリやフォームでも行えますが、そこで入力したデータはすべてテーブルに保存される仕組みになっています。また、クエリ、フォーム、レポートにデータを表示する場合も、テーブルからデータが取り出されて表示されます。データがテーブルだけに保存されることで、一元的なデータ管理が可能になります。

入力したデータはすべてテーブルに蓄積される

複数のテーブルでデータを管理する

Accessでは、1つのデータベースファイルに複数のテーブルを保存できます。例えば顧客情報は顧客テーブルに保存し、受注情報は受注テーブルに保存する、という具合です。特定のテーマに沿ってテーブルを分けることで、大量のデータが整理され、効率的にデータを管理できます。

データを複数のテーブルに分けて保存できる

「クエリ」でデータを抽出・加工・集計する

テーブルに保存されているデータの中から、必要なデータを取り出して必要な形で表示するのがクエリの基本的な役割です。抽出条件を設定して条件に合うデータをテーブルから取り出したり、関数を使用してデータを加工したり、顧客ごとに売上を集計したりと、クエリを使えば蓄積したデータを有効活用できます。複数のテーブルのデータを組み合わせて1つの表にすることも可能です。

テーブルからDMを希望している顧客データを抽出できる

顧客情報のテーブルと受注情報のテーブルを組み合わせて顧客別の売上を集計できる

「フォーム」でデータを分かりやすく表示・入力する

フォームの主な役割は、テーブルのデータを表示・入力することです。テーブルではデータを表の体裁でしか表示できませんが、フォームを使えば操作しやすいレイアウトで表示することが可能です。1画面に1件分のデータの入力欄を配置して広々と入力したり、受注データのような項目数の多い情報を1画面に見やすく表示したりできます。

テーブルの1件分のデータを1画面で広々と入力できる

項目数が多い複雑なデータを整理して見やすく表示できる

「レポート」でデータを見やすく印刷する

03

データベースの構成

レポートは印刷のためのオブジェクトです。テーブルのデータを自由に配置して印刷します。例えば、顧客情報を保存するテーブルからデータを取り出して、表形式で印刷したり、宛名ラベル形式で印刷したりと、レポートを使えば同じデータをさまざまな形式で印刷できます。請求書のような正式な文書の印刷にもレポートを使用します。

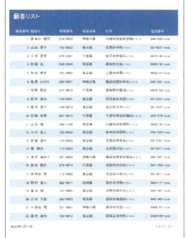

データを一覧表形式で印刷できる

データを宛名ラベルに印刷できる

請求書の書式で印刷できる

👍 スキルアップ

処理を自動化するオブジェクトもある

Accessのオブジェクトには、「テーブル」「クエリ」「フォーム」「レポート」のほかに、「マクロ」と「モジュール」があります。どちらもAccessの操作を自動化する仕組みを作成するためのオブジェクトです。本書ではオブジェクトとしてのマクロとモジュールは扱いませんが、「埋め込みマクロ」を第10章で紹介します。埋め込みマクロは、フォームやレポートに組み込んで処理を自動化する機能です。

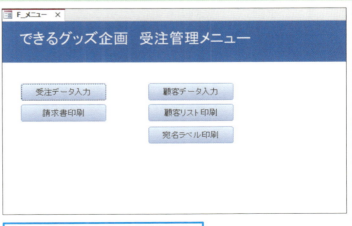

ボタンに埋め込みマクロを割り当てると、ボタンのクリックでフォームを開いたりレポートを印刷したりできる

レッスン 04 Accessを使うには

起動と終了　　練習用ファイル　なし

Accessを使うにあたり、起動と終了の方法を覚えましょう。Accessを起動するには、WindowsのスタートメニューからAccessのアイコンをクリックします。Accessが起動すると、スタート画面が表示されます。

キーワード
オブジェクト	P.457
フォーム	P.459

ショートカットキー
スタートメニューの表示
⊞ ／ Ctrl + Esc

時短ワザ
デスクトップから起動できるようにする

デスクトップにAccessのショートカットアイコンを置いておくと、アイコンをダブルクリックするだけでAccessを素早く起動できます。

［スタート］をクリックして［すべて］をクリックしておく

1　［Access］をドラッグ

デスクトップにショートカットアイコンが作成された

1 Accessを起動する

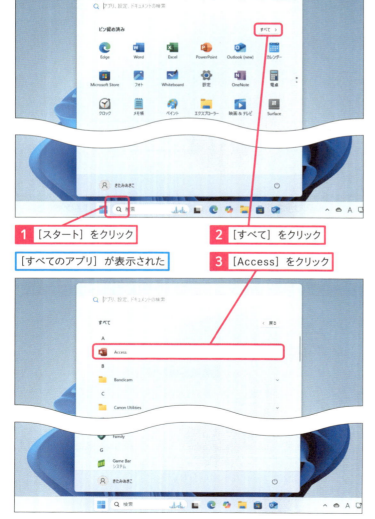

1　［スタート］をクリック
2　［すべて］をクリック
［すべてのアプリ］が表示された
3　［Access］をクリック

● 表示を確認する

Access 2024の起動画面が表示された

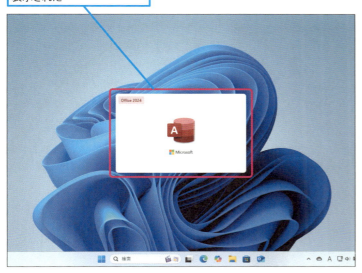

Accessが起動し、Accessのスタート画面が表示された

スタート画面に表示される背景画像は、環境によって異なる

タスクバーにAccessのボタンが表示された

用語解説

スタート画面

Accessが起動して、最初に表示される画面を「スタート画面」といいます。スタート画面は、新しいデータベースを作成したり、既存のデータベースを開いたりと、Accessの作業の起点となります。

使いこなしのヒント

使用しているAccessの種類を調べるには

Accessのスタート画面の左下にある［アカウント］をクリックすると、［アカウント］画面が表示され、［製品情報］欄に「Microsoft Access 2024」「Microsoft 365」などと、Accessの製品情報が表示されます。

使いこなしのヒント

Accessを最新の状態で使用するには

Accessの［アカウント］にある［更新オプション］-［今すぐ更新］をクリックすると、マイクロソフト社からOfficeの更新プログラムが提供されているかどうかを確認して、最新の状態に更新できます。

2 Accessを終了する

1 [閉じる] をクリック

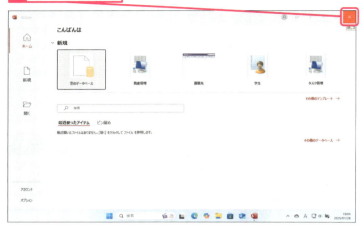

Accessが終了し、デスクトップが表示された

タスクバーからAccessのボタンが消えた

使いこなしのヒント
ファイルも一緒に閉じる

ここではAccessを起動しただけで閉じましたが、ファイルを開いて作業したあとで閉じる場合も操作は同じです。[閉じる] ✕ をクリックすると、データベースファイルが閉じてAccessが終了します。

ショートカットキー
アプリの終了　　　　　Alt + F4

使いこなしのヒント
ファイルだけを閉じるには

Accessでファイルを開いている場合、[ファイル] タブをクリックして一覧から [閉じる] をクリックすると、Accessを起動したままファイルだけを閉じることができます。

時短ワザ
タスクバーからワンクリックで起動できるようにするには

36ページの時短ワザでデスクトップにショートカットアイコンを置く方法を紹介しましたが、タスクバーにAccessのアイコンをピン留めしておくと、ワンクリックでAccessを起動できるようになるのでさらに便利です。タスクバーは常に表示されており、ほかのアプリに隠れることがないので、いつでもボタンを使えます。

●タスクバーにピン留めする

［スタート］ボタンをクリックして
［すべて］をクリックしておく

1 ［Access］を右クリック

2 ［詳細］にマウスポインターを合わせる

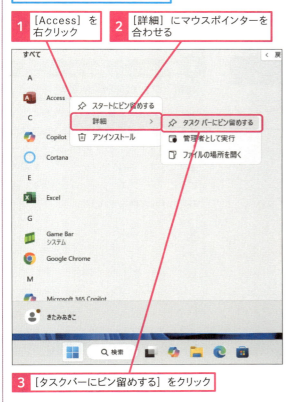

3 ［タスクバーにピン留めする］をクリック

タスクバーにAccessのボタンが表示された

ボタンをクリックしてAccessを起動できる

●ピン留めを外す

1 Accessのボタンを右クリック

2 ［タスクバーからピン留めを外す］をクリック

Accessのボタンが非表示になった

レッスン 05 データベースファイルを作成しよう

空のデータベース　　　練習用ファイル　なし

Accessを起動して、データベースファイルを作成しましょう。データベースの作成は、ファイル名を指定して、ファイルを保存するところから始まります。ファイルを作成すると、テーブルの画面が表示されます。

キーワード
オブジェクト	P.457
テーブル	P.458
フォーム	P.459

1 データベースファイルを作成する

レッスン04を参考にAccessを起動しておく

ここでは、受注情報を管理するためのデータベースファイルを作成する

使いこなしのヒント
最初にファイルを保存する

WordやExcelは文書を入力したあとで保存することが可能ですが、Accessではそれができません。必ず最初にファイルを保存します。[空のデータベース]を選択すると、テーブルやフォームを含まない空のファイルが作成されます。

1　[空のデータベース]をクリック

スキルアップ
[ドキュメント]以外の場所に保存するには

標準の設定ではデータベースファイルの保存先には[ドキュメント]フォルダーが自動で表示されています。保存先を変更するには[データベースの保存場所を指定します]をクリックして保存先を指定します。

上の手順1を参考に空のデスクトップデータベースを作成しておく

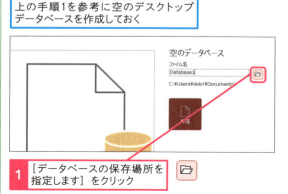

1　[データベースの保存場所を指定します]をクリック

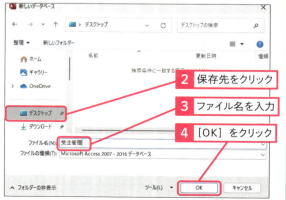

2　保存先をクリック
3　ファイル名を入力
4　[OK]をクリック

●データベースファイルに名前を付ける

標準の設定では［ドキュメント］フォルダーがデータベースファイルの保存先となる

2 ファイル名「受注管理」と入力

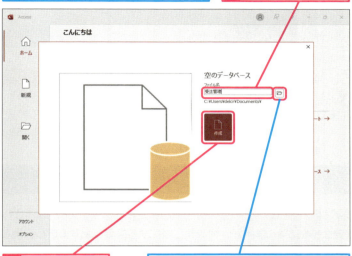

3 ［作成］をクリック

［データベースの保存場所を指定します］をクリックすると、保存先を変更できる

💡 使いこなしのヒント
「テンプレート」って何？

Accessのスタート画面には、「資産管理」「連絡先」といったテンプレートが表示されます。テンプレートとは、データベースのひな型のことです。テンプレートを使えば、完成形に近いところからデータベースを作成できます。ただし、テンプレートを使いこなすには、Accessの知識が必要です。操作に慣れるまでは、［空のデータベース］からデータベースを作成したほうが自分の業務にあったデータベースを構築しやすいでしょう。

2 作成されたファイルを確認する

新しいデータベースファイルが作成された

手順1で入力したデータベースのファイル名と保存場所のフォルダーなどが表示された

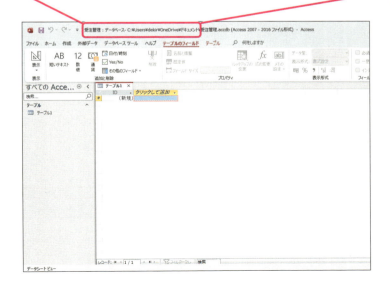

💡 使いこなしのヒント
テーブルの画面が表示される

空のデータベースを作成すると、自動的に新しいテーブルの画面が開き、ナビゲーションウィンドウに「テーブル1」と表示されます。この段階では［テーブル1］はファイルに保存されていません。テーブルを操作しないままタブの ✕ をクリックすると、テーブルが閉じ、ナビゲーションウィンドウからも「テーブル1」の表示が消えます。

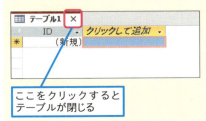

ここをクリックするとテーブルが閉じる

レッスン 06 Accessの画面を確認しよう

画面構成　　　**練習用ファイル** なし

レッスン05では［空のデータベース］からデータベースファイルを作成しました。データベースを作成すると、新しいテーブルが表示されます。ここでは、画面の構成とその役割を確認しておきましょう。

キーワード	
オブジェクト	P.457
ナビゲーションウィンドウ	P.459
フォーム	P.459

Accessの画面構成

Accessの画面は、リボン、ナビゲーションウィンドウ、そしてテーブルやフォームなどのオブジェクトが表示されるウィンドウから構成されます。それぞれに重要な役割がありますが、初めから暗記する必要はありません。使っていくうちに徐々に覚えられるでしょう。分からなくなったときは、このページに戻って確認してください。

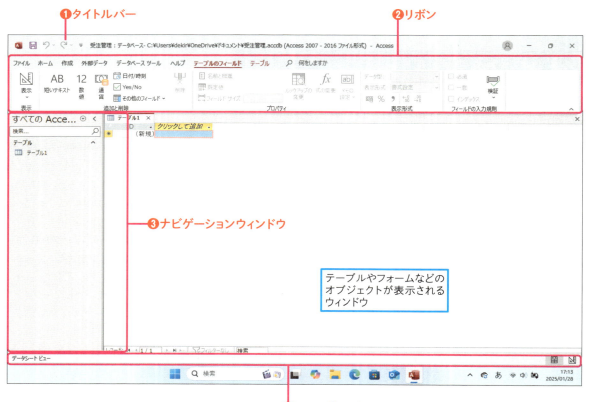

①タイトルバー　②リボン　③ナビゲーションウィンドウ　④ステータスバー

テーブルやフォームなどのオブジェクトが表示されるウィンドウ

❶タイトルバー

[上書き保存][元に戻す][やり直し]ボタン、データベースファイル名、ユーザー名が表示される。[上書き保存]ボタンは、オブジェクトをファイルに保存するために使う。

❷リボン

Accessの機能を実行するためのボタンが、タブに分かれて表示される。[ファイル]や[ホーム]など常に表示されるタブのほかに、最前面のオブジェクトの種類に応じてオブジェクトを操作するためのタブが追加表示される。

> ### 使いこなしのヒント
> **最前面のオブジェクトだけが上書き保存される**
>
> WordやExcelで[上書き保存]をクリックすると、ファイル全体が保存されます。Accessの場合は、最前面に表示されているオブジェクトだけがデータベースファイルに保存されます。

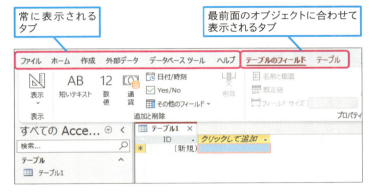

❸ナビゲーションウィンドウ

ファイルに保存されているテーブル、フォーム、クエリ、レポートなどのオブジェクトが一覧表示される。

❹ステータスバー

編集している表示画面の名称や現在の操作状況などが表示される。右端にはオブジェクトの編集画面を切り替えるボタンが表示される。

> ### 使いこなしのヒント
> **ナビゲーションウィンドウを折り畳むには**
>
> ナビゲーションウィンドウの[シャッターバーを開く/閉じる]＜をクリックすると、クリックするごとに折り畳んだ状態と開いた状態を切り替えられます。
>
>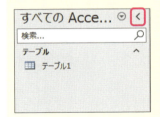

> ### 使いこなしのヒント
> **オブジェクトを切り替えるには**
>
> Accessのウィンドウには、テーブルやフォームなどのオブジェクトを複数同時に開くことができます。各オブジェクトのタブをクリックすると、前面に表示されるオブジェクトを切り替えられます。
>
>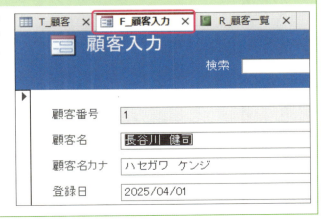

この章のまとめ

Accessの操作に慣れよう

Accessに初めて触れる人が驚くのが、その機能の複雑さでしょう。ExcelやWordは、基本的に画面に入力したとおりに表示・印刷が行われます。一方Accessは、1つのデータベースファイルが複数のオブジェクトから構成されます。そして、入力はフォーム、蓄積はテーブル、分析はクエリ、印刷はレポート、という具合に役割分担されています。慣れないと難しく感じるかもしれませんが、使っていくうちに操作の勘は養われます。以降の章で各オブジェクトの機能や操作方法を紹介するので、少しずつ覚えていきましょう。

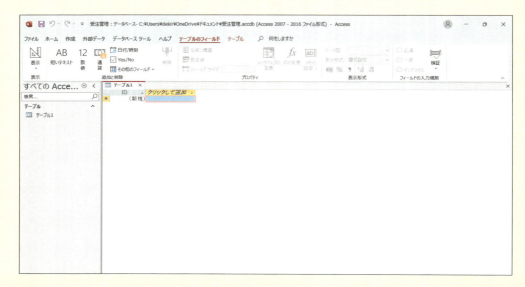

 なんとなく、Accessのことが分かってきました！

 AccessはExcelやWordなどとは違う、独特な操作方法になりますからね。どんどん使って、慣れていきましょう。

 4つのオブジェクトの関係が分かりました！

 この章の重要なポイントです！ 次の章からは、それぞれのオブジェクトの使い方を紹介していきますよ♪

基本編

第 2 章

テーブルを作成しよう

テーブルは、データを格納するためのオブジェクトです。テーブルには、データを正確に効率よく入力するための便利機能が満載されています。そのような機能を利用して、使いやすいテーブルを作成していきましょう。

07	テーブルにデータを貯めよう	46
08	テーブルの基本を学ぼう	48
09	データベースファイルを開こう	52
10	テーブルを作成しよう	54
11	テーブルを開いてビューを切り替えよう	60
12	データのサイズを定義しよう	62
13	テーブルでデータを入力しよう	64
14	フィールドの幅を調整しよう	68
15	フィールドの初期値を設定しよう	70
16	顧客名のふりがなを自動入力しよう	72
17	郵便番号から住所を自動入力しよう	76
18	日本語入力モードを自動切り替えしよう	80

レッスン 07

Introduction この章で学ぶこと

テーブルにデータを貯めよう

Accessでは、データベースファイルを作成しただけでは入力を開始できません。データを入力するには、事前に「テーブルの作成」が必要です。その際に、さまざまな入力支援機能を設定しておくと、データ入力を効率的に行えます。

基本編 第2章 テーブルを作成しよう

テーブルから作りましょう

データの入力ですよね？ 簡単、簡単♪ あれ？ 入力するシートが表示されないんですが…

AccessはExcelとは違って、入力する「テーブル」を自分で作る必要があります。まずはここから説明していきますね。

テーブルとは

まず各部の名称から。Accessではデータを「テーブル」で管理します。すべての名称を一度に覚える必要はありませんが、それぞれの役割を確認しておきましょう。

Excelとはずいぶん違うんですね！ 知らなかった…！

データを入力しよう

テーブルの仕組みが分かったら、新しいテーブルを作って「フィールド」にデータを入力していきます。フィールドの設定を確認しながら、こつこつと進めていきましょう。

ビューを切り替えて、入力しやすくするのがコツですね！

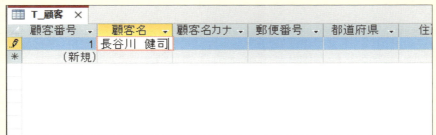

便利な機能で効率アップ！

この章ではデータ入力の際に便利な、ふりがなの自動入力や住所の入力支援なども紹介します。手作業を減らすことができて、効率がぐっと上がりますよ♪

あー、良かった♪　うまく設定して、入力ミスを無くします！

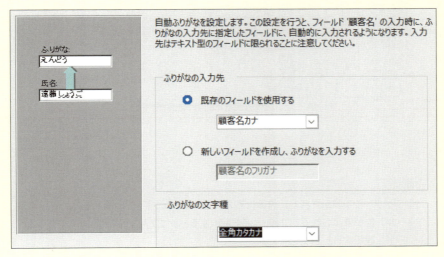

レッスン 08 テーブルの基本を学ぼう

フィールド、データ型、主キー　練習用ファイル　なし

テーブルを作成する前に、基本を押さえておきましょう。ここではテーブルの画面構成と基本用語を解説します。聞き慣れない用語が出てくるかもしれませんが、分からなくなったときは、いつでもこのページに戻って確認してください。

キーワード	
主キー	P.458
データ型	P.458
テーブル	P.458

1 テーブルの構成を確認する

テーブルには、「データシートビュー」と「デザインビュー」という2つの画面があります。そのうちの「データシートビュー」は、テーブルに保存されたデータを表形式で表示する画面です。この画面からもデータを入力できます。

●データシートビュー

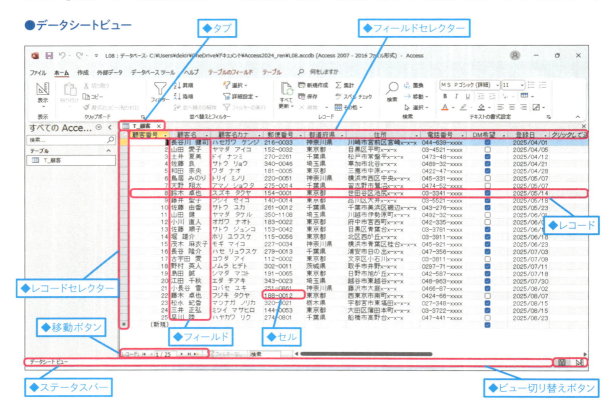

名称	説明
タブ	オブジェクト名が表示される。前面に表示するオブジェクトを切り替えるのに使用する
フィールドセレクター	フィールド名が表示される。フィールドを選択するときに使用する
レコードセレクター	レコードを選択するときに使用する

名称	説明
フィールド	テーブルの列。「顧客番号」「顧客名」など、同じ種類のデータの集まり
レコード	テーブルの行。「顧客番号」「顧客名」など、複数の種類のデータが1つずつ集まって1件のレコードとなる
セル	ひとつひとつのマス目のこと。1つのセルに1つのデータが入力される
移動ボタン	レコード間でカーソルを移動するときに使用する
ステータスバー	現在のビューや操作状況などが表示される
ビュー切り替えボタン	ビューを切り替えるときに使用する

2 テーブルの設計画面を確認する

「デザインビュー」は、テーブルの設計画面です。Accessでは、基本的に事前にデザインビューでテーブルの設計を行ってから、データシートビューやフォームを使用してデータを入力します。テーブルの設計をしっかり行うことが、テーブルの使いやすさにつながります。

●デザインビュー

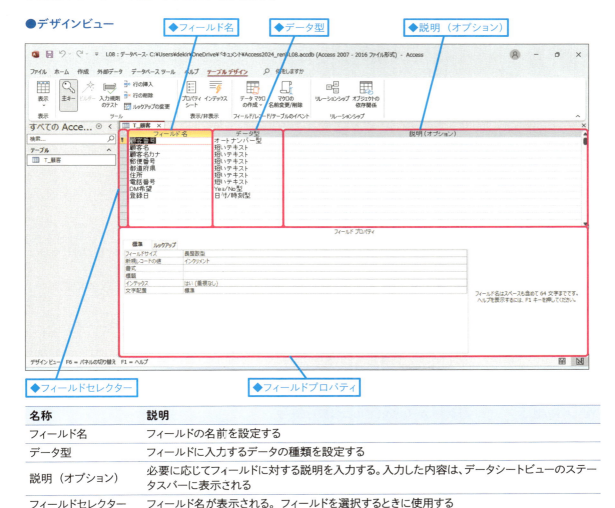

名称	説明
フィールド名	フィールドの名前を設定する
データ型	フィールドに入力するデータの種類を設定する
説明（オプション）	必要に応じてフィールドに対する説明を入力する。入力した内容は、データシートビューのステータスバーに表示される
フィールドセレクター	フィールド名が表示される。フィールドを選択するときに使用する
フィールドプロパティ	フィールドの属性を設定する。設定項目は、データ型によって異なる

3 データ型の種類

テーブルの設計では、各フィールドの名前やデータ型を設定します。データ型とはデータの種類のことです。設定したデータ型に応じて、フィールドに入力できるデータの種類やデータのサイズが変わります。なおフィールドの［データ型］の項目では、［ルックアップウィザード］などデータ型ではないものも設定可能です。

使いこなしのヒント
データ型の決め方

文字列のデータ型は、文字数によって決めます。255文字以内なら［短いテキスト］にしましょう。数値の場合、金額や消費税率など厳密な計算が必要な数値は［通貨型］、個数や重量など一般的な数値は［数値型］にします。［大きい数値］や［拡張した日付／時刻］は特別な目的がない限り使う必要はありません。

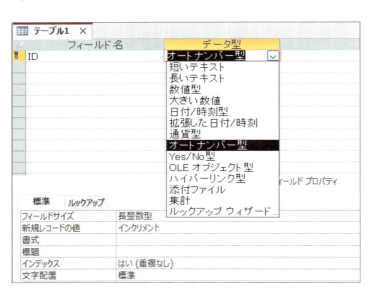

●データ型一覧

データ型	格納するデータ
短いテキスト	氏名や住所などの255文字までの文字列。郵便番号や電話番号などの計算対象にならない数字
長いテキスト	256文字以上の文字列や、書式（太字やフォントの色など）が設定されている文字列
数値型	整数や小数などの計算対象となる数値
大きい数値	数値型より大きい数値の格納に使用。-2^{63}から$2^{63}-1$の範囲の数値を格納できる
日付／時刻型	日付や時刻。西暦100～9999年の日付と時刻を格納できる
拡張した日付／時刻	日付や時刻。西暦1～9999年の日付と時刻を格納できる
通貨型	金額データや正確な計算が必要な実数の格納に使用
オートナンバー型	自動的に割り振られるレコード固有のデータ。手動で編集できない
Yes／No型	「はい」か「いいえ」の二者択一データ
OLEオブジェクト型	画像やExcelワークシート、Word文書など、「OLE」という機能に対応したデータ
ハイパーリンク型	WebページのURLやメールアドレス、ファイルパス
添付ファイル	画像やExcel、Wordなどのファイル。電子メールにファイルを添付するようにレコードにファイルを添付できる
集計	テーブル内のフィールドの値を使用して計算するフィールド
ルックアップウィザード	データをリストから入力する際の設定を行うメニュー項目（データ型ではない）

4 主キーの必要性

テーブルでは、データを効率よく管理するために、いずれかのフィールドを「主キー」として登録します。主キーとは、テーブル内のレコードを識別するためのフィールドです。例えば、顧客情報を管理するテーブルの場合、「顧客番号」のような、レコードごとに異なる値が必ず入力されるフィールドを主キーにします。

主キーを設定すると、Accessの内部に主キーの値とレコードの位置の索引表のようなものが自動作成されます。レコードの検索や並べ替えをするときにその索引が使用されるので、処理が高速になります。

> ### 使いこなしのヒント
> **主キーにふさわしいデータとは**
>
> 主キーの条件の1つに「値が重複しない」という項目がありますが、値が重複しなければどんなデータでもよいというわけではありません。主キーはレコードを特定するための重要な値なので、途中で値が変更されることのないフィールドが望まれます。また、入力ミスを防ぐためにも、文字種や文字数などの表記が揃ったシンプルなデータであることが望まれます。

◆主キーの条件
・テーブル内の他のレコードと値が重複しない
・必ず値が入力されている

主キーに設定

顧客番号	顧客名	年齢	TEL
C-101	山田	34	1234-xxxx
C-102	佐々木	28	
C-103	西島	41	3456-xxxx
K-201	山田	41	4567-xxxx
K-202	五十嵐	26	
K-203	東	37	6789-xxxx

値が重複するので主キーにできない

空欄があるので主キーにできない

●「顧客名」が主キーの場合

山田	山田	…	…
佐々木	五十嵐	…	…
西島	東	…	…
…	…	…	…
…	…	…	…

「山田」のレコードを探してきて。

「山田」は複数あるから、1つに絞り込めないよ。

●「顧客番号」が主キーの場合

C-101	K-201	…	…
C-102	K-202	…	…
C-103	K-203	…	…
…	…	…	…
…	…	…	…

「K-201」のレコードを探してきて。

「K-201」は2列1段目だ。対応表があるから、すぐに見つかる！

レッスン 09 データベースファイルを開こう

ファイルを開く | **練習用ファイル** L009_データベース.accdb

作成済みのデータベースを利用するには、データベースファイルを開きます。ここではレッスン05で作成したデータベースファイルを開きます。データベースを開くと［セキュリティの警告］が表示されますが、その対処方法も紹介します。

キーワード
ナビゲーションウィンドウ	P.459
フォーム	P.459

1 データベースファイルを開く準備をする

レッスン04を参考にAccessを起動しておく

1 ［開く］をクリック

［開く］の画面が表示された

ここでは、パソコンに保存されているデータベースを開く

フォルダーの一覧を表示する

2 ［参照］をクリック

時短ワザ
最近使ったアイテムの一覧から開く

操作1の画面には最近使用したファイルが一覧表示されます。その中に目的のファイルが含まれる場合は、クリックするだけで即座にファイルを開けます。

使いこなしのヒント
エクスプローラーからも開ける

Accessで作成したファイルはダブルクリックで開くこともできます。エクスプローラーを起動してデータベースファイルを保存したフォルダーを開き、ファイルアイコンをダブルクリックすると、Accessが起動してファイルが開きます。

ショートカットキー
エクスプローラーの起動　⊞＋E

● データベースファイルを開く

［ファイルを開く］画面が表示された

ここでは、レッスン05で作成した「受注管理」というデータベースファイルを開く

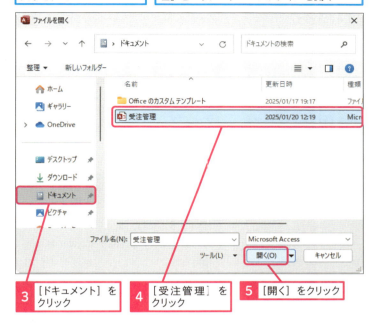

3 ［ドキュメント］をクリック

4 ［受注管理］をクリック

5 ［開く］をクリック

2 コンテンツを有効化する

［セキュリティの警告］が表示された

［受注管理］データベースファイルを有効にする

1 ［コンテンツの有効化］をクリック

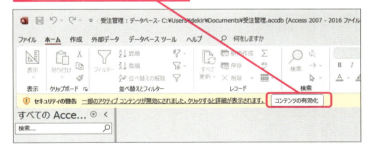

［受注管理］データベースファイルが有効になり、表示された

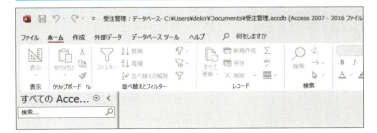

使いこなしのヒント
複数のデータベースを開くには

Accessでファイルを開いているときに、［ファイル］タブの［開く］から別のファイルを開くと、それまで開いていたファイルは自動で閉じます。複数のデータベースを同時に開くには、使用中のAccessとは別にAccessを起動してファイルを開きます。もしくは、エクスプローラーでファイルアイコンをダブルクリックしてもいいでしょう。

用語解説
コンテンツの有効化

ファイルを開くと、処理を自動実行するマクロのような機能がいったん使えない状態になります。それにより、悪意のあるプログラムが自動実行されてしまうことを防げます。［コンテンツの有効化］はこれを解除する機能です。ファイルが安全であることが分かっている場合は、［コンテンツの有効化］をクリックすると、無効になった機能が使えるようになります。一度有効化すると、同じファイルは有効化された状態で開くようになります。

使いこなしのヒント
セキュリティリスクとは

インターネット上から入手したデータベースを開くと、［セキュリティリスク］が表示されることがあります。447ページを参考に対処してください。

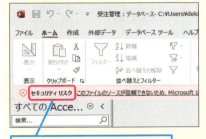

これが表示されると一部の機能の使用が制限される

レッスン 10 テーブルを作成しよう

テーブルデザイン　　**練習用ファイル** L010_テーブルの作成.accdb

レッスン05で作成したデータベースファイルの中に、顧客情報を入力・保存するためのテーブルを作成しましょう。テーブルの作成とは、フィールド名とデータ型、および主キーの設定を行って、データを入力する準備を整えることです。

キーワード

主キー	P.458
データ型	P.458
デザインビュー	P.459

1 フィールド名とデータ型を設定する

レッスン09を参考に「L010_テーブルの作成.accdb」を開いておく

1 [作成] タブをクリック

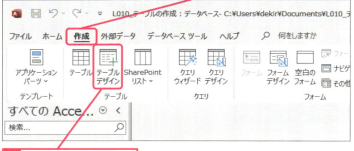

2 [テーブルデザイン] をクリック

新しいテーブルが作成され、[テーブル1] がデザインビューで表示された

◆デザインビュー
テーブルを設計するためのビュー

ここでは、[顧客番号] のフィールドを作成する

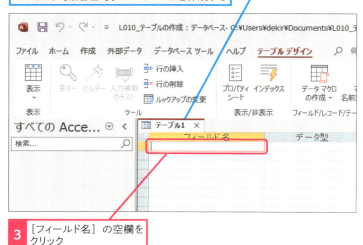

3 [フィールド名] の空欄をクリック

使いこなしのヒント
[作成] タブの機能を確認する

[作成] タブには、テーブルやクエリなどのオブジェクトを作成するための機能が集められています。[テーブルデザイン] ボタンを使うと、新しいテーブルのデザインビューが開き、フィールドやデータ型を設定できます。

デザインビューを表示してテーブルにフィールド名やデータ型を設定する

使いこなしのヒント
フィールド構成を考える

テーブルの作成は、フィールド名とデータ型を定義するところから始まります。顧客情報を過不足なく保存するには、どのようなフィールドが必要か、またそのフィールドにどのような種類のデータを保存するのかを考えて、テーブルを作成します。

●フィールド名を入力する

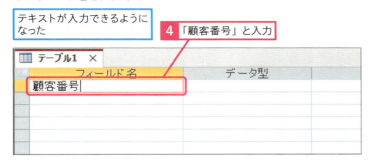

●データ型を指定する

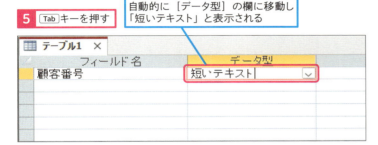

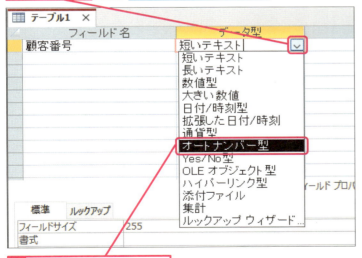

使いこなしのヒント
フィールドには命名規則がある

フィールド名には、以下のような命名規則があります。

・64文字以内で指定する
・半角のピリオド「.」、感嘆符「!」、角カッコ「[]」を使わない
・先頭にスペースを入れない

なお、規則上は可能でもトラブルの元になることがあるので、途中にスペースを入れるのは避けるのが無難です。記号も多用せずに、アンダースコア「_」程度にとどめておくといいでしょう。

用語解説
オートナンバー型

オートナンバー型を設定すると、各レコードに異なる値が自動入力されます。初期設定では、1、2、3…と、連番が入力されます。

使いこなしのヒント
最初の設定が肝心

テーブルにデータを入力したり、テーブルからクエリやフォームを作成したりしたあとでフィールド名やデータ型を変更すると、不具合が生じることがあります。フィールド名とデータ型は最初にきちんと決めましょう。

10 テーブルデザイン

次のページに続く →

できる 55

●残りのフィールドを設定する

その他のフィールドも作成する

フィールド名	データ型
顧客番号	オートナンバー型
顧客名	短いテキスト
顧客名カナ	短いテキスト
郵便番号	短いテキスト
都道府県	短いテキスト
住所	短いテキスト
電話番号	短いテキスト
DM希望	Yes/No型
登録日	日付/時刻型

●作成するフィールドの内容

フィールド名	データ型
顧客名	短いテキスト
顧客名カナ	短いテキスト
郵便番号	短いテキスト
都道府県	短いテキスト
住所	短いテキスト
電話番号	短いテキスト
DM希望	Yes ／ No型
登録日	日付／時刻型

用語解説

短いテキスト

短いテキストは、255文字までの文字を保存するためのデータ型です。計算対象にならない郵便番号のような数字の保存にも使用します。

用語解説

Yes/No型

Yes/No型は、「はい」「いいえ」の二者択一のデータに使用します。ここではYes/No型の［DM希望］フィールドに、顧客がDM（ダイレクトメール）を希望しているかどうかの情報を入力します。

スキルアップ

フィールドを入れ替えるには

フィールド名の左にある四角形を「フィールドセレクター」と呼びます。フィールドセレクターを ➡ の形のマウスポインターでクリックすると、そのフィールドが選択されます。その状態でフィールドセレクターをドラッグすると、フィールドを移動できます。ドラッグ中に移動先を示す線が表示されるので、それを目安にするといいでしょう。

1 フィールドセレクターをクリック

フィールドが選択された

2 フィールドセレクターにマウスポインターを合わせる

3 ここまでドラッグ

フィールドが移動する

基本編 第2章 テーブルを作成しよう

56 できる

2 主キーを設定する

このテーブルの主キーを［顧客番号］フィールドに設定する

1 ［顧客番号］フィールドをクリック

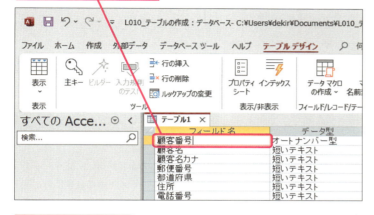

2 ［主キー］をクリック

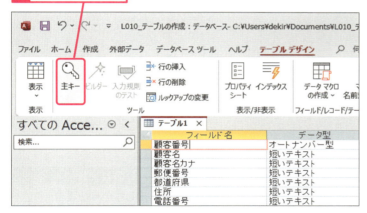

［顧客番号］フィールドが主キーに設定された

フィールドセレクターにカギのマークが表示された

🔍 用語解説

主キー

主キーとは、レコードを識別するためのフィールドです。主キーを設定したフィールドには、重複するデータを入力できません。また、フィールドを空欄にすることもできません。

💡 使いこなしのヒント

主キーの設定と解除

［テーブルデザイン］タブの［主キー］をクリックすると、選択したフィールドを主キーとして設定できます。再度クリックすると、主キーが解除されます。［主キー］をクリックするごとに、設定と解除が切り替わります。

💡 使いこなしのヒント

カギのマークが表示される

フィールドセレクターに表示されるカギのマークは、そのフィールドが主キーフィールドであることを示します。

3 テーブルに名前を付けて保存する

作成したテーブルに名前を付けて保存する

1 [上書き保存] をクリック

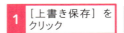

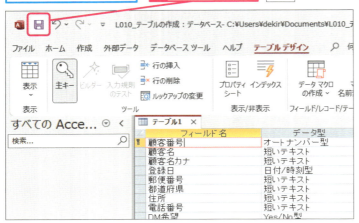

[名前を付けて保存] 画面が表示される

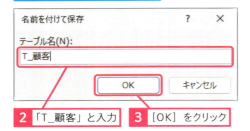

2 「T_顧客」と入力　**3** [OK] をクリック

テーブルを保存できた　「T_顧客」と表示された

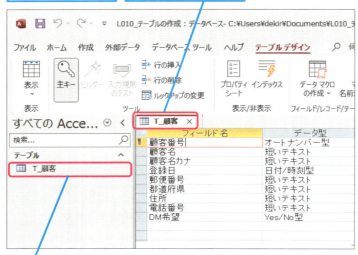

ナビゲーションウィンドウにもテーブル名が表示された

使いこなしのヒント
オブジェクトが保存される

WordやExcelで [上書き保存] をクリックするとファイル全体が保存されますが、Accessでは前面に表示されているオブジェクトがデータベースファイルに保存されます。

ショートカットキー
上書き保存　　Ctrl + S

使いこなしのヒント
命名ルールを決めよう

オブジェクトの命名規則は、55ページで紹介した「フィールドの命名規則」と基本的に同じです。本書では、以下のように命名します。

テーブル：T_○○○
クエリ：Q_○○○
フォーム：F_○○○
レポート：R_○○○

なお、アンダースコア「_」は、一般的なキーボードでは Shift キーを押しながらひらがなの「ろ」のキーを押して入力します。

使いこなしのヒント
主キーを設定しなかった場合

主キーを設定せずにテーブルを保存すると、「主キーが設定されていません。」というメッセージが表示されます。[はい] をクリックすると、オートナンバー型のフィールドに主キーが自動設定されます。該当のフィールドがない場合、オートナンバー型の「ID」という名前のフィールドが自動的に追加されます。[いいえ] をクリックすると、主キーが設定されないままテーブルが保存されます。

4 テーブルを閉じる

テーブルを確認できたら [T_顧客] を閉じる

1 ここをクリック

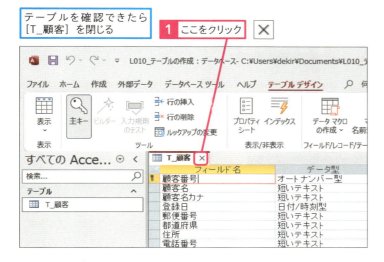

[T_顧客] が閉じた

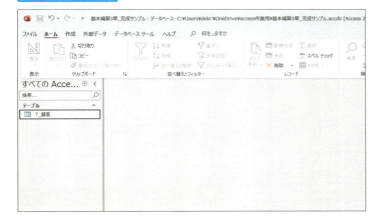

使いこなしのヒント
右端の [×] も使える

タブの表示領域の右端にある[×]をクリックしても、テーブルが閉じます。複数のオブジェクトが開いている場合、前面に表示されているオブジェクトが閉じます。

ここをクリックしても閉じられる

使いこなしのヒント
保存確認が表示されたら

テーブルを保存したあとでフィールド名やデータ型を変更した場合、テーブルを閉じるときに保存確認のメッセージが表示されます。[はい]をクリックすると、上書き保存されます。

クリックすると上書き保存される

使いこなしのヒント
オブジェクト名を変更するには

保存したオブジェクトの名前は、ナビゲーションウィンドウに一覧表示されます。オブジェクトが閉じている状態で以下のように操作すると、オブジェクト名を変更できます。

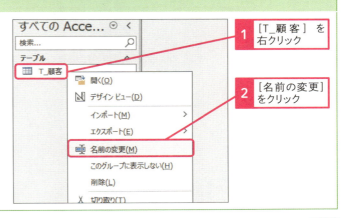

1 [T_顧客] を右クリック

2 [名前の変更] をクリック

レッスン 11 テーブルを開いてビューを切り替えよう

ビューの切り替え　　練習用ファイル　L011_ビューの確認.accdb

このレッスンでは、テーブルを開く方法と、ビューを切り替える方法を紹介します。テーブルを開くと、データシートビューが表示されます。デザインビューを使いたいときは、ビューを切り替えます。

キーワード

データシート	P.458
デザインビュー	P.459
ビュー	P.459

1 [T_顧客]を開く

ナビゲーションウィンドウから[T_顧客]を開く

1　[T_顧客]をダブルクリック

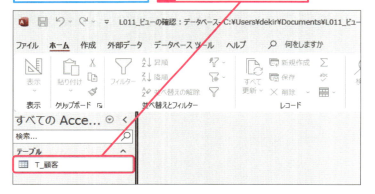

[T_顧客]がデータシートビューで表示された

◆データシートビュー
テーブルにデータを入力するためのビュー

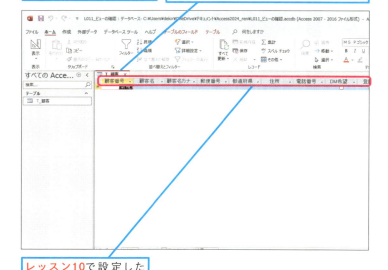

レッスン10で設定したフィールド名が表示された

用語解説
データシートビュー

ナビゲーションウィンドウでテーブルをダブルクリックすると、そのテーブルのデータシートビューが開きます。データシートビューは、データを入力・表示する画面です。

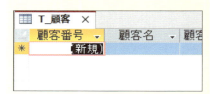

デザインビューで設定したフィールド名の下にデータを入力できる

使いこなしのヒント
オブジェクトの種類によってビューの種類が異なる

テーブル、クエリ、フォーム、レポートはそれぞれ独自のビューを持ちます。テーブルには、データシートビューとデザインビューがあります。

使いこなしのヒント
デザインビューを開くには

ナビゲーションウィンドウでテーブルを右クリックして、[デザインビュー]をクリックすると、最初からテーブルのデザインビューが開きます。

●デザインビューに切り替える

デザインビューを表示する

1 [ホーム] タブをクリック　**2** [表示] をクリック

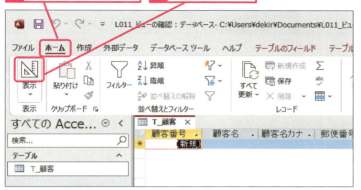

[T_顧客] のデザインビューが表示された

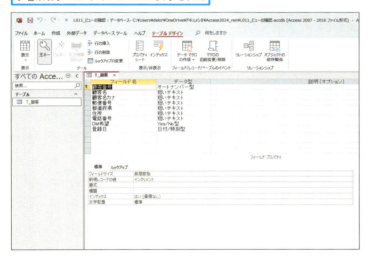

●データシートビューに切り替える

3 [ホーム] タブをクリック　**4** [表示] をクリック

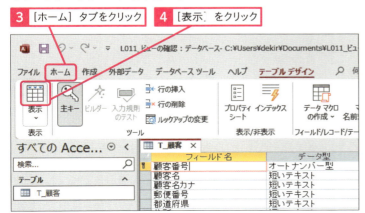

データシートビューに切り替わる

使いこなしのヒント
[表示] のクリックでビューが切り替わる

テーブルが開いているときに [表示] をクリックすると、クリックするごとに、デザインビューとデータシートビューが交互に切り替わります。

ボタン	説明
	データシートビューに切り替える
	デザインビューに切り替える

使いこなしのヒント
一覧から切り替える

[表示] の下側をクリックすると、ビューの一覧が表示されます。ここからビューを切り替えることもできます。

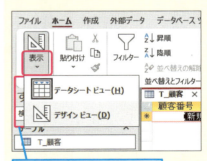

ここからビューを切り替えられる

使いこなしのヒント
[表示] ボタンの場所はどこ？

[表示] ボタンは [ホーム] タブのほかにも、以下のタブに用意されています。
・データシートビューの [テーブルのフィールド] タブ
・デザインビューの [テーブルデザイン] タブ

レッスン 12 データのサイズを定義しよう

フィールドサイズ　　練習用ファイル　L012_データサイズ.accdb

テーブルでは、各フィールドに対して「フィールドプロパティ」と呼ばれる詳細な設定を行えます。設定項目の種類は、データ型によって変わります。ここでは［短いテキスト］型のフィールドプロパティである［フィールドサイズ］を使い、フィールドに入力できる文字数の上限を設定します。

キーワード
フィールド	P.459
フィールドサイズ	P.459
フィールドプロパティ	P.459

1 フィールドサイズを設定する

用語解説
フィールドプロパティ

「フィールドプロパティ」とは、フィールドに対して設定できる設定項目のことです。デザインビューでフィールドセレクターや［フィールド名］欄をクリックすると、そのフィールドの設定項目が［フィールドプロパティ］欄に表示されます。

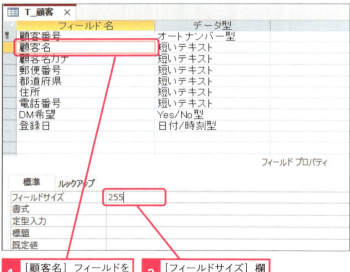

レッスン11を参考に［T_顧客］をデザインビューで開いておく

［顧客名］フィールドのサイズを設定する

1 ［顧客名］フィールドをクリック
2 ［フィールドサイズ］欄をクリック
3 「30」と入力

［顧客名］フィールドのフィールドサイズが設定された

同様にほかのフィールドもそれぞれサイズを設定しておく

用語解説
フィールドサイズ

［フィールドサイズ］プロパティは、フィールドに入力できるデータのサイズのことです。［短いテキスト］型の場合、1～255までの文字数を指定します。例えば「30」と指定すると、そのフィールドに30文字までの文字列を入力できます。

●入力するデータの内容

フィールド名	サイズ
顧客名カナ	30
郵便番号	10
都道府県	10
住所	50
電話番号	20

2 上書き保存する

テーブルデザインの変更を上書き保存する

1 ［上書き保存］をクリック

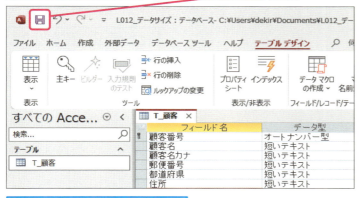

テーブルデザインの変更が保存された

使いこなしのヒント
フィールドサイズの設定効果

［短いテキスト］型のフィールドサイズの初期値は255です。そのままにしておくと、たとえフィールドに1文字しか入力しなくても、255文字分の保存領域が使われます。これを必要最小限のサイズに変えることで、保存容量を節約できます。

⚠ ここに注意

データを入力したあとでフィールドサイズを小さくすると、サイズを超えた分のデータが失われるので注意してください。

使いこなしのヒント
数値型のフィールドサイズを設定するには

［数値型］と［オートナンバー型］のフィールドでもフィールドサイズを設定できます。［数値型］のフィールドサイズは、下表の中から選択します。いろいろな選択肢がありますが、整数を保存するフィールドには［長整数型］、小数を保存するフィールドには［倍精度浮動小数点型］を設定するのが一般的です。［オートナンバー型］には、下表のうち［長整数型］と［レプリケーションID］が用意されています。特別な目的がない限り、初期値の［長整数型］を使用します。

●数値型のフィールドプロパティ

設定値	説明
バイト型	0〜255の整数
整数型	−32,768〜32,767の整数
長整数型	−2,147,483,648〜2,147,483,647の整数
単精度浮動小数点型	最大有効桁数7桁の−3.4×10^{38}〜3.4×10^{38}の数値
倍精度浮動小数点型	最大有効桁数15桁の−1.797×10^{308}〜1.797×10^{308}の数値
レプリケーションID型	「GUID」と呼ばれる固有の値を保存する場合に使用
十進型	−9.999…×10^{27}〜9.999…×10^{27}の数値

レッスン 13 テーブルでデータを入力しよう

テーブルの入力　　練習用ファイル　L013_データ入力.accdb

テーブルにはデータ入力を容易にするためのさまざまな入力補助機能があります。レッスン15以降でそのような機能を紹介していきますが、まずはここで1回、データの入力を体験してみましょう。テーブルでデータを入力するには、データシートビューを使用します。

キーワード

データシート	P.458
フィールド	P.459
レコード	P.460

基本編 第2章 テーブルを作成しよう

データシートビューでデータを入力

After

フィールドにデータが入力された

顧客番号	顧客名	顧客名カナ	郵便番号	都道府県	住所	電話番号	DM希望	登録
1	長谷川 健司	ハセガワ ケン	2160033	神奈川県	川崎市宮前区	044-639-xxxx	☑	2025
(新規)							☐	

1 フィールドにデータを入力する

レッスン11を参考に［T_顧客］をデータシートビューで開いておく

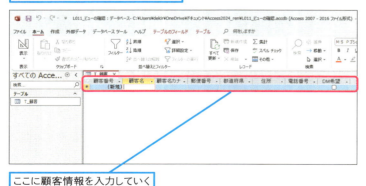

ここに顧客情報を入力していく

使いこなしのヒント
入力欄が1行だけ表示される

Excelの場合はワークシートにセルが複数列×複数行表示され、どのセルからでも入力を始められます。一方、Accessでは新規入力行は常に1行しかありません。新規入力行にデータを入力すると、その下に新しい新規入力行が追加されます。

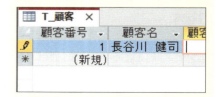

新規入力が可能な行は常に1行のみで、最終行に自動で追加される

●データを入力する

カーソルを［顧客名］フィールドに移動する

1 ［顧客名］フィールドをクリック

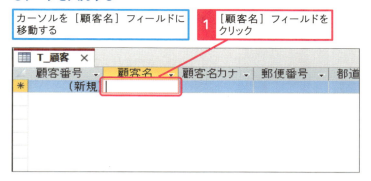

2 「長谷川　健司」と入力

氏名の間の空白は全角文字で入力する

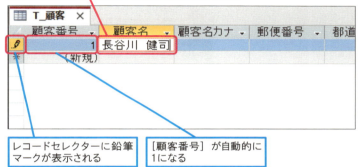

レコードセレクターに鉛筆マークが表示される

［顧客番号］が自動的に1になる

3 Tabキーを押す

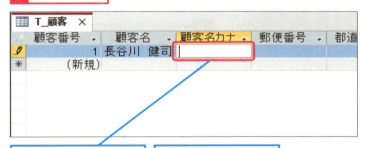

［顧客名カナ］フィールドにカーソルが移動した

同様にほかのフィールドも入力しておく

●入力するデータの内容

顧客名カナ	ハセガワ　ケンジ
郵便番号	2160033
都道府県	神奈川県
住所	川崎市宮前区宮崎x-x-x
電話番号	044-639-xxxx
DM希望	（チェックを付ける）
登録日	2025/04/01

使いこなしのヒント
［顧客番号］は自動入力される

他のフィールドに入力を開始すると、［オートナンバー型］の［顧客番号］フィールドに、数値の連続番号が自動入力されます。

他のフィールドにデータが入力されると［オートナンバー型］のフィールドに連続番号が自動入力される

使いこなしのヒント
レコードセレクターのマークとは

レコードセレクターには、レコードの状態を表すマークが表示されます。鉛筆のマークは、レコードが編集中であることを示します。

マーク	意味
	保存済みのレコード
	編集中のレコード
	新しいレコード

使いこなしのヒント
フィールド間を移動するには

データを入力したあと、Tabキーまたは Enterキーを押すと、カーソルが次のフィールドに移動します。また、Shift + Tabキーを押すと、カーソルが前のフィールドに戻ります。

●「登録日」を日付選択カレンダーから入力する

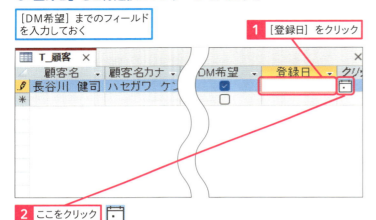

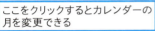

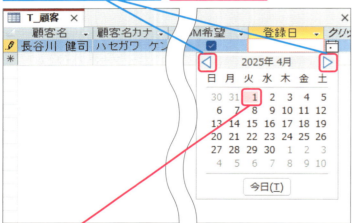

使いこなしのヒント
チェックボックスが表示される

[Yes／No型]のフィールドにはチェックボックスが表示されます。クリックするごとにチェックの有無を切り替えられます。フィールドにカーソルがある状態で space キーを押しても、チェックマークの有無を切り替えられます。

使いこなしのヒント
日付選択カレンダーを利用するには

日付選択カレンダーを開くと、今月の日付が表示されます。◁や▷を使うと、月を切り替えられます。なお、生年月日のように何年も前の日付を入力する場合は、カレンダーの月を切り替えるより日付を直接入力したほうが手軽です。

使いこなしのヒント
レコードは自動保存される

データを入力したあと、他のレコードにカーソルを移動したり、テーブルを閉じたりすると、編集中のレコードは自動で保存されます。

使いこなしのヒント
レコードを手動で保存するには

編集中のレコードを強制的に保存するには、レコードセレクターをクリックします。レコードが保存されると、鉛筆のマークが消えます。

ショートカットキー
レコードの保存　　Shift + Enter

② レコードを保存する

すべてのフィールドを入力したら
レコードを保存する

1 最後のフィールドを入力した
状態で Tab キーを押す

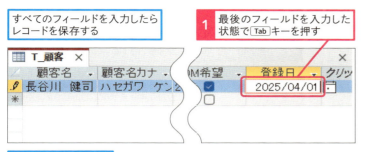

レコードが保存された

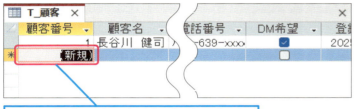

カーソルが移動し、次のデータを入力できるようになる

使いこなしのヒント
フィールドの入力を取り消すには

レコードの入力中、レコードセレクターに鉛筆のマークが表示されます。その状態で Esc キーを押すと、現在編集中のフィールドの入力が取り消されます。もう一度 Esc キーを押すと、現在編集中のレコードの入力が取り消されます。レコードの入力を取り消すと、[オートナンバー型] のフィールドに表示されていた番号は欠番になり、新しいレコードには次の番号が入力されます。

使いこなしのヒント
レコードを削除するには

レコードを削除するには、レコードを選択して Delete キーを押します。レコードの削除は、クイックアクセスツールバーの [元に戻す] ボタンで戻すことができません。削除するときは慎重に操作しましょう。なお、レコードを削除すると、[オートナンバー型] のフィールドに表示されていた番号は欠番になります。

1 レコードセレクターをクリック

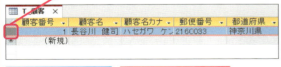

レコードが選択された

2 Delete キーを押す

削除を確認する画面が表示される

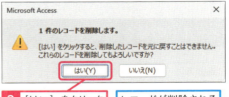

3 [はい] をクリック　レコードが削除される

スキルアップ
レコードの表示を切り替える

データシートビューで複数のレコードを入力した場合、画面の下にある移動ボタンを使うと、レコード間でカーソルを移動できます。

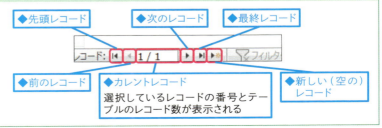

◆先頭レコード　◆次のレコード　◆最終レコード
◆前のレコード　◆カレントレコード　◆新しい(空の)レコード
選択しているレコードの番号とテーブルのレコード数が表示される

レッスン 14 フィールドの幅を調整しよう

列幅の変更　　練習用ファイル　L014_フィールド幅.accdb

初期設定の列幅では、住所などの長い文字列データが最後まで表示しきれない場合があります。フィールドに入力したデータに合わせて、適切に列幅を調整し、データを見やすく表示しましょう。

キーワード	
データシート	P.458
フィールド	P.459

入力するデータに合わせて列幅を調整する

Before / データに合わせた列幅にしたい

After / それぞれのデータに合った列幅になった

1 フィールドの幅を調整する

レッスン11を参考に［T_顧客］をデータシートビューで開いておく

フィールドの幅が狭いので、文字の一部が表示されていない

使いこなしのヒント
列幅の自動調整をするには

フィールドの右の境界線をダブルクリックすると、その列のフィールド名や、現在画面上に表示されているデータが収まるように、列幅が自動調整されます。Excelのワークシートにも同様の機能がありますが、Accessの場合は画面より下の表示されていないデータは、考慮されません。

●幅を自動調整する

1 ［顧客名カナ］フィールドの境界にマウスポインターを合わせる

マウスポインターの形が変わった

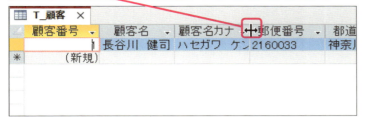

2 そのままダブルクリック

入力されている文字数に合わせてフィールドの幅が広がった

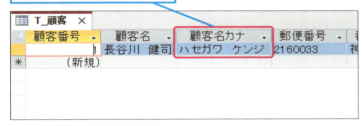

残りのフィールドも調整しておく

2 上書き保存する

データシートの変更を上書き保存する

1 ［上書き保存］をクリック

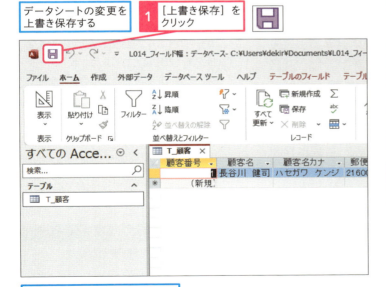

データシートの変更が保存された

使いこなしのヒント
自由な幅に変更するには

フィールドの右の境界線をドラッグすると、列幅を自由なサイズに変更できます。

使いこなしのヒント
標準の幅に戻すには

フィールドセレクターをクリックしてフィールドを選択し、［ホーム］タブの［その他］-［フィールド幅］をクリックします。［列の幅］画面が表示されるので、［標準の幅］をクリックしてチェックマークを付けると、初期の幅に戻せます。

1 ここをクリックすると初期の幅に戻せる

使いこなしのヒント
レイアウトを保存するには

データシートビューで行ったデータの入力・編集は自動保存されますが、列幅の設定などレイアウトの変更は、手動で上書き保存する必要があります。上書き保存せずにテーブルを閉じると、「レイアウトの変更を保存しますか？」という保存確認が表示されます。

レッスン 15 フィールドの初期値を設定しよう

既定値 　　　**練習用ファイル** L015_フィールド初期値.accdb

［短いテキスト］［数値型］［日付／時刻型］［Yes／No型］など、多くのデータ型は「既定値」というフィールドプロパティを持ちます。このプロパティを利用すると、新規レコードにあらかじめ入力しておくデータを指定できます。

キーワード

デザインビュー	P.459
フィールド	P.459
フィールドプロパティ	P.459

入力が期待されるデータをあらかじめ表示しておく

あらかじめ既定値が入力されている

1 フィールドの既定値を設定する

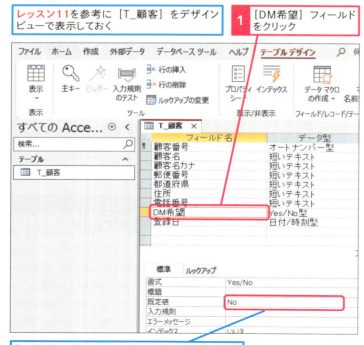

レッスン11を参考に［T_顧客］をデザインビューで表示しておく

1 ［DM希望］フィールドをクリック

［既定値］プロパティに「No」が入力されていることを確認する

使いこなしのヒント
既定値を設定して入力効率を上げる

フィールドに入力される可能性が高いデータをあらかじめ既定値として新規レコードに入力しておくと、入力の手間を省けます。既定値として入力されたデータは、必要に応じて手動で別の値に変更できます。

使いこなしのヒント
既存データには影響しない

［既定値］プロパティの設定が影響するのは新規レコードだけです。［既定値］プロパティの変更によって、既存のデータが変わることはありません。

● 既定値を入力する

2 [既定値] プロパティに「Yes」と入力

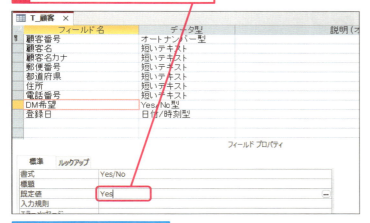

フィールドの既定値が変更された

変更を保存する　　**3** [上書き保存] をクリック

変更が保存された

2 表示を確認する

表示を切り替えて確認する　　**1** [表示] をクリック

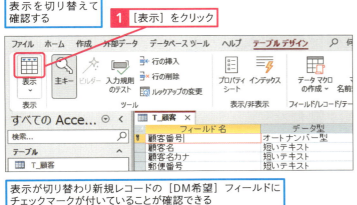

表示が切り替わり新規レコードの [DM希望] フィールドにチェックマークが付いていることが確認できる

💡 使いこなしのヒント
[Yes／No型] の既定値は何？

[Yes／No型] のフィールドの [既定値] プロパティには、初期設定で「No」が設定されています。そのため、新規レコードのチェックボックスはチェックが外された状態で表示されます。ここでは [既定値] を「Yes」に変更します。

🔼 スキルアップ
[登録日] に今日の日付を自動入力する

[日付／時刻型] のフィールドの [既定値] プロパティに「Date()」と入力すると、新規レコードに自動で今日の日付を入力できます。「Date」は、今日の日付を求めるための関数です。関数の詳細はレッスン30を参照してください。

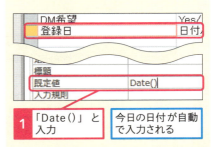

1 「Date()」と入力　　今日の日付が自動で入力される

💡 使いこなしのヒント
ビューを切り替える前に上書き保存する

デザインビューで設定を変更した場合、上書き保存しないとデータシートビューに切り替えられません。上書き保存しないでデータシートビューに切り替えると、保存を促されます。

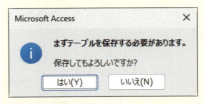

上書き保存を促される

15 既定値

できる　71

レッスン 16 顧客名のふりがなを自動入力しよう

ふりがな　　　　　　　　**練習用ファイル** L016_ふりがな自動入力.accdb

[顧客名] フィールドに氏名を入力したときに、そのふりがなが自動で [顧客名カナ] フィールドに入力されるようにしましょう。[ふりがなウィザード] を使用すると、ふりがなの入力先や文字の種類を簡単に設定できます。

キーワード	
ウィザード	P.456
フィールド	P.459
フィールドプロパティ	P.459

基本編　第2章　テーブルを作成しよう

顧客名を入力するだけでふりがなを自動入力

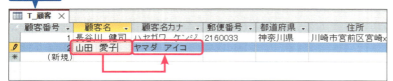

[顧客名] フィールドに入力した文字に自動的に全角カタカナのふりがなが入力される

1 [ふりがなウィザード] を設定する

レッスン11を参考に [T_顧客] をデザインビューで表示しておく

[顧客名] フィールドに入力した文字のふりがなが [顧客名カナ] フィールドに入力されるようにする

1 [顧客名] フィールドをクリック

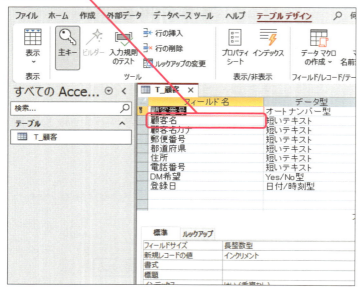

使いこなしのヒント
ふりがなは並べ替えに利用できる

[顧客名カナ] フィールドは、[顧客名] を並べ替えるときに使用するフィールドです。Accessでは、漢字データのフィールドで並べ替えを行うと文字コード順になり、五十音順になりません。五十音順に並べ替えるには、漢字の読みを入力したフィールドが必要です。

⚠ ここに注意

ふりがなの自動入力の設定をするときは、ふりがなの元となる漢字のフィールド（ここでは [顧客名]）を選択します。間違ってふりがなの入力先（ここでは [顧客名カナ]）を選択しないようにしましょう。

● [ふりがなウィザード] を起動する

フィールドプロパティが切り替わる

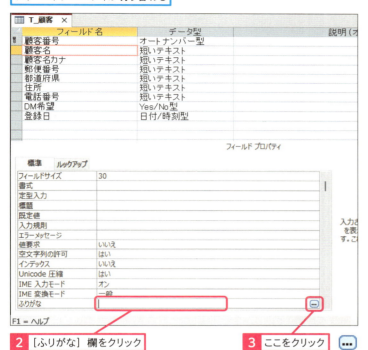

2 [ふりがな] 欄をクリック
3 ここをクリック

2 ふりがなの入力先と文字種を設定する

[ふりがなウィザード] が起動する
ふりがなの入力先を指定する
1 ここをクリック

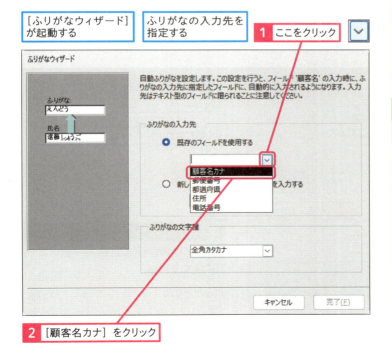

2 [顧客名カナ] をクリック

用語解説

ウィザード

「ウィザード」とは、画面に表示される選択項目を選ぶだけで、複雑な設定を自動的に行えるようにした機能です。

使いこなしのヒント

プロパティに対応したウィザードが表示される

[ふりがな] プロパティをクリックすると、… ボタンが表示されます。このボタンは、プロパティの設定用の画面を起動するボタンです。[ふりがな] プロパティの場合、[ふりがなウィザード] が起動します。

使いこなしのヒント

保存確認が表示された場合

手順1の操作3のあとで、テーブルの保存確認のメッセージが表示されることがあります。その場合、[はい] をクリックして保存すると、[ふりがなウィザード] が起動します。

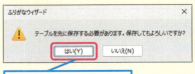

[はい] をクリックして保存

●ふりがなの文字種を指定する

[ふりがなの入力先]に[顧客名カナ]フィールドが指定された

3 ここをクリック

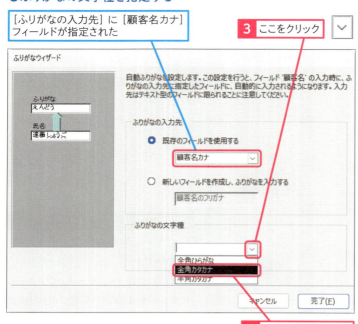

4 [全角カタカナ]をクリック

[ふりがなの文字種]に全角カタカナが指定された

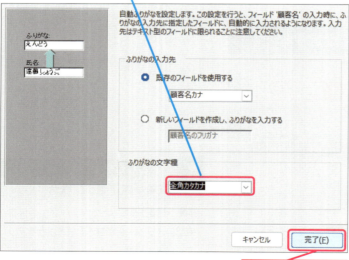

5 [完了]をクリック

プロパティの変更を確認する画面が表示された

6 [OK]をクリック

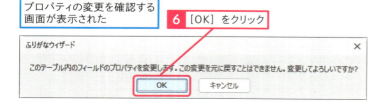

使いこなしのヒント

ふりがなの種類はどんなものがあるの？

ふりがなの文字の種類は、[全角ひらがな][全角カタカナ][半角カタカナ]から選択します。

使いこなしのヒント

[ふりがな]プロパティの設定値とは

[ふりがなウィザード]が完了すると、[顧客名]フィールドの[ふりがな]プロパティに[顧客名カナ]が設定されます。

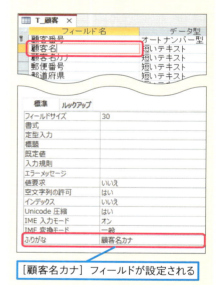

[顧客名カナ]フィールドが設定される

使いこなしのヒント

ふりがなの自動入力を解除するには

[ふりがな]プロパティに設定された「顧客名カナ」の文字を Delete キーで削除すると、ふりがなの自動入力が解除されます。

3 ふりがなが自動入力されることを確認する

[ふりがなウィザード]が閉じて
デザインビューの画面に戻る

ビューを切り替える

1 [ホーム]タブをクリック
2 [表示]をクリック

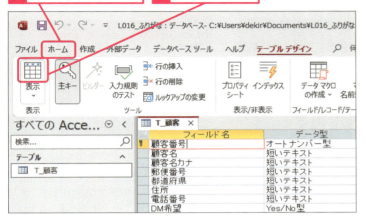

データシートビューに切り替わる

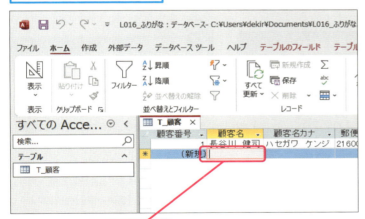

3 新規レコードの[顧客名]を
クリック

入力を確認する

4 顧客名を入力

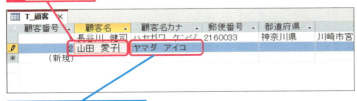

[顧客名カナ]にふりがなが
自動入力された

使いこなしのヒント
漢字変換前の読みがふりがなとなる

氏名の漢字を変換する前の「読み」がふりがなとなります。例えば「たける」と入力して「健」に変換した場合、ふりがなは「たける」になります。

使いこなしのヒント
自動入力されたふりがなを修正するには

氏名を別の読みで変換した場合、[顧客名カナ]フィールドに間違ったふりがなが自動入力されます。その場合、[顧客名カナ]フィールドをクリックして、自動入力されたふりがなを直接キーボードから修正してください。

使いこなしのヒント
[顧客名カナ]フィールドのプロパティも変更される

手順2の操作4で[全角カタカナ]を選択すると、[顧客名カナ]フィールドの[IME入力モード]プロパティに[全角カタカナ]が設定されます。そのため[顧客名カナ]フィールドのデータを編集するときに、入力モードが自動でカになります。[IME入力モード]プロパティについてはレッスン18で詳しく解説します。

レッスン 17 郵便番号から住所を自動入力しよう

住所入力支援　　練習用ファイル　L017_住所自動入力.accdb

［郵便番号］フィールドに郵便番号を入力したときに、［都道府県］フィールドと［住所］フィールドに住所が自動入力されるように設定しましょう。長い住所や読み方が分からない住所を、7文字の郵便番号から瞬時に入力できるので便利です。

キーワード
ウィザード	P.456
フィールド	P.459
フィールドプロパティ	P.459

郵便番号を入力するだけで住所を自動入力

After　郵便番号を入力すると自動で住所が入力される

顧客番号	顧客名	顧客名カナ	郵便番号	都道府県	住所	電話番号	DM
1	長谷川 健司	ハセガワ ケンジ	216-0033	神奈川県	川崎市宮前区宮崎x-x-x	044-639-xxxx	
2	山田 愛子	ヤマダ アイコ	152-0032	東京都	目黒区平町		
(新規)							

1　［住所入力支援ウィザード］を起動する

レッスン11を参考に［T_顧客］をデザインビューで表示しておく

1　［郵便番号］フィールドをクリック

2　ここをドラッグしてスクロール

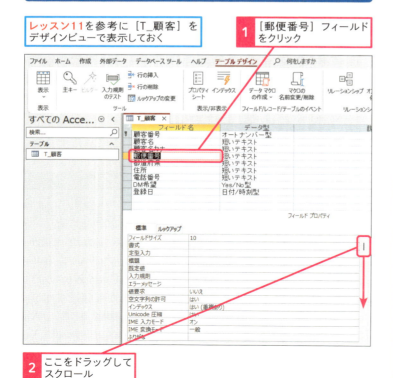

用語解説
［住所入力支援］プロパティ

［住所入力支援］プロパティは、郵便番号から住所を、住所から郵便番号を自動入力する機能です。例えば、［郵便番号］フィールドに「1520032」と入力すると、［都道府県］と［住所］フィールドに「1520032」に対応する住所が自動入力されます。反対に、［都道府県］［住所］フィールドに住所を入力したときは、［郵便番号］フィールドに郵便番号が自動で入力されます。

●[住所入力支援ウィザード] を起動させる

下部にあるフィールドプロパティが表示される

3 [住所入力支援] 欄をクリック
4 ここをクリック

●郵便番号を入力するフィールドを指定する

[住所入力支援ウィザード] が起動した

5 [郵便番号] のここをクリック

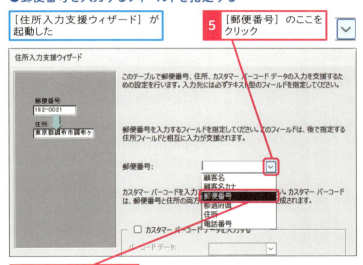

6 [郵便番号] をクリック

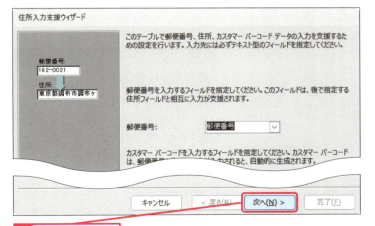

7 [次へ] をクリック

使いこなしのヒント
保存確認が表示された場合

手順1の操作4のあとで、テーブルの保存確認のメッセージが表示されることがあります。その場合、[はい]をクリックして保存すると、[住所入力支援ウィザード]が起動します。

使いこなしのヒント
データの入力支援機能とは

テーブルでは、このレッスンで紹介する住所入力支援のほかに、前レッスンで紹介したふりがな自動入力、次レッスンで紹介する日本語入力モードの自動切り替えなどの入力支援機能が用意されています。これらの機能を活用して、データ入力の効率化を図りましょう。

使いこなしのヒント
[短いテキスト]の
フィールド名から選ぶ

手順1の操作6のリストには、テーブルに含まれる[短いテキスト]型のフィールド名が一覧表示されます。その中から郵便番号を入力するフィールドを選択します。

● 住所を入力するフィールドを指定する

8 [都道府県と住所の2分割] をクリック
9 [都道府県] を選択
10 [住所] を選択
11 [完了] をクリック
確認画面が表示される
12 [OK] をクリック

● 設定を確認する

住所入力支援の設定を確認する
13 [郵便番号] フィールドをクリック

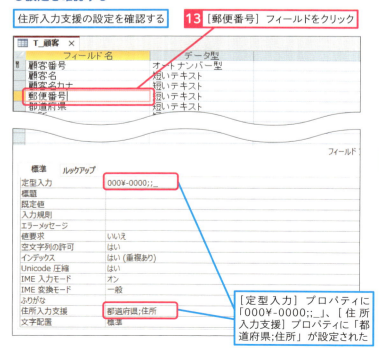

[定型入力] プロパティに「000¥-0000;;_」、[住所入力支援] プロパティに「都道府県;住所」が設定された

使いこなしのヒント
住所の構成を設定する

手順1の操作8では、住所の入力先のフィールド構成を選択します。[T_顧客] テーブルでは住所を [都道府県] [住所] の2フィールドに分割して入力するので、[都道府県と住所の2分割] を選択します。

使いこなしのヒント
[住所入力支援] プロパティの設定値を確認しよう

[住所入力支援ウィザード] が完了すると、[郵便番号] [都道府県] [住所] の各フィールドの [住所入力支援] プロパティに以下の文字列が設定されます。

・[郵便番号]：都道府県;住所
・[都道府県]：郵便番号;;;
・[住所]：郵便番号;;;

これらの設定により、郵便番号から住所、住所から郵便番号の双方向の自動入力が可能になります。

使いこなしのヒント
設定を解除するには

[郵便番号] [都道府県] [住所] の各フィールドの [住所入力支援] プロパティから設定値の文字列を削除すると、郵便番号から住所、住所から郵便番号の自動入力を解除できます。

[都道府県] [住所] の2フィールドから設定値を削除した場合は、住所から郵便番号の自動入力だけが解除されます。

2 住所が自動入力されることを確認する

データシートビュー表示に切り替える

1 [表示] をクリック

データシートビューで表示された

郵便番号がハイフン付きで表示された

2 2件目のレコードの [顧客名カナ] フィールドをクリック

3 Tab キーを押す

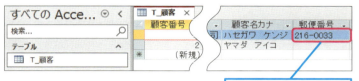

カーソルが移動した

4 「1」と入力

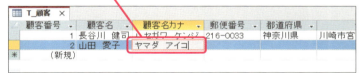

データを入力する位置に「_」が表示された

5 「520032」と入力

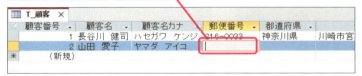

「152-0032」と表示され、都道府県と住所が自動入力された

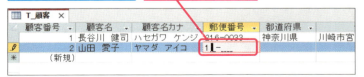

住所の残り（「x-x-x」）を入力しておく

使いこなしのヒント
定型入力を利用するには

[住所入力支援ウィザード] で設定を行うと、[郵便番号] フィールドの [定型入力] プロパティに郵便番号の入力パターンが自動設定されます。郵便番号を入力するときに、7桁分の「_」が表示され、7つの数字の入力が促されます。定型入力については、83ページのスキルアップで詳しく解説します。

郵便番号7桁分の「_」が表示される

使いこなしのヒント
ハイフンは入力しなくていい

[住所入力支援ウィザード] では、郵便番号にハイフン「-」が自動表示されるように設定されます。そのため、郵便番号を入力するとき、ハイフン「-」の入力は必要ありません。「1520032」と7つの数字を入力すると、自動的に「152-0032」と表示されます。入力済みの郵便番号も、ハイフン付きで表示されます。

使いこなしのヒント
実際に保存されるデータとは

[郵便番号] フィールドに表示されるハイフンは、表示上だけのものです。実際にフィールドに保存されるデータは、「1520032」のような、ハイフンを除いた7桁の数字になります。

レッスン 18 日本語入力モードを自動切り替えしよう

IME入力モード　　**練習用ファイル** L018_日本語入力モード.accdb

[IME入力モード] プロパティを使用すると、入力時に日本語入力モードを自動で切り替えられます。ひらがなや漢字を入力するフィールドでは「オン」に、英数字を入力するフィールドでは「オフ」にしておくと効率よく入力できます。

キーワード
フィールド	P.459
フィールドプロパティ	P.459

入力するデータに合わせて入力モードを自動で切り替える

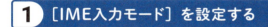

入力するデータの内容によって入力モードが切り替わる

1 [IME入力モード] を設定する

レッスン11を参考に [T_顧客] をデザインビューで表示しておく

1 [電話番号] フィールドをクリック

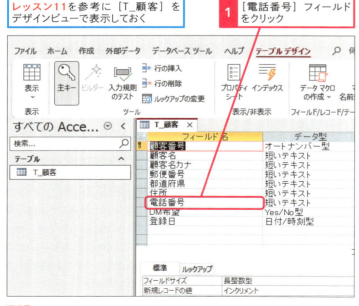

用語解説
日本語入力モード

日本語入力モードとは、キーボードから文字を入力するときに日本語を入力できる状態のことです。[半角/全角]キーを押すごとに、日本語入力モードのオンとオフが切り替わります。

●日本語入力モード：オン

[ひらがな] モードになる

●日本語入力モード：オフ

[半角英数字] モードになる

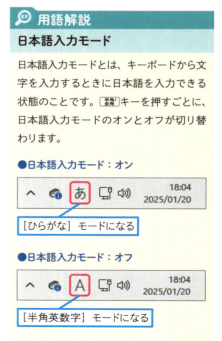

●[IME入力モード] の設定を変更する

[電話番号] のフィールドプロパティが表示される

[IME入力モード] に [オン] が設定されていることを確認する

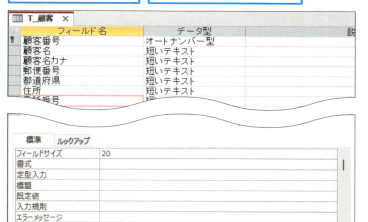

2 [IME入力モード] 欄をクリック

3 ここをクリック

入力モードの一覧が表示される

4 [オフ] をクリック

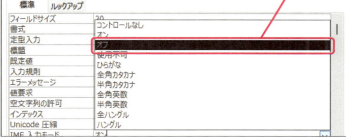

[オフ] が設定された

[上書き保存] をクリックして上書き保存しておく

> ### 使いこなしのヒント
> **入力モードを設定する**
>
> [短いテキスト] 型では初期設定で [IME入力モード] プロパティに [オン] が設定されています。そのため、電話番号を入力するときに日本語入力モードが自動的に [ひらがな] あ になります。ここでは設定を [オフ] に変更して、電話番号を [半角英数字] A の状態で入力できるようにします。

> ### 使いこなしのヒント
> **[オフ] と [使用不可] の違いは何?**
>
> 操作4のメニューから [オフ] を選択した場合と [使用不可] を選択した場合のどちらも、入力時に日本語入力モードがオフ A になります。2つの違いは、[オフ] では 半角/全角 キーを使って手動でオンに切り替えられるのに対して、[使用不可] ではオンにできないことです。

> ### 使いこなしのヒント
> **[オン] と [ひらがな] の違いは何?**
>
> 操作4のメニューから [ひらがな] を選択すると、入力時に日本語入力モードが確実に [ひらがな] あ になります。[オン] を選択した場合も [ひらがな] あ になりますが、環境や操作状況によってごくまれに [全角カタカナ] カ など他のモードに変わることがあります。それが心配なら [ひらがな] に設定しておきましょう。

② 日本語入力モードの切り替わりを確認する

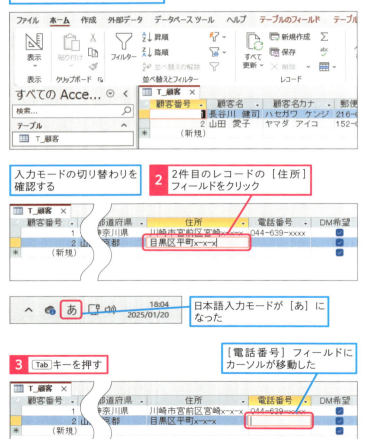

使いこなしのヒント
事前にふりがなを設定するには

レッスン16の［ふりがなウィザード］で、ふりがなの文字種として［全角カタカナ］を設定しました。この設定を行うと、ふりがなの入力先である［顧客名カナ］フィールドの［IME入力モード］プロパティに自動で［全角カタカナ］が設定されます。

使いこなしのヒント
自動で日本語入力がオフになる

レッスン17で［郵便番号］フィールドの［定型入力］プロパティに半角数字7桁の入力パターンが設定されました。この設定により、［郵便番号］フィールドの［IME入力モード］プロパティの設定値が［オン］のままでも、入力時に日本語入力モードが自動でオフになります。

使いこなしのヒント
番地を半角で入力する場合は

住所は自動入力されるので、［住所］フィールドで手入力が必要になるのは番地データです。番地を「1-2-3」のように半角で入力する場合は、［IME入力モード］プロパティに［オフ］を設定しておくといいでしょう。

●データを入力する

続けてデータを入力する　　4　電話番号と登録日を入力しておく

5　チェックボックスをクリックしてDM希望のチェックを外す　　2件目のレコードの入力が完了した

6　残りのレコードを入力する

7　ここをクリックして［T_顧客］を閉じておく

使いこなしのヒント
残りのレコードはどうするの？

操作6で入力するレコードの内容は、練習用ファイルと一緒に提供されるPDFファイルに掲載しています。参考にしてください。なお、以降の練習用ファイルはレコードが入力された状態になっています。

スキルアップ
［定型入力］プロパティの設定をするには

レッスン17で［住所入力支援ウィザード］を使用したときに、［郵便番号］フィールドの［定型入力］プロパティに「000¥-0000;;_」が自動設定されました。［定型入力］プロパティの設定値は、セミコロン「;」で区切られる3つのセクションからなります。

●定型入力文字の例

記号	説明
0	「0」の位置に半角の数字を入力。省略不可
9	「9」の位置に半角の数字を入力。省略可
¥	後ろの文字をそのまま表示する
""	「""」で囲んだ文字をそのまま表示する

●第1セクション：入力パターンの定義

第1セクションでは、「定型入力文字」と呼ばれる記号を使用して入力パターンを定義します。「000¥-0000」と定義した場合、必ず半角数字7つを入力しないとデータを確定できません。

●第2セクション：定型入力の文字の保存

「¥」の後ろの文字や「""」で囲んだ文字などの保存方法を指定します。「0」を指定すると保存され、「1」を指定するか省略すると保存されません。［T_顧客］テーブルの［郵便番号］フィールドでは第2セクションが省略されているので、ハイフン「-」は保存されません。ハイフンを含めた郵便番号を保存したい場合は、「000¥-000;0;_」のように第2セクションに「0」を指定してください。

●第3セクション：代替文字の指定

1文字分の入力位置にあらかじめ表示しておく文字を指定します。省略するとアンダースコア「_」が表示されます。

この章のまとめ

テーブルの仕組みを理解しよう

テーブルは、データベースの要のオブジェクトです。クエリやフォーム、レポートに表示されるデータの大元はテーブルです。したがって、テーブルをしっかり作り込むことが、データベース全体を適切に運用するためのカギとなります。テーブルにどのようなフィールドが必要か、そのフィールドにはどのようなデータが入力されるのか、よく考えてテーブルを設計しましょう。そして、この章で紹介したさまざまなフィールドプロパティを利用して、データを効率よく入力するための設定も行いましょう。

知らないことだらけでした…！

あまり普段から使うアプリではないですからね。操作をしながら仕組みを理解していきましょう。

入力支援機能がとてもうれしかったです！

ええ、使いこなすと強い味方になってくれます。[定型入力]プロパティもぜひ試してみてくださいね。

基本編

第3章

クエリでデータを抽出しよう

第2章では、顧客情報を保存するテーブルを作成しました。この章では、作成したテーブルから必要なデータを必要な形式で取り出すための、さまざまなクエリを作成します。クエリを使いこなして、データベースのデータを有効活用しましょう。

19	クエリでテーブルからデータを取り出そう	86
20	クエリの基本を知ろう	88
21	選択クエリを作成しよう	90
22	クエリのレコードを並べ替えよう	96
23	条件に合致するデータを抽出しよう	100
24	〇〇以上のデータを抽出しよう	104
25	特定の期間のデータを抽出しよう	106
26	部分一致の条件で抽出しよう	110
27	すべての条件に合致するデータを抽出しよう	112
28	いずれかの条件に合致するデータを抽出しよう	116
29	抽出条件をその都度指定して抽出しよう	120
30	テーブルのデータを加工しよう	124

レッスン 19

Introduction この章で学ぶこと

クエリでテーブルからデータを取り出そう

「クエリ」は、データベースに蓄積したデータを活用するための機能です。クエリを使うと、テーブルから必要なデータを取り出して、見やすい順序で表示できます。大量のデータの中から自分に必要なデータを的確に取り出せるように、クエリの使い方を身に付けましょう。

基本編 第3章 クエリでデータを抽出しよう

テーブルにデータを問い合わせる

クエリ？ なんだかすっぱそうな名前ですね。
これ、何ですか？

クエリ（query）は「質問」「疑問」といった意味で、データベースの場合は「検索要求」などと訳されますね。
テーブルにデータを「問い合わせる」ときに使うんです。

クエリでデータを操作する

テーブルに入力したデータを、取り出したり並べ替えたりするときに使うのが「クエリ」です。テーブルとクエリが対になることで、Accessの真の力が発揮されるんですよ。

必要な箇所だけ取り出せるんですね！
Accessってこうやって使うのかー！

顧客名	郵便番号	都道府県	住所	DM希望
長谷川 健司	216-0033	神奈川県	川崎市宮前区宮崎x-x-x	☑
山田 愛子	152-0032	東京都	目黒区平町x-x-x	☐
土井 夏美	270-2261	千葉県	松戸市常盤平x-x-x	☑
佐藤 良	340-0046	埼玉県	草加市北谷x-x-x	☑
和田 奈央	181-0005	東京都	三鷹市中原x-x-x	☑
鳥居 みのり	220-0051	神奈川県	横浜市西区中央x-x-x	☐
天野 翔太	275-0014	千葉県	習志野市鷺沼x-x-x	☐
鈴木 卓也	154-0001	東京都	世田谷区池尻x-x-x	☑
藤井 聖子	140-0014	東京都	品川区大井x-x-x	☑
佐藤 由香	261-0012	千葉県	千葉市美浜区磯辺x-x-x	☑

条件を絞ってデータを取り出そう

抽出条件を使うと、ある数字よりも大きいデータや、特定の期間のデータを絞り込んで取り出すこともできます。ちょっと複雑ですが、使いこなすと効率がぐっと上がりますよ♪

Excelと同じ「>=」みたいな比較演算子が使えるんですね！ 試してみます！

フィールド:	顧客番号	顧客名	登録日	
テーブル:	T_顧客	T_顧客	T_顧客	
並べ替え:				
表示:	☑	☑	☑	☐
抽出条件:	>=10			
または:				

抽出条件を組み合わせて使おう

そしてさらにパワーアップ！ 抽出条件を組み合わせたり、実行のたびに指定したりする方法も紹介します。ここまでマスターすれば、普段の仕事がかなり時短できますよ！

AndとOrの使い分け、きちんと覚えたいと思っていました！ しっかりマスターします！

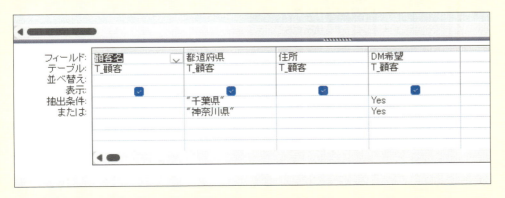

19 この章で学ぶこと

レッスン
20 クエリの基本を知ろう

クエリの仕組み | 練習用ファイル　なし

クエリは、テーブルに保存されているデータを操作するオブジェクトです。この章では、クエリの中でもっとも基本的な「選択クエリ」という種類のクエリの作成方法を紹介します。まずは、選択クエリの機能と画面構成を知っておきましょう。

基本編
第3章 クエリでデータを抽出しよう

1 選択クエリの機能

選択クエリの役割は、テーブルからフィールドやレコードを取り出して表示することです。選択クエリを使用すると、以下のような操作を行えます。

・テーブルから一部のフィールドを取り出す
・テーブルのレコードを並べ替える
・テーブルから条件に合致するレコードを取り出す
・テーブルのデータから新しいフィールドを作成する

🔍 キーワード

クエリ	P.457
選択クエリ	P.458
テーブル	P.458

💡 使いこなしのヒント

クエリの種類と機能を確認しよう

クエリの種類には、選択クエリのほかに、2次元集計を行うクロス集計クエリや、テーブルのデータを更新する更新クエリなどがあります。それらのクエリは、第8章で紹介します。

●テーブル

顧客番号	顧客名	顧客名カナ	DM希望	登録日
1	長谷川	ハセガワ	Yes	2025/04/01
2	和田	ワダ	Yes	2025/04/28
3	天野	アマノ	No	2025/05/07

●クエリ

一部のフィールドを取り出す

顧客名	顧客名カナ	DM希望
長谷川	ハセガワ	Yes
和田	ワダ	Yes
天野	アマノ	No

レコードを［顧客名カナ］の順に並べ替える

顧客名	顧客名カナ	登録日
天野	アマノ	2025/05/07
長谷川	ハセガワ	2025/04/01
和田	ワダ	2025/04/28

［DM希望］が「Yes」のレコードを抽出する

顧客名	顧客名カナ	DM希望
長谷川	ハセガワ	Yes
和田	ワダ	Yes

［登録日］の月を求めて新しいフィールドに表示する

顧客名	登録日	登録月
長谷川	2025/04/01	4
和田	2025/04/28	4
天野	2025/05/07	5

2 選択クエリの仕組み

クエリには3つのビューがありますが、主に使用するのは「デザインビュー」と「データシートビュー」です。デザインビューでは、クエリの元になるテーブル、そのテーブルから取り出すフィールドや抽出条件、並べ替えの順序などを設定します。その設定にしたがってテーブルからデータが取り出され、データシートビューに表示されます。

使いこなしのヒント

SQLビューとは

クエリのもう1つのビューである「SQLビュー」は、「SQLステートメント」と呼ばれるプログラミング言語のような文字列でクエリを定義するビューです。本書では扱いません。

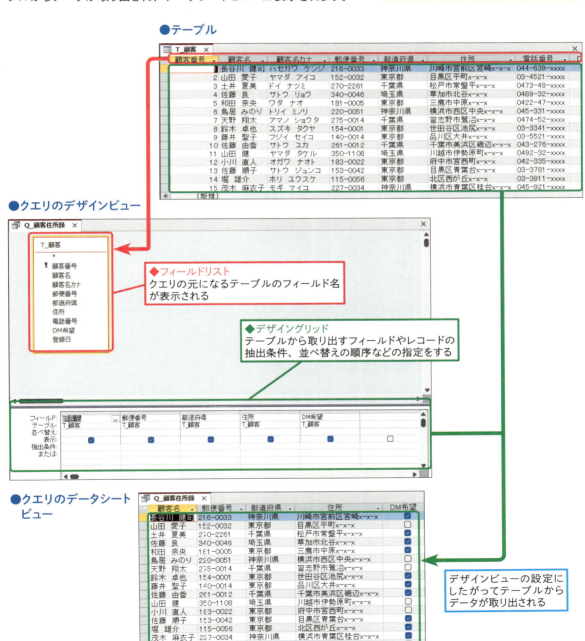

●テーブル

●クエリのデザインビュー

◆フィールドリスト
クエリの元になるテーブルのフィールド名が表示される

◆デザイングリッド
テーブルから取り出すフィールドやレコードの抽出条件、並べ替えの順序などの指定をする

●クエリのデータシートビュー

デザインビューの設定にしたがってテーブルからデータが取り出される

レッスン 21 選択クエリを作成しよう

クエリの作成と実行　　練習用ファイル　L021_選択クエリ.accdb

[T_顧客] テーブルには9つのフィールドがあります。このレッスンでは、そのうちの5つのフィールドを抜き出して表示するクエリを作成します。作成したクエリの実行方法と保存方法も紹介します。

キーワード	
クエリ	P.457
選択クエリ	P.458
フィールド	P.459

[T_顧客] テーブルの一部のフィールドを抜き出す

Before

すべてのフィールドが表示されている

After

[顧客名][郵便番号][都道府県][住所][DM希望] フィールドが取り出された

1 新しいクエリの元になるテーブルを指定する

1 [作成] タブをクリック
2 [クエリデザイン] をクリック

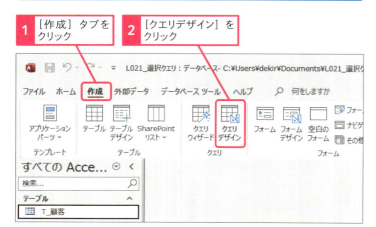

使いこなしのヒント

新しい選択クエリのデザインビューが表示される

[作成] タブの [クエリデザイン] ボタンを使用すると、新しい選択クエリのデザインビューが表示され、クエリに表示するフィールドを指定できます。

●テーブルを追加する

| 新しいクエリが作成され、クエリのデザインビューが表示された | ［テーブルの追加］作業ウィンドウが表示された |

フィールドを追加するテーブルを選択する

3 ［T_顧客］をクリック

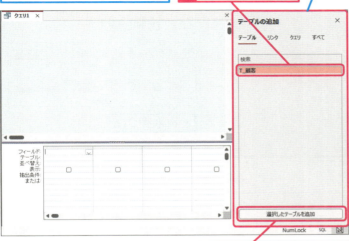

4 ［選択したテーブルを追加］をクリック

デザインビューに［T_顧客］テーブルのフィールドリストが表示された

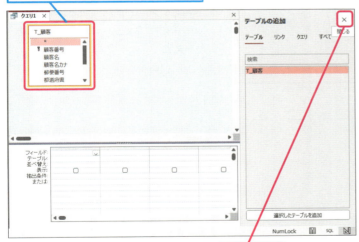

［テーブルの追加］作業ウィンドウを閉じる

5 ［×］をクリック

使いこなしのヒント
［テーブルの追加］作業ウィンドウとは

［テーブルの追加］作業ウィンドウは、クエリの元になるテーブルを指定するための画面です。クエリを新規に作成すると、自動で表示されます。

使いこなしのヒント
［テーブルの追加］を手動で開くには

［テーブルの追加］作業ウィンドウを閉じたあとで再度開きたい場合は、［クエリデザイン］タブの［テーブルの追加］をクリックします。

1 クリックする

用語解説
フィールドリスト

「フィールドリスト」とは、テーブルに含まれるフィールドの一覧リストです。主キーのフィールドにはカギのマークが表示されます。

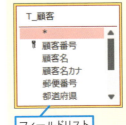

フィールドリスト

2 クエリに表示するフィールドを指定する

[テーブルの追加]作業ウィンドウが閉じた

1 フィールドリストの下端にマウスポインターを合わせる

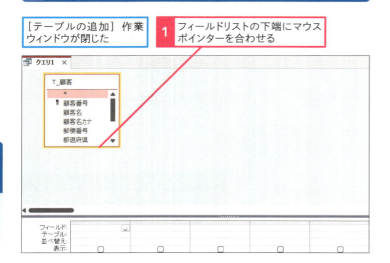

使いこなしのヒント
クエリの種類を確認するには

[クエリデザイン]タブの[クエリの種類]で、現在のクエリの種類を確認できます。選択クエリを作成しているときは、[選択]がオンの状態になります。

オンの状態になる

マウスポインターの形が変わる

2 下方向にドラッグ

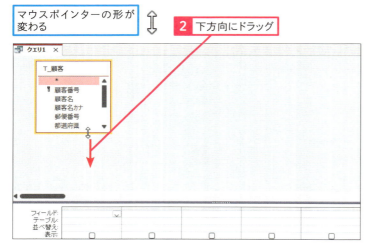

使いこなしのヒント
フィールドリストのサイズを調整するには

フィールドリストの境界線をドラッグすると、フィールドリストのサイズを調整できます。また、フィールドリストの下の境界線をダブルクリックすると、すべてのフィールドが見えるように高さが自動調整されます。

フィールドリストのサイズが変わった

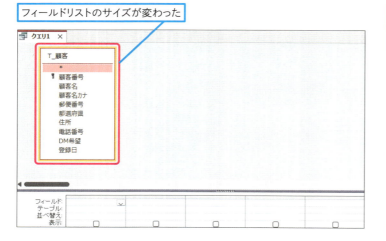

使いこなしのヒント
フィールドリストを移動するには

フィールドリストのタイトル部分をドラッグすると、デザインビュー内で位置を調整できます。

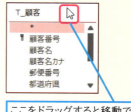

ここをドラッグすると移動できる

●フィールドを追加する

[顧客名] フィールドを追加する

3 [顧客名] にマウスポインターを合わせる

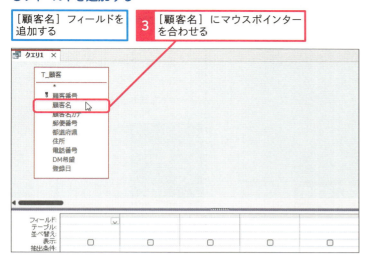

4 [フィールド] 欄にドラッグ

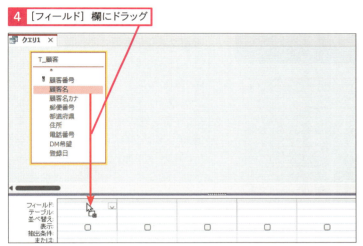

[顧客名] フィールドが追加された

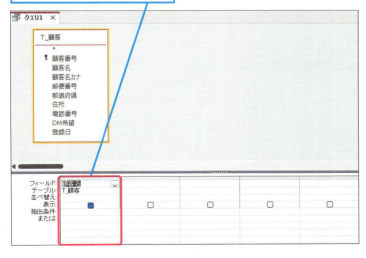

時短ワザ
ダブルクリックでフィールドを追加できる

操作4の代わりにフィールドリストでフィールドをダブルクリックしても、そのフィールドを追加できます。

使いこなしのヒント
複数のフィールドをまとめて追加するには

Ctrlキーを押しながらクリックすると、フィールドリストで複数のフィールドを選択できます。その状態でデザイングリッドにドラッグすると、複数のフィールドをまとめて追加できます。

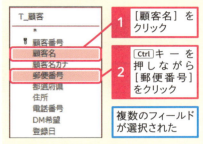

使いこなしのヒント
追加したフィールドを削除するには

フィールドセレクターをクリックすると、フィールド全体が選択されます。その状態でDeleteキーを押すと、フィールドを削除できます。

1 フィールドセレクターをクリック

フィールドが選択された

2 Deleteキーを押す

フィールドが削除される

21 クエリの作成と実行

次のページに続く →

93

● 他のフィールドも追加する

同様に［郵便番号］、［都道府県］、［住所］、［DM希望］の4フィールドを追加しておく

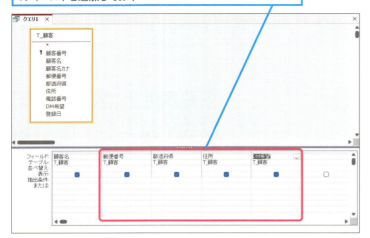

使いこなしのヒント
フィールドの順番を変更するには

フィールドセレクターをクリックしてフィールドを選択します。その状態でフィールドセレクターをドラッグすると、フィールドを移動できます。

1 選択したフィールドを移動したい場所までドラッグ

3 クエリを実行して保存する

追加したフィールドが正しく表示されるかどうかクエリを実行する

1 ［クエリデザイン］タブをクリック

2 ［実行］をクリック

使いこなしのヒント
選択クエリを実行するには

デザインビューからクエリを実行するには、操作2のように［クエリデザイン］タブの［実行］をクリックします。選択クエリを実行すると、データシートビューが表示され、デザインビューで指定したフィールドのデータが表示されます。

使いこなしのヒント
［表示］をクリックしても選択クエリを実行できる

選択クエリでは、［クエリデザイン］タブの［表示］をクリックしてもクエリを実行できます。
なお、クエリの種類によっては、［表示］と［実行］のボタンの機能が変わるものがあります。レッスン73で解説します。

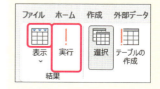

選択クエリではどちらのボタンも実行に使える

データシートビューが表示され、クエリの実行結果が表示された

クエリに追加した順番でフィールドが表示されている

● 名前を付けてクエリを保存する

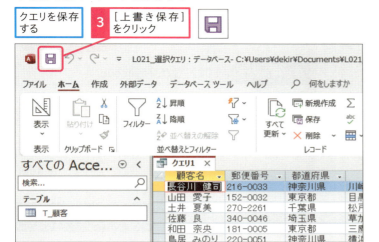

クエリを保存する

3 ［上書き保存］をクリック

［名前を付けて保存］画面が表示される

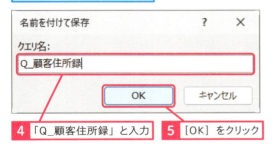

4 「Q_顧客住所録」と入力

5 ［OK］をクリック

クエリが保存された

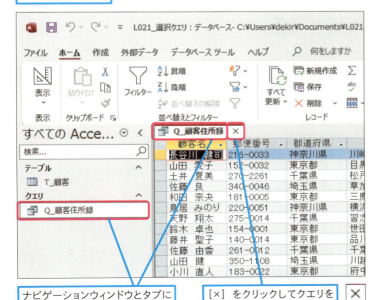

ナビゲーションウィンドウとタブにクエリ名が表示された

［×］をクリックしてクエリを閉じておく

使いこなしのヒント

閉じているクエリを実行するには

閉じているクエリを実行したいときは、ナビゲーションウィンドウでクエリをダブルクリックします。詳しくは**レッスン22**を参照してください。

使いこなしのヒント

命名ルールにしたがってクエリに名前を付けよう

データベース内のオブジェクトには、統一した命名ルールで名前を付けましょう。本書では、クエリ名の先頭に「Q_」を付けて「Q_○○○」と命名します。「Q」は「query」（クエリ）の頭文字です。

使いこなしのヒント

テーブルとクエリは別の名前にする

同じデータベース内にあるテーブルとクエリには、同じ名前を付けることはできないので注意してください。

なお、フォームやレポートは、テーブルまたはクエリと同じ名前を付けられます。しかし混乱の元になるので、「T_受注」「Q_受注」「F_受注」のように、分かりやすい名前を付けるようにしましょう。

21 クエリの作成と実行

できる 95

レッスン 22 クエリのレコードを並べ替えよう

昇順と降順　　　　　**練習用ファイル** L022_並び替え.accdb

クエリでは、レコードの並び順を指定できます。目的に合わせて見やすい並び順でレコードを表示しましょう。ここでは、レッスン21で作成した［Q_顧客住所録］のレコードを郵便番号の昇順に並べ替えます。

キーワード	
選択クエリ	P.458
ナビゲーションウィンドウ	P.459
レコード	P.460

レコードを［郵便番号］の昇順に並べ替える

郵便番号の順に並べたい

郵便番号の昇順に並べられた

1　ナビゲーションウィンドウからクエリを開く

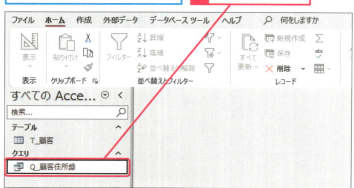

ここではナビゲーションウィンドウからクエリを実行する

1　［Q_顧客住所録］をダブルクリック

使いこなしのヒント
ナビゲーションウィンドウからクエリを実行するには

ナビゲーションウィンドウでクエリをダブルクリックすると、クエリが実行され、データシートビューが表示されます。

使いこなしのヒント
デザインビューを開くには

ナビゲーションウィンドウでクエリを右クリックして、［デザインビュー］をクリックすると、最初からクエリのデザインビューが開きます。

●表示を確認する

[Q_顧客住所録]のデータシートビューが開いた

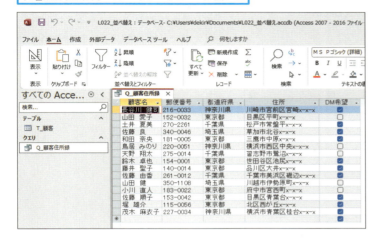

2 レコードの並べ替えを設定する

デザインビューに切り替える

1 [表示]をクリック

デザインビューが表示された

[郵便番号]フィールドの[並べ替え]を設定する

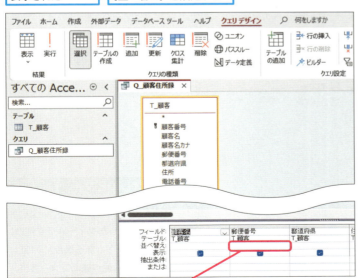

2 [郵便番号]フィールドの[並べ替え]欄をクリック

使いこなしのヒント
選択クエリのビューを切り替えるには

選択クエリでは、[表示]をクリックするごとに、デザインビューとデータシートビューが交互に切り替わります。また、[表示]の下側をクリックし、一覧から目的のビューを選択しても切り替えられます。

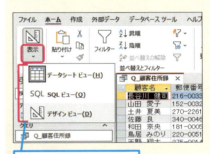

一覧からも切り替えられる

使いこなしのヒント
並べ替えを設定するには

並べ替えを設定するには、基準となるフィールド(ここでは[郵便番号]フィールド)の[並べ替え]欄で[昇順]または[降順]を選択します。

用語解説
昇順と降順

[並べ替え]欄で[昇順]を設定すると以下のような順序でレコードが並べ替えられます。[降順]はその逆の順序です。

●データ型と並び順

データ型	並び順
数値型	数値の小さい順
日付／時刻型	日付の古い順
短いテキスト	五十音順または文字コード順
Yes／No型	Yes→Noの順

次のページに続く→

97

●並べ替えを設定する

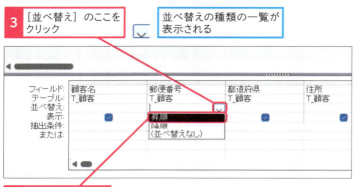

4 [昇順]をクリック

[並べ替え]欄に[昇順]が設定された

3 クエリの実行結果を確認する

クエリを保存する

1 [上書き保存]をクリック

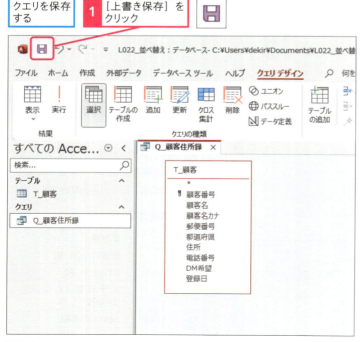

使いこなしのヒント
並べ替えを解除するには

並べ替えを設定したフィールドの[並べ替え]欄で[(並べ替えなし)]を選択すると、並べ替えの設定が解除されます。

使いこなしのヒント
漢字データを並べ替えるには

Accessでは、アルファベットやひらがな、カタカナはアルファベット順、あいうえお順になりますが、漢字データの並べ替えでは漢字の読みではなく文字コード順で並べ替えられます。読みの順序で並べ替えたいときは、[顧客名カナ]のようなふりがなのフィールドを基準に並べ替えをしてください。

使いこなしのヒント
フィールドが空白の場合は

並べ替えの基準にしたフィールドが空白になっているレコードがある場合、そのレコードは[昇順]の並べ替えでは一番上、[降順]の並べ替えでは一番下に表示されます。

●クエリを実行する

設定した並べ替え通りに正しく表示されるかどうかクエリを実行する

2 [クエリデザイン] タブをクリック

3 [実行] をクリック

郵便番号の昇順に並べ替えられた

使いこなしのヒント

都道府県を北から順に並べ替えるには

都道府県を地理的な順序で並べ替えたい場合は、都道府県を順序よく並べて番号を振った[T_都道府県]テーブルを用意し、レッスン67を参考に[T_顧客]と[T_都道府県]の2つのテーブルからクエリを作成します。

スキルアップ

複数のフィールドを基準に並べ替えるには

クエリでは、複数のフィールドで並べ替えの設定ができます。その場合、左のフィールドの並べ替えが優先されます。以下の例では、[DM希望]と[顧客名カナ]にそれぞれ[昇順]を設定していますが、左にある[DM希望]フィールドの優先順位が高くなります。

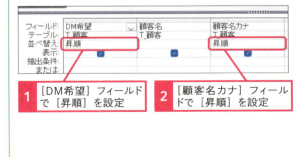

1 [DM希望] フィールドで [昇順] を設定

2 [顧客名カナ] フィールドで [昇順] を設定

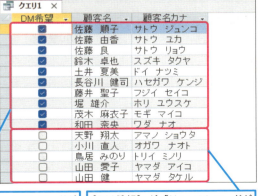

[DM希望]が「Yes」のレコードが[顧客名カナ]順に並んだ

[DM希望]が「No」のレコードが[顧客名カナ]順に並んだ

レッスン 23 条件に合致するデータを抽出しよう

抽出条件　　練習用ファイル　L023_抽出.accdb

レッスン21～22で作成した[Q_顧客住所録]には、[T_顧客]テーブルの全レコードが表示されます。ここでは、[Q_顧客住所録]に抽出条件を設定して、ダイレクトメールを希望している人のデータだけを抜き出します。

キーワード	
チェックボックス	P.458
抽出	P.458
データ型	P.458

[DM希望]が「Yes」のレコードだけを表示する

DM希望者だけ表示したい

DM希望者だけ表示できた

1 レコードの抽出条件を設定する

レッスン09を参考に「L23_抽出.accdb」を開いておく

デザインビューに切り替える

1 [表示]をクリック

使いこなしのヒント
ビュー切り替えボタンでビューを切り替えられる

画面の右下にあるビュー切り替えボタンを使って、ビューを切り替えることもできます。

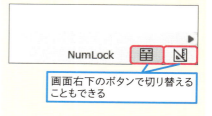

画面右下のボタンで切り替えることもできる

●抽出条件を設定する

デザインビューが表示された　　抽出条件を設定する

ここでは［DM希望］フィールドが「Yes」であるレコードを抽出する

2 ［DM希望］フィールドの［抽出条件］欄をクリック

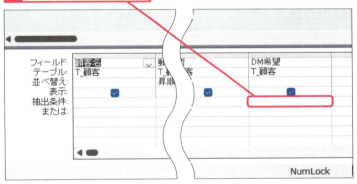

3 「Yes」と入力

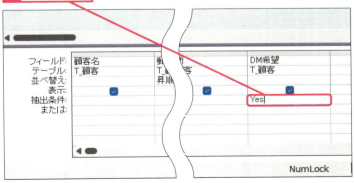

抽出条件が設定された

使いこなしのヒント
［DM希望］フィールドに抽出条件を設定する

抽出条件は、デザイングリッドの［抽出条件］行に設定します。ここでは［DM希望］フィールドに抽出条件を設定します。

使いこなしのヒント
Yes／No型のフィールドから抽出するには

［Yes／No型］のフィールドにチェックマークが付いているレコードを抽出するには、［抽出条件］欄に「Yes」「True」「On」のいずれかを入力します。また、チェックマークが付いていないレコードを抽出するには、［抽出条件］欄に「No」「False」「Off」のいずれかを入力します。

用語解説
True、False

一般的に「True」には「真」、「False」には「偽」の意味があります。Accessでは「True」は「Yes」「On」、「False」は「No」「Off」と同じデータとして扱います。

使いこなしのヒント
抽出条件を解除するには

デザイングリッドの［抽出条件］欄に入力した文字を Delete キーで削除すると、抽出条件を解除できます。

2 クエリの実行結果を確認する

クエリを保存する　1 ［上書き保存］をクリック

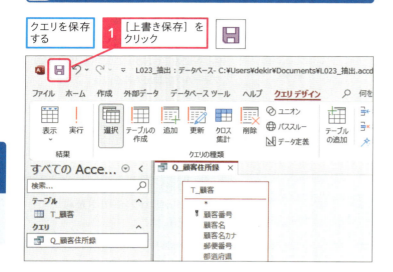

設定した条件通りに正しく抽出されるかどうかクエリを実行する　2 ［クエリデザイン］タブをクリック

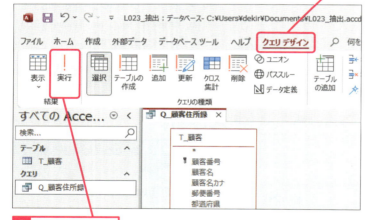

3 ［実行］をクリック

［DM希望］にチェックが付いているレコードだけが表示された　ここをクリックしてクエリを閉じておく

使いこなしのヒント
クエリを試してから上書き保存しよう

テーブルでは、デザインビューの変更を上書き保存しないとデータシートビューに切り替えられません。一方、クエリでは、上書き保存せずにビューを切り替えることができます。クエリが正しく実行できるかどうか不安な場合は、データシートビューで実行結果を確認してから上書き保存してもいいでしょう。

使いこなしのヒント
各エリアの高さを調整するには

クエリのデザインビューで中央の境界線を上下にドラッグすると、各エリアの高さを調整できます。

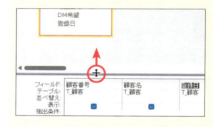

使いこなしのヒント
クエリの列幅を変更するには

クエリのデータシートビューの列幅は、基本的にテーブルの列幅を継承します。［Q_顧客住所録］の実行結果は、［T_顧客］で設定した列幅で表示されます。

なお、クエリのデータシートビューでも列幅の変更が可能です。レッスン14を参考にクエリの列幅を変更して上書き保存すると、次回からはその列幅でクエリが表示されます。クエリでの列幅の変更は、テーブルには影響しません。

スキルアップ
データ型に応じて抽出条件を指定する

抽出条件を設定する際は、データ型に応じた抽出条件を指定する必要があります。適切な抽出条件を指定しないと、「抽出条件でデータ型が一致しません。」というエラーメッセージが表示され、クエリを実行できません。また、[定型入力]プロパティが設定されているフィールドは、データシートビューで表示されるデータと実際に保存されるデータが異なる場合があります。その場合、保存されているデータと同じ形式の抽出条件を指定しないと、抽出されないので注意しましょう。

●数値型、オートナンバー型
条件となる数値をそのまま入力します。

[顧客番号]の値が「10」のレコードを抽出する

●短いテキスト
条件となる文字列をダブルクォーテーション「"」で囲んで指定します。[抽出条件]欄に「埼玉県」と入力すると、確定時に自動的に「"埼玉県"」と表示されます。

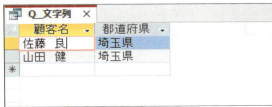

[都道府県]の値が「埼玉県」のレコードを抽出する

●日付／時刻型
条件となる日付をシャープ「#」で囲んで指定します。[抽出条件]欄に「2025/5/7」と入力すると、確定時に自動的に「#2025/05/07#」と表示されます。

[登録日]の値が「2025/5/7」のレコードを抽出する

●[定型入力]が設定されているフィールド
[郵便番号]フィールドに実際に保存されているのは「-」なしの7桁の数字なので、抽出条件は7桁の数字だけを指定します。

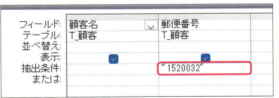

[郵便番号]の値が「1520032」の値を抽出する

レッスン 24 ○○以上のデータを抽出しよう

比較演算子　　　**練習用ファイル** L024_比較演算子.accdb

新しいクエリを作成し、[T_顧客] テーブルから [顧客番号] の値が「10以上」のレコードを抽出してみましょう。「○○以上」「○○より大きい」のような抽出条件を指定するには、「>=」「>」のような「比較演算子」という記号を使用します。

キーワード
抽出	P.458
比較演算子	P.459

[顧客番号] が「10以上」のレコードだけを表示する

After

[顧客番号] が「10以上」のレコードだけが表示された

1 比較演算子を使った抽出条件を設定する

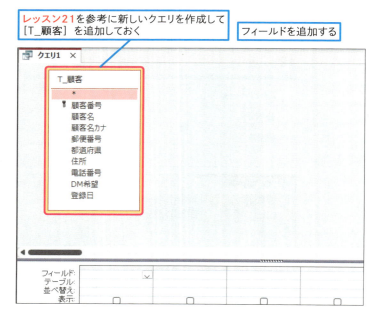

⚠ ここに注意

ナビゲーションウィンドウでクエリが選択されている状態で新しいクエリを作成すると、[テーブルの追加] 作業ウィンドウにクエリの一覧が表示されます。その場合、[テーブル] をクリックしてテーブルの一覧に切り替えます。

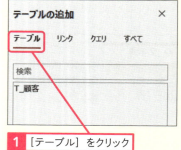

1 [テーブル] をクリック

●フィールドを追加して抽出条件を設定する

抽出条件を設定する

1 レッスン21を参考に［顧客番号］［顧客名］［登録日］フィールドを追加する

ここでは［顧客番号］フィールドが「10以上」のレコードを抽出する

2 ［顧客番号］フィールドの［抽出条件］をクリックし、「>=10」と入力

2 クエリの実行結果を確認して保存する

設定した条件通りに正しく抽出されるかどうかクエリを実行する

1 ［クエリデザイン］タブをクリック

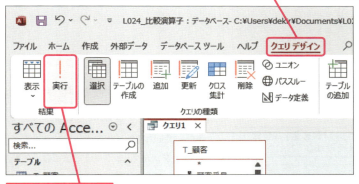

2 ［実行］をクリック

［顧客番号］が「10以上」のレコードだけが抽出された

レッスン21を参考に「Q_顧客_番号10以上」の名前でクエリを保存して閉じておく

使いこなしのヒント
抽出条件の意味を確認しよう

「>=」は、「以上」を表す比較演算子です。「>=10」は、「10以上」という意味になります。すべて半角で「>」「=」「10」を続けて入力してください。

用語解説
比較演算子

比較演算子は、数学の等号や不等号にあたる記号で、データを比較して条件判定するために使用します。

使いこなしのヒント
比較演算子の種類を確認しよう

比較演算子には、以下の種類があります。なお、「=10」は、「=」を省略して単に「10」と入力してもかまいません。

比較演算子	指定例	意味
>=	>=10	10以上
>	>10	10より大きい
<=	<=10	10以下
<	<10	10より小さい
=	=10	10と等しい
<>	<>10	10以外

使いこなしのヒント
日付の範囲も指定できる

比較演算子は、日付の抽出にも使用できます。具体例は、レッスン27で紹介します。

レッスン 25 特定の期間のデータを抽出しよう

Between And演算子 　　**練習用ファイル** L025_指定範囲.accdb

新しいクエリを作成し、[T_顧客] から [登録日] が「2025/5/1 ～ 2025/5/31」の期間のレコードを抽出してみましょう。特定の日付の期間や特定の数値の範囲を指定して抽出するには、Between And演算子を使用します。

🔍 キーワード

Between And演算子	P.456
抽出	P.458

[登録日] が「2025/5/1 ～ 2025/5/31」のレコードだけを表示する

After

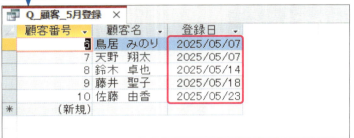

特定の期間に登録した顧客データだけが抽出された

1 クエリに表示するフィールドを設定する

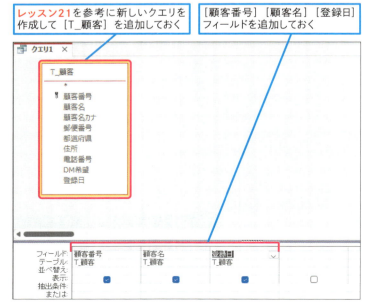

レッスン21を参考に新しいクエリを作成して [T_顧客] を追加しておく

[顧客番号][顧客名][登録日] フィールドを追加しておく

⏱ 時短ワザ

ダブルクリックで追加できる

[テーブルの追加] 作業ウィンドウでテーブルをダブルクリックする方法でも、クエリにテーブルを追加できます。

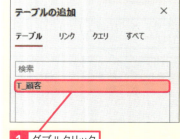

テーブルをダブルクリックするとクエリに追加できる

● フィールドの幅を広げる

抽出条件を入力できるように
フィールドの幅を広げる

1 ［登録日］のフィールドセレクターの境界線に
マウスポインターを合わせる

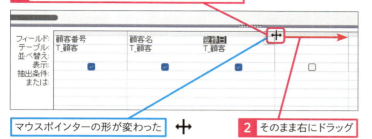

マウスポインターの形が変わった ✛

2 そのまま右にドラッグ

列幅が広がった

2 特定の期間の抽出条件を設定する

抽出条件を設定する

ここでは［登録日］フィールドに「2025/5/1 〜 2025/5/31」が
入力されているレコードを抽出する

1 ［登録日］フィールドの［抽出条件］欄に「Between
2025/5/1 And 2025/5/31」と入力

2 Enter キーを押す

「Between #2025/05/01# And
#2025/05/31#」と表示された

抽出条件が設定された

使いこなしのヒント
フィールドの幅を広げておく

長い抽出条件を入力するときは、手順1の
操作2のようにドラッグ操作でフィールド
の幅を広げます。事前に広げておくことで、
入力しやすくなります。

用語解説
Between And演算子

Between And演算子は、日付や数値の範
囲を抽出するときに使用します。「Between
○ And □」のように、「Between」と「And」
の後ろに半角スペースを入れて条件の日
付や数値を入力すると、「○から□まで」
の範囲のデータが抽出されます。

使いこなしのヒント
「#」は自動入力される

抽出条件を「Between 2025/5/1 And
2025/5/31」と入力して Enter キーを押
すと、日付が自動的にシャープ「#」で囲
まれます。

3 クエリの実行結果を確認して保存する

設定した条件通りに正しく抽出されるかどうかクエリを実行する

1 [クエリデザイン] タブをクリック

2 [実行] をクリック

[受注日] が「2025/5/1 ～ 2025/5/31」のレコードだけが表示された

名前を付けてクエリを保存する

3 [上書き保存] をクリック

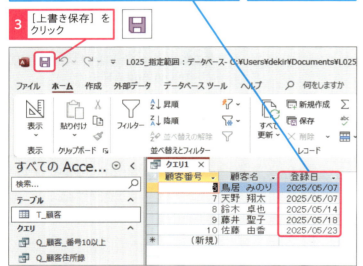

[名前を付けて保存] 画面が表示される

4 「Q_顧客_5月登録」と入力

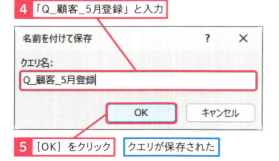

5 [OK] をクリック　クエリが保存された

使いこなしのヒント
指定した日付や数値を含めて抽出する

Between And演算子は、指定した日付や数値を含めて「○以降□以前」「○以上□以下」を抽出します。抽出条件を「Between 2025/5/1 And 2025/5/31」とした場合、「2025/5/1」と「2025/5/31」のデータも抽出されます。

使いこなしのヒント
オブジェクトはデータベースファイルに保存される

テーブルやクエリなどのオブジェクトを保存すると、Accessのデータベースファイルに保存されます。そのため、データベースファイルを開けば、いつでもナビゲーションウィンドウからテーブルやクエリを開くことができます。

使いこなしのヒント
数値の範囲を抽出するには

例えば20以上29以下の数値を抽出したいときは、「Between 20 And 29」という抽出条件を設定します。
なお「○以上□未満」のような条件を設定したいときは、115ページの使いこなしのヒントを参考に比較演算子とAnd演算子を使用してください。

👍 スキルアップ
「未入力」「入力済み」を条件に抽出するには

Accessでは、フィールドに何も入力されていない状態のことを「Null（ヌル）」と表現します。フィールドが未入力のレコードを抽出したいときは、「Is Null」という抽出条件を指定します。

反対に、フィールドに何らかのデータが入力されているレコードを抽出したいときは、「Is Not Null」という抽出条件を指定します。

●未入力のフィールドの抽出

[役職]フィールドに「Is Null」という条件を設定すると、役職が入力されていない社員（役職についていない社員）を抽出できます。

[役職]に何も入力されていないレコードを抽出する

●入力済みのフィールドの抽出

[役職]フィールドに「Is Not Null」という条件を設定すると、役職が入力されている社員（何らかの役職についている社員）を抽出できます。

[役職]に何らかの入力があるレコードを抽出する

👍 スキルアップ
「○○以外」を抽出するには

フィールドに特定のデータ以外が入力されているレコードを抽出したいときは、比較演算子の「<>」を使用します。「本社以外」の場合は「<>"本社"」、「1以外」の場合は「<>1」のように入力します。

[所属]が「本社」以外のレコードを抽出する

レッスン 26 部分一致の条件で抽出しよう

ワイルドカード　　　　練習用ファイル　L026_部分一致.accdb

「○○で始まる」「○○を含む」のような条件を指定したいときは、「ワイルドカード」という記号を使用します。ここでは「横浜市で始まる」という条件を例に、ワイルドカードの使用方法を紹介します。

キーワード

Like演算子	P.456
抽出	P.458
ワイルドカード	P.460

［住所］が「横浜市」で始まるレコードだけを表示する

After

［住所］が「横浜市」で始まるレコードだけが表示された

1 ワイルドカードを使った抽出条件を設定する

レッスン21を参考に新しいクエリを作成して［T_顧客］を追加しておく

［顧客名］［都道府県］［住所］フィールドを追加しておく

抽出条件を設定する

ここでは［住所］フィールドが「横浜市」で始まるレコードを抽出する

用語解説
ワイルドカード

ワイルドカードとは、任意の文字を表す記号です。「*」は、0文字以上の任意の文字列を表します。「横浜市*」は、「横浜市」の後ろに0文字以上の文字列があるデータを表します。

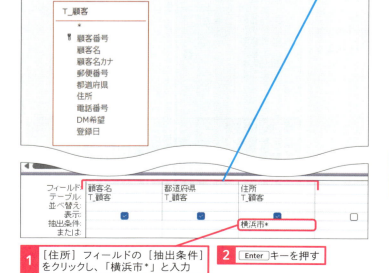

1 ［住所］フィールドの［抽出条件］をクリックし、「横浜市*」と入力

2 Enter キーを押す

使いこなしのヒント
数字の抽出にも使える

ワイルドカードは、文字列データに含まれている半角の数字の抽出にも使用できます。詳しくは次ページのスキルアップを参照してください。

● 抽出条件の設定を確認する

「Like "横浜市*"」と表示された　　抽出条件が設定された

2 クエリの実行結果を確認して保存する

設定した条件通りに正しく抽出されるかどうかクエリを実行する

1 [クエリデザイン] タブをクリック

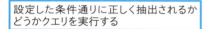

2 [実行] をクリック

[住所]が「横浜市」で始まるレコードだけが表示された

レッスン21を参考に「Q_顧客_横浜市」の名前でクエリを保存して閉じておく

使いこなしのヒント
Like演算子の使い方を覚えよう

[抽出条件] 欄に「横浜市*」と入力して Enter キーを押すと、「Like "横浜市*"」に変わります。「Like」はワイルドカードを使った文字列を抽出するための演算子です。

使いこなしのヒント
「*」の位置を確認しよう

抽出条件の中の「*」の位置によって、条件の意味が変わります。

条件	意味
横浜市*	「横浜市」で始まる
*横浜市	「横浜市」で終わる
横浜市	「横浜市」を含む

👍 スキルアップ
ワイルドカードを活用しよう

主なワイルドカードの種類は下表のとおりです。「Like」の前に「Not」を付けると、条件の意味が反対になります。なお、下表のような複雑な使用例の場合、「Like」が自動入力されないことがあるので、その場合は手入力してください。

● 主なワイルドカードと使用例

種類	意味	使用例	使用例の意味	抽出例
*	0文字以上の任意の文字列	Like "*谷*"	「谷」を含む	谷、谷口、大谷、小谷田、三木谷
		Not Like "*谷*"	「谷」を含まない	山川
?	任意の1文字	Like "??谷"	2文字+「谷」	三木谷
		Like "?谷*"	2文字目が「谷」	大谷、小谷田
#	任意の半角数字1文字	Like "T10#"	「T10」+数字1文字	T100、T101、T102

レッスン 27 すべての条件に合致するデータを抽出しよう

And条件　　練習用ファイル　L027_and条件.accdb

クエリでは、複数の条件を指定できます。ここでは「T_顧客」から[都道府県]が「東京都」かつ[登録日]が「2025/6/1以降」のレコードを抽出します。複数の条件をすべて満たすデータを抽出する条件のことを「And条件」といいます。

キーワード	
And条件	P.456
抽出	P.458
比較演算子	P.459

「条件Aかつ条件B」の条件で抽出する

After

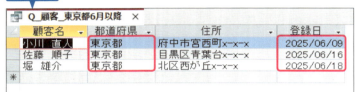

[都道府県]が「東京都」かつ[登録日]が2025/6/1以降のレコードだけが表示された

1　1つ目の抽出条件を設定する

レッスン21を参考に新しいクエリを作成して[T_顧客]を追加しておく

[顧客名][都道府県][住所][登録日]フィールドを追加しておく

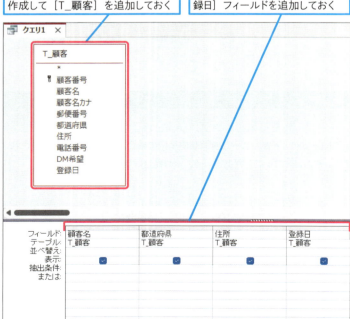

用語解説

And条件

And条件は、日本語にすると「AかつBかつC…」で表される条件です。And条件では、指定した個々の条件がすべて成立する場合に全体として成立すると見なされます。条件がAとBの2つの場合、And条件の結果は下表のようになります。

条件A	条件B	And条件の結果（AかつB）
成立	成立	成立
成立	不成立	不成立
不成立	成立	不成立
不成立	不成立	不成立

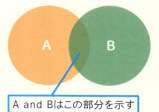

A and Bはこの部分を示す

●抽出条件を設定する

ここでは［住所］フィールドが「東京都」であるレコードを抽出する

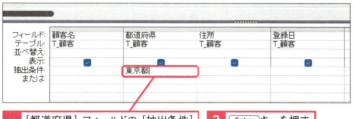

1 ［都道府県］フィールドの［抽出条件］欄に「東京都」と入力

2 Enter キーを押す

「"東京都"」と表示された　　1つ目の抽出条件が設定された

2 クエリの実行結果を確認する

設定した条件通りに正しく抽出されるかどうかクエリを実行する

1 ［クエリデザイン］タブをクリック

2 ［実行］をクリック

［都道府県］が「東京都」のレコードだけが表示された

使いこなしのヒント
文字列が「"」で囲まれる

［抽出条件］欄に文字列の条件を入力すると、自動的に文字列の前後に「"」が表示されます。最初から「"」を手入力してもかまいません。

使いこなしのヒント
途中でクエリを実行してみよう

複数の抽出条件を指定する際に、目的通りの抽出が行われるか不安なときは、条件を1つ指定するごとに実行結果を確認しましょう。ミスがある場合に早期に発見できます。

使いこなしのヒント
And条件ではレコードが絞り込まれる

手順2の実行結果では［都道府県］が「東京都」のレコードが7件抽出されています。このあとで「［登録日］が2025/6/1以降」という条件をAnd条件として追加すると、7件の中からレコードが絞り込まれます。

And条件を指定して、7件の中からレコードを絞り込む

3 2つ目の抽出条件（And条件）を設定する

ビューを切り替える

1 ［表示］をクリック

デザインビューが表示された　2つ目の抽出条件を設定する

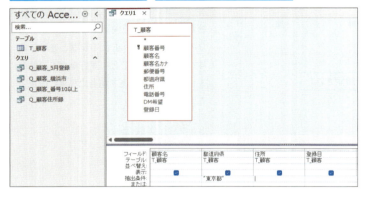

ここでは［登録日］フィールドに入力されている日付が「2025/6/1以降」のレコードを抽出する

2 ［登録日］フィールドの［抽出条件］欄をクリックして「>=2025/6/1」と入力

3 Enter キーを押す

「>=#2025/06/01#」と表示された

2つ目の抽出条件が設定された

使いこなしのヒント
And条件の内容を確認しよう

［抽出条件］欄の同じ行に入力した複数の条件は、And条件と見なされます。ここでは同じ行に「"東京都"」「>=#2025/06/01#」の2つを指定したので、「東京都かつ2025/6/1以降」のレコードが抽出されます。

使いこなしのヒント
比較演算子は日付にも使用できる

レッスン24で紹介した比較演算子は、下表のように日付の抽出条件にも使用できます。

比較演算子	指定例と意味
>=	>=#2025/06/01# 2025/6/1以降
>	>#2025/06/01# 2025/6/1より後
<=	<=#2025/06/01# 2025/6/1以前
<	<#2025/06/01# 2025/6/1より前
=	=#2025/06/01# 2025/6/1に等しい
<>	<>#2025/06/01# 2025/6/1以外

④ And条件による抽出結果を確認して保存する

設定した条件通りに正しく抽出されるかどうかクエリを実行する

1 [クエリデザイン] タブをクリック

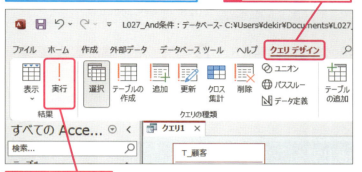

2 [実行] をクリック

[都道府県] が「東京都」かつ [登録日] が2025/6/1以降のレコードだけが表示された

名前を付けてクエリを保存する

3 [上書き保存] をクリック

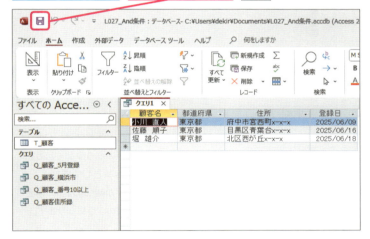

[名前を付けて保存] 画面が表示される

4 「Q_顧客_東京都6月以降」と入力

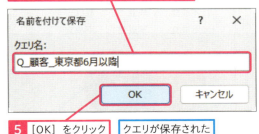

5 [OK] をクリック　クエリが保存された

💡 使いこなしのヒント

同じフィールドにAnd条件を設定するには

例えば1つのフィールドに「10以上」かつ「20未満」のような複数の条件を指定したいときは、And演算子を使用して条件を「>=10 And <20」と入力します。

1 「>=10 And <20」と入力

💡 使いこなしのヒント

クエリを別名で保存するには

保存済みのクエリに抽出条件を追加したときなどに、クエリを別の名前で保存したいことがあります。そのようなときは、上書き保存せずに F12 キーを押しましょう。[名前を付けて保存] 画面が表示され、元のクエリとは別の名前で保存できます。

1 F12 キーを押す

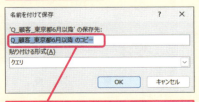

2 「(元のクエリ名) のコピー」と表示されるので、新しい名前を入力

レッスン 28 いずれかの条件に合致するデータを抽出しよう

Or条件 | 練習用ファイル L028_or条件.accdb

複数条件の指定には、レッスン27で紹介したAnd条件のほかに、「AまたはB」のような条件を表す「Or条件」があります。ここでは「T_顧客」から［都道府県］が「千葉県」または「神奈川県」のレコードを抽出します。

キーワード
Or条件	P.456
抽出	P.458

「条件Aまたは条件B」の条件で抽出する

After

［都道府県］が「千葉県」または「神奈川県」のレコードだけが表示された

1 1つ目の抽出条件を設定する

レッスン21を参考に新しいクエリを作成して［T_顧客］を追加しておく

［顧客名］［都道府県］［住所］［DM希望］フィールドを追加しておく

用語解説
Or条件

Or条件は、日本語にすると「AまたはBまたはC…」で表される条件です。Or条件では、指定した条件のうち少なくとも1つが成立する場合に全体として成立すると見なされます。条件がAとBの2つの場合、Or条件の結果は下表のようになります。

条件A	条件B	Or条件の結果（AまたはB）
成立	成立	成立
成立	不成立	成立
不成立	成立	成立
不成立	不成立	不成立

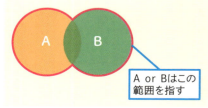

A or Bはこの範囲を指す

●抽出条件を設定する

1つ目の抽出条件を設定する

ここでは[都道府県]フィールドが「千葉県」であるレコードを抽出する

1 [都道府県]フィールドの[抽出条件]欄に「千葉県」と入力

2 Enter キーを押す

「"千葉県"」と表示された　　1つ目の抽出条件が設定された

2 2つ目の抽出条件（Or条件）を設定する

2つ目の抽出条件を追加する

ここでは[都道府県]フィールドが「神奈川県」であるレコードを抽出する

1 [都道府県]フィールドの[または]欄に「神奈川県」と入力

2 Enter キーを押す

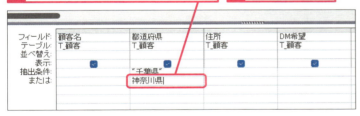

「"神奈川県"」と表示された

2つ目の抽出条件が設定された

使いこなしのヒント
Or条件の設定方法を覚えよう

[抽出条件]欄の異なる行に入力した複数の条件は、Or条件と見なされます。ここでは条件が2つあるので、[抽出条件]欄と[または]欄の異なる行を使用しました。条件が3つある場合は、[または]の下の行に入力します。

1 条件を追加する場合はここに入力

使いこなしのヒント
Or条件は複数フィールドにも設定できる

このレッスンでは同じフィールドにOr条件を設定しましたが、別のフィールドにOr条件を設定することもできます。下図では、「[都道府県]が東京都または[住所]が横浜市で始まる」というレコードが抽出されます。

違うフィールドにも条件を設定できる

3 Or条件による抽出結果を確認して保存する

設定した条件通りに正しく抽出されるかどうかクエリを実行する

1 [クエリデザイン] タブをクリック

2 [実行] をクリック

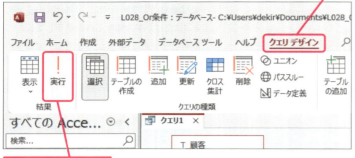

[都道府県] が「千葉県」または「神奈川県」のレコードだけが表示された

3 [上書き保存] をクリック

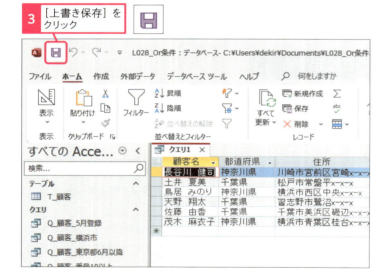

[名前を付けて保存] 画面が表示される

4 「Q_顧客_千葉神奈川」と入力

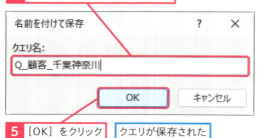

5 [OK] をクリック　クエリが保存された

💡 使いこなしのヒント
抽出件数を確認するには

抽出されたレコードの件数は、移動ボタンで確認できます。

件数を確認できる

💡 使いこなしのヒント
クエリを保存すると抽出条件が変換される

クエリを保存していったん閉じ、デザインビューで開き直すと、Or演算子を使用して1行にまとめられた抽出条件に変換されることがあります。このレッスンのクエリの場合、「"千葉県" Or "神奈川県"」という条件に変換されます。

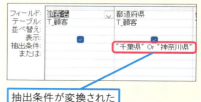

抽出条件が変換された

スキルアップ
And条件とOr条件を組み合わせるには

And条件とOr条件を組み合わせて指定することも可能です。組み合わせるときも、「And条件は同じ行」「Or条件は異なる行」というルールは一緒です。例えば、このレッスンで作成したクエリで[DM希望]フィールドの[抽出条件]欄と[または]欄にそれぞれ「Yes」と入力すると、「千葉県のDM希望」または「神奈川県のDM希望」の顧客のレコードが抽出されます。

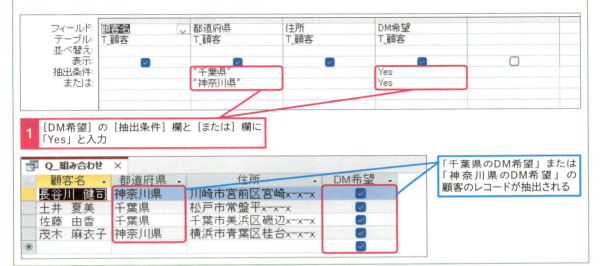

1 [DM希望]の[抽出条件]欄と[または]欄に「Yes」と入力

「千葉県のDM希望」または「神奈川県のDM希望」の顧客のレコードが抽出される

スキルアップ
クエリに表示しないフィールドで抽出するには

データシートビューに表示しないフィールドに、抽出条件や並べ替えの設定をしたいことがあります。デザイングリッドで[表示]のチェックマークを外すと、そのフィールドを非表示にできます。

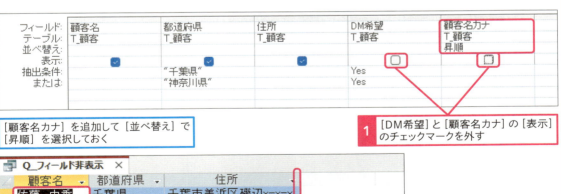

[顧客名カナ]を追加して[並べ替え]で[昇順]を選択しておく

1 [DM希望]と[顧客名カナ]の[表示]のチェックマークを外す

[顧客名]の五十音順に並べ替えられた

[DM希望]が非表示になった

レッスン 29 抽出条件をその都度指定して抽出しよう

パラメータークエリ　　**練習用ファイル** L029_パラメーター.accdb

通常、抽出条件はクエリに保存されるので、毎回同じ条件で抽出が実行されます。実行のたびに抽出条件を指定したい場合は、「パラメータークエリ」を使用します。実行時に抽出条件の指定画面が表示され、その都度条件を指定できます。

🔍 キーワード	
抽出	P.458
パラメータークエリ	P.459

クエリの実行時に条件を指定して抽出する

After

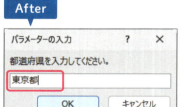

クエリの実行時に［都道府県］フィールドの抽出条件を入力できる

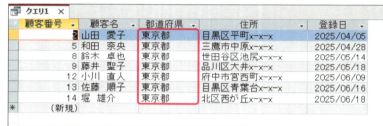

1 パラメータークエリを設定する

レッスン21を参考に新しいクエリを作成して［T_顧客］を追加しておく

［顧客番号］［顧客名］［都道府県］［住所］［登録日］フィールドを追加しておく

🔍 用語解説

パラメータークエリ

「パラメータークエリ」は、クエリの実行時に抽出条件を指定できるクエリです。パラメータークエリを実行すると、自動的に［パラメーターの入力］画面が表示されます。そこに抽出条件を入力すると、その条件に合致するレコードが抽出されます。

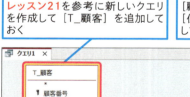

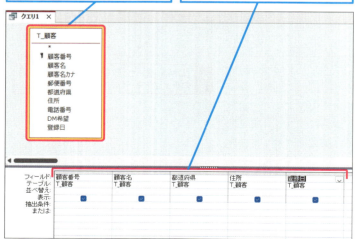

●抽出条件を設定する

抽出条件を記述できるように［都道府県］フィールドの幅を広げる

1 ［都道府県］フィールドのフィールドセレクターの境界線にマウスポインターを合わせる

マウスポインターの形が変わった

2 そのまま右にドラッグ

列幅が広がった　［都道府県］フィールドの抽出条件をクエリの実行時に入力できるようにする

3 ［都道府県］フィールドの［抽出条件］欄に「[都道府県を入力してください。]」と入力

抽出条件が設定された

2 パラメータークエリを実行して保存する

設定した条件通りに正しく抽出されるかどうかクエリを実行する

1 ［クエリデザイン］タブをクリック

2 ［実行］をクリック

使いこなしのヒント
メッセージ文を入力する

パラメータークエリの設定では、［パラメーターの入力］画面に表示するメッセージ文を半角の角カッコ「[ ]」で囲んで、［抽出条件］欄に入力します。

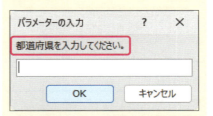

ここに表示したいメッセージ文を「[ ]」で囲んで指定する

ここに注意

パラメータークエリでは、メッセージ文としてフィールド名だけを指定することはできません。フィールド名を入れる場合は必ず別の文言と一緒に入力してください。

フィールド名だけの入力ではパラメータークエリにならない

●[パラメーターの入力]画面に入力する

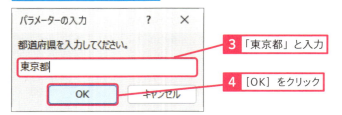

[パラメーターの入力]画面が表示される

3 「東京都」と入力

4 [OK]をクリック

> ### ⚠ ここに注意
>
> パラメータークエリで[Yes／No型]のフィールドを抽出する場合、「Yes」は「-1」、「No」は「0」と指定します。「Yes」「No」と指定するとエラーになります。
>
>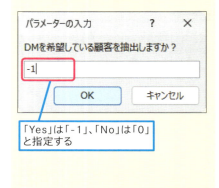
>
> 「Yes」は「-1」、「No」は「0」と指定する

[都道府県]が「東京都」のレコードだけが表示された

レッスン21を参考に「Q_顧客_都道府県指定」の名前でクエリを保存して閉じておく

👍 スキルアップ

抽出条件のデータ型を指定するには

クエリのデザインビューで[クエリデザイン]タブにある[パラメーター]をクリックすると、以下のような設定画面が表示され、抽出条件のデータ型を指定できます。データ型を指定することで、例えば[Yes／No]型の抽出条件は「-1」「0」ではなく「Yes」「No」と指定できるようになります。また、[パラメーターの入力]画面で数値や日付など間違った種類のデータを入力したときに、入力し直しを促されるようになります。

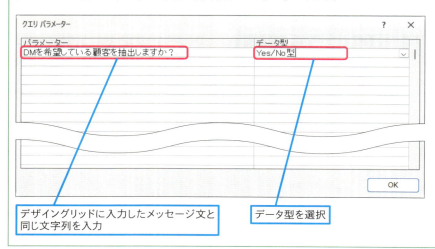

デザイングリッドに入力したメッセージ文と同じ文字列を入力

データ型を選択

スキルアップ
ワイルドカードや比較演算子と組み合わせるには

パラメータークエリによる抽出では、ワイルドカードと組み合わせて部分一致の条件を指定したり、比較演算子と組み合わせて期間の条件を指定したりできます。
以下の例では、[顧客名]の抽出条件にワイルドカード、[登録日]の抽出条件にBetween And演算子を組み合わせています。[顧客名]の抽出条件の中にある「&」は、前後の文字列を連結するための記号です。複数の抽出条件を指定した場合、左にあるフィールドから順に[パラメーターの入力]画面が表示されます。

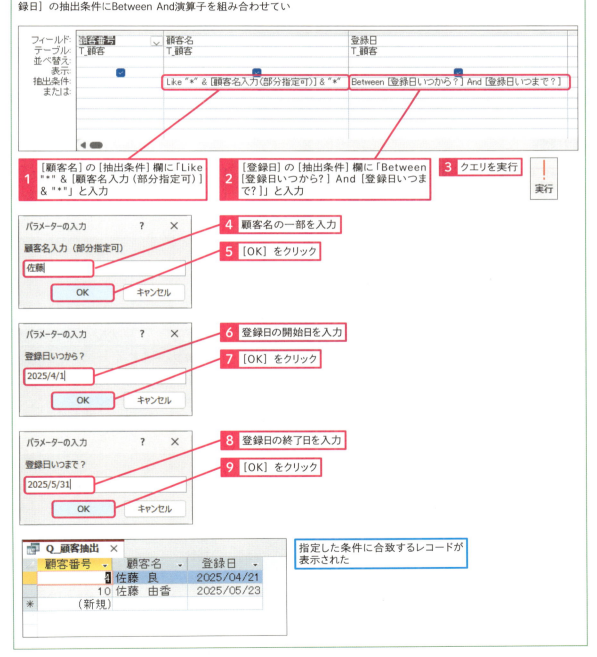

レッスン 30 テーブルのデータを加工しよう

演算フィールド、加工　　　練習用ファイル　L030_演算フィールド.accdb

クエリでは、フィールドの値を使って計算を行い、その結果を「演算フィールド」として表示できます。四則演算や文字列結合、関数を使用した計算などが可能です。ここでは「Month」という関数を使用して、［登録日］から「月」の数値を取り出します。

キーワード
演算フィールド	P.457
関数	P.457
抽出	P.458

［登録日］から「月」を取り出して［登録月］フィールドを作成

After

［登録日］から「月」が［登録月］フィールドに抽出された

1 演算フィールドを作成する

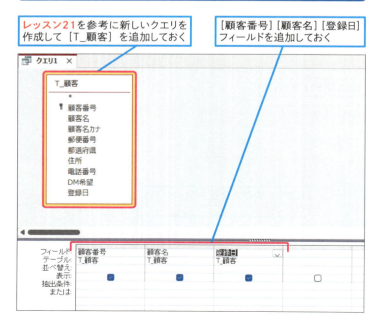

用語解説
演算フィールド

計算結果を表示するフィールドのことを「演算フィールド」と呼びます。

用語解説
関数

「関数」とは、複雑な計算や処理を簡単に実行できる仕組みです。関数の計算に使う値を「引数（ひきすう）」と呼びます。引数は、関数名の後ろにある半角の丸カッコの中に入力します。

●フィールドの幅を広げる

抽出条件を記述できるように新しい列の幅を広げる

1 フィールドセレクターの境界線にマウスポインターを合わせる

マウスポインターの形が変わった

2 そのまま右にドラッグ

列幅が広がった

●計算式を入力する

クエリの実行時に[登録日]フィールドから登録月を新しいフィールドに表示できるようにする

3 新しい列の［フィールド名］欄に「登録月:Month([登録日])」と入力

計算式が設定された

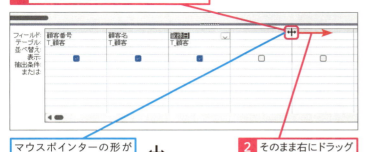

使いこなしのヒント
演算フィールドを作成するには

演算フィールドを作成する場合は、デザイングリッドの［フィールド］欄にフィールド名と計算式を半角のコロン「:」で区切って入力します。
計算にフィールドを使用する場合は、フィールド名を半角の角カッコ「[ ]」で囲んで「[登録日]」のように指定します。

演算フィールド作成式
フィールド名:計算式

用語解説
Month関数

Month関数は、引数に指定した日付から「月」の数値を取り出す関数です。例えば「Month(#2025/04/01#)」の結果は「4」になります。登録月に年会費を請求する、誕生月に割引クーポンを送る、といったときに該当月を調べるのに役立ちます。

日付から「月」を取り出す
Month(日付)

使いこなしのヒント
関数名は自動で修正される

Accessの関数名は、大文字と小文字の組み合わせです。すべて大文字、またはすべて小文字で入力した場合、自動的に正しい表記に変換されます。

2 クエリの実行結果を確認して保存する

設定した条件通りに正しく抽出されるかどうかクエリを実行する

1 [クエリデザイン] タブをクリック

2 [実行] をクリック

[登録日] から「月」が取り出された

[登録月] フィールドが作成された

名前を付けてクエリを保存する

3 [上書き保存] をクリック

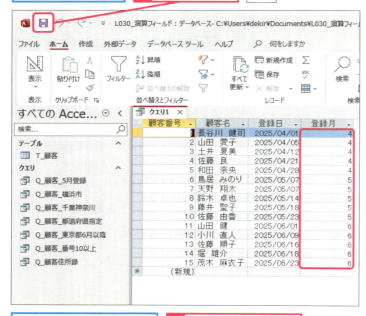

[名前を付けて保存] 画面が表示される

4 「Q_顧客_登録月計算」と入力

5 [OK] をクリック

クエリが保存された

使いこなしのヒント
日付から「年」を取り出すには

日付から「年」の数値を取り出したいときは、Year関数を使用します。例えば「Year(#2024/04/01#)」の結果は「2024」になります。

日付から「年」を取り出す
Year(日付)

使いこなしのヒント
日付から「日」を取り出すには

日付から「日」の数値を取り出したいときは、Day関数を使用します。例えば「Day(#2024/04/01#)」の結果は「1」になります。

日付から「日」を取り出す
Day(日付)

使いこなしのヒント
オブジェクトを削除するには

ナビゲーションウィンドウでオブジェクトを選択し、Deleteキーを押すと削除できます。テーブルやクエリを削除すると、そのテーブルやクエリを元に作成したほかのオブジェクトに不具合が生じるので、慎重に操作してください。

スキルアップ
四則演算や文字列結合を行うには

このレッスンでは演算フィールドに関数を使用しましたが、演算子を使用した四則演算や文字列結合なども行えます。「演算子」とは、計算の種類を表す記号です。

テーブルの[姓]フィールドや[数量]フィールドを使用して計算する

●主な演算子

演算子	説明	使用例	結果
+	足し算	[数量]+3	13
-	引き算	[数量]-3	7
*	掛け算	[数量]*3	30
/	割り算	[数量]/3	3.33333333333333
¥	割り算の整数商	[数量]¥3	3　(10を3で割った答えの整数部)
MOD	割り算の剰余	[数量] MOD 3	1　(10を3で割った余り)
^	べき乗	[数量]^3	1000　(10の3乗)
&	文字列結合	[姓] & "様"	山田様

スキルアップ
データベースファイルを最適化しよう

Accessでは、オブジェクトやレコードを削除しても、使用していた保存領域がファイル内に残ります。また、ユーザーが行うさまざまな操作の裏側で一時的に使用された保存領域も、削除されずにファイル内に残ります。そのため、ファイルサイズが無駄に肥大化することがあります。無駄な領域を削除してファイルサイズを小さくするには、[データベースの最適化/修復]を実行します。なお、万が一のトラブルに備えて、最適化の実行前にデータベースファイルをコピーしておいてください。ファイルアイコンをクリックし、Ctrlキーを押しながらフォルダー内でドラッグすると、「○○ - コピー」のようなファイル名でコピーされます。

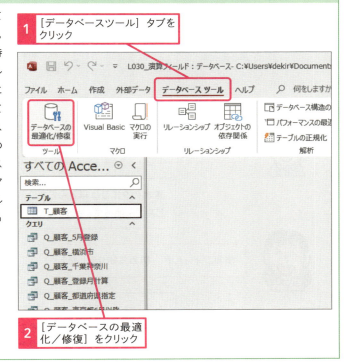

この章のまとめ

クエリの仕組みに慣れよう

データベースにただ単にデータを蓄積していくだけでは、あまり意味がありません。蓄積したデータを活用してこそ、データベースとしての価値を発揮します。データ活用の第1歩は、大量に蓄積したデータの中から、自分に必要なデータを的確に取り出すことです。そのために使用するオブジェクトが「クエリ」です。クエリではさまざまな条件を駆使して必要な情報を瞬時に取り出せます。また、関数や式を使用してデータの加工も行えます。この章で紹介したクエリのさまざまな機能を使用して、データを活用してください。

思っていたよりもシンプルで良かったですー

基本のクエリはほとんどマウス操作だけで作れますからね。どんどん使って、仕組みに慣れていきましょう！

演算フィールド、初めて知りました！

そう、数式や関数を使って演算ができるんです。データをさらに使いやすくするときに、試してみましょう！

基本編

第4章

データを入力する
フォームを作ろう

第2章でテーブルにデータを入力しましたが、実際にはデータの
入力はフォームから行うのが一般的です。そこで、この章ではテー
ブルにデータを入力するためのフォームの作成に取り組みます。
入力欄のサイズを調整したり、色を付けたりして、見やすく使い
やすいフォームに仕上げます。

31	フォームでデータを入力・表示しよう	130
32	フォームの基本を知ろう	132
33	1レコードを1画面で入力するフォームを作ろう	134
34	コントロールのサイズを調整しよう	138
35	コントロールの位置を入れ替えよう	142
36	ラベルの文字を変更しよう	144
37	フォームにテキストボックスを追加しよう	146
38	タイトルの背景に色を付けよう	150
39	フィールドのカーソル表示を調整しよう	154
40	フォームでデータを入力しよう	158

レッスン 31

Introduction この章で学ぶこと

フォームでデータを入力・表示しよう

テーブルにデータを直接入力するより、フォームから入力したほうが分かりやすく入力できます。Accessにはフォームの自動作成機能があるので、フォーム作りは至って簡単です。データ入力の効率化を目指して操作しやすいフォームを作成しましょう。

データを入力する画面を作ろう

フォームは知っていますよ。
作るのは初めてですけど！

Accessに限らず、データを入力したり質問に回答したりする画面が「フォーム」ですね。この章ではAccessにデータを入力する画面を作りますよ。

テーブルからワンクリックで作れる

フォームを作るのは、実はとても簡単。記入済みのテーブルやクエリをクリックするだけで、同じレコードを入力するためのフォームが作れるんです！

ホントだ、クリックするだけでできた！
すごい便利ですね！！

入力しやすい形に調整しよう

ここでもうひと手間。フォームの要素を調節したり、入力欄を追加したりして全体を整えます。

入力欄の大きさや並び順を変更できるんですね。
入力する際の間違いを減らせそうです。

デザインも変えよう

フォームは文字や背景の色を変えて、カラフルにもできます。それと、入力欄を追加する方法も紹介しますよ♪

デザインが変わると楽しくなりますね。
要素も見やすくなって一石二鳥です！

レッスン 32 フォームの基本を知ろう

フォームの仕組み　　練習用ファイル　なし

フォームは、テーブルのデータを表示・入力するオブジェクトです。この章では、1件のレコードを1画面に表示するフォームを作成していきます。その前に、フォームの役割とビューの種類を頭に入れておきましょう。

キーワード	
テーブル	P.458
ビュー	P.459
フォーム	P.459

1 テーブルのデータを見やすく表示・入力できる

Accessでは、データをテーブルで一元管理しています。テーブルに直接データを入力することもできますが、フォームを使えば画面に入力欄を自由に配置して、広々と入力することが可能になります。フォームでは、フォームビューでデータを入力します。

●フォーム（フォームビュー）

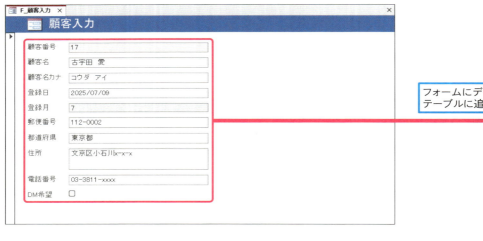

フォームにデータを入力すると、テーブルに追加される

●テーブル

2 適材適所のビューを使ってフォームを作成

フォームには、データを入力するための「フォームビュー」のほかに、設計画面である「レイアウトビュー」と「デザインビュー」があります。レイアウトビューは、フォームビューと同じような見た目をしています。実際のデータを見ながら作業できるので、入力欄の位置やサイズなどの調整をするのに便利です。

一方、デザインビューは、本格的な設計画面です。フォームが「セクション」と呼ばれるエリアに分かれており、セクション単位での設定に向いています。また、デザインビューでしか設定できない項目もあります。特徴を理解して使い分けましょう。

●レイアウトビュー

完成イメージを確認しながらフォームを作成できる

●デザインビュー

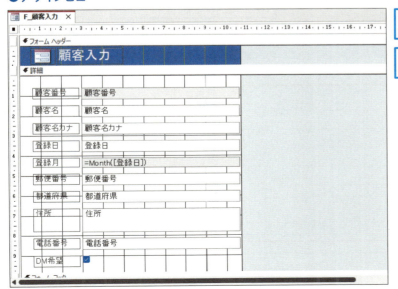

フォームがセクションに分かれて表示される

フォームの詳細な設定を行える

レッスン 33 1レコードを1画面で入力するフォームを作ろう

オートフォーム　　練習用ファイル　L033_オートフォーム.accdb

フォームを作成する方法は複数ありますが、テーブルの全フィールドを1画面に表示するフォームなら、ボタンのワンクリックで簡単に作成できます。このようなフォームの作成方法を「オートフォーム」と呼びます。

キーワード

ビュー	P.459
フォーム	P.459

基本編　第4章　データを入力するフォームを作ろう

［T_顧客］テーブルのレコードを表示する

Before：テーブルに顧客情報が入力されている

After：フォームが作成され、顧客情報を1件ずつ表示できる

1 新しいフォームを表示する

レッスン09を参考に「L033_オートフォーム.accdb」を開いておく

［T_顧客］からフォームを作成する

1 ［T_顧客］をクリック

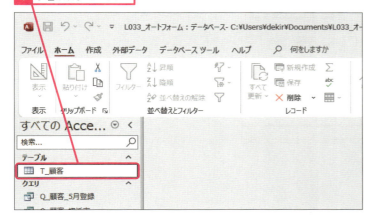

2 ［作成］タブをクリック　3 ［フォーム］をクリック

フォームが作成され、レイアウトビューに1件目のレコードが表示された

◆レイアウトビュー

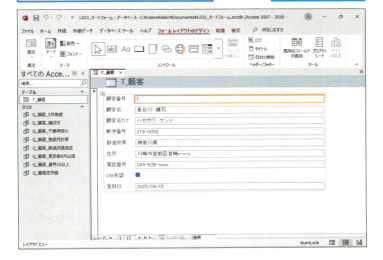

用語解説
オートフォーム

「オートフォーム」とは、指定したテーブルやクエリの全フィールドを表示／入力するフォームを自動で作成する機能です。オートフォームでフォームを作成するには、あらかじめナビゲーションウィンドウでテーブルやクエリを選択する必要があります。

用語解説
単票形式

1画面に1レコードずつ表示するフォームの形式を「単票形式」と呼びます。このレッスンで作成するのは、単票形式のフォームです。

用語解説
表形式

1行に1レコードずつ表示するフォームの形式は「表形式」と呼ばれます。

使いこなしのヒント
**レイアウトビューでは
データの編集はできない**

オートフォームでフォームを作成すると、フォームがレイアウトビューで表示されます。レイアウトビューは、データを表示したままレイアウトの変更を行える画面です。データの編集はできません。

2 フォームを保存する

作成したフォームを保存する | **1** ［上書き保存］をクリック

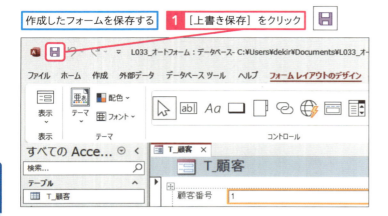

［名前を付けて保存］画面が表示される

2 「F_顧客入力」と入力

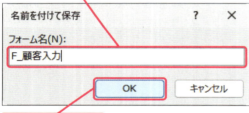

3 ［OK］をクリック

フォームが保存された

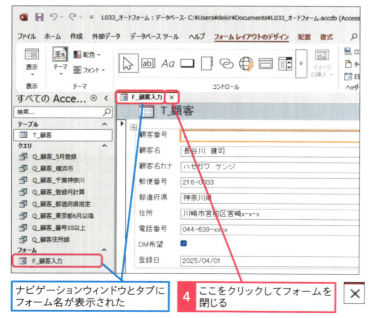

ナビゲーションウィンドウとタブに
フォーム名が表示された

4 ここをクリックしてフォームを
閉じる

使いこなしのヒント
クエリからも作成できる

あらかじめナビゲーションウィンドウでクエリを作成して手順1の操作2～3を実行すると、クエリの全フィールドを表示するフォームを作成できます。

使いこなしのヒント
フォームの名前は変更しよう

手順2の操作2の画面では、フォーム名の初期値としてテーブル名の「T_顧客」が表示されます。フォームには、テーブルと同じ名前を付けることが許されています。しかしナビゲーションウィンドウに表示された際に紛らわしいので、テーブルとは異なる分かりやすい名前を付けましょう。

使いこなしのヒント
レイアウトビューとフォームビューの見分け方

レイアウトビューとフォームビューは画面が似ていますが、リボンで見分けられます。レイアウトビューが表示されているときは、リボンに［フォームレイアウトのデザイン］［配置］［書式］タブが表示されます。

スキルアップ
表形式のフォームを作成するには

オートフォーム機能で表形式のフォームを作成することもできます。それには、[作成] タブにある [その他のフォーム] - [複数のアイテム] を使用します。下の手順では、クエリを元に表形式のフォームを作成しています。単票形式と表形式では、入力欄のサイズや位置の調整方法が少し異なります。表形式の場合の調整方法は、186ページを参考にしてください。

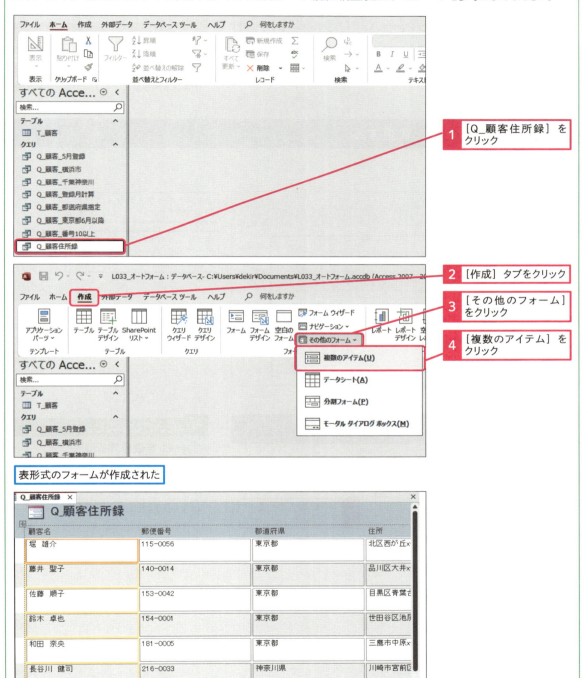

レッスン 34 コントロールのサイズを調整しよう

集合形式レイアウト　　練習用ファイル　L034_サイズ.accdb

フォームに配置される入力欄などの部品を「コントロール」と呼びます。このレッスンでは、コントロールのサイズを調整します。オートフォームで作成したフォームではレイアウトの自動調整機能が働くので、簡単に調整できます。

キーワード	
コントロール	P.457
コントロールレイアウト	P.458
テキストボックス	P.458

コントロールのサイズを変更する

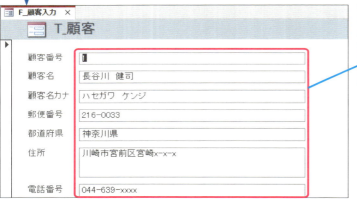

テキストボックスのサイズが変更できた

◆テキストボックス
テーブルのデータを表示／入力するコントロール

1 フォームを開いてビューを切り替える

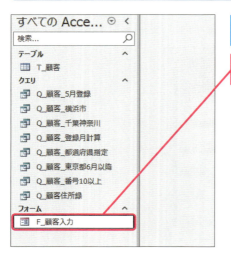

ナビゲーションウィンドウから［F_顧客入力］を開く

1　［F_顧客入力］をダブルクリック

使いこなしのヒント
フォームを表示するには

ナビゲーションウィンドウでフォームをダブルクリックすると、フォームがフォームビューで開きます。ナビゲーションウィンドウでフォームを右クリックして、開くビューを選択することもできます。

●フォームのレイアウトビューに切り替える

[F_顧客入力] がフォームビューで表示された

レイアウトビューに切り替える

2 [ホーム] タブをクリック
3 [表示] をクリック

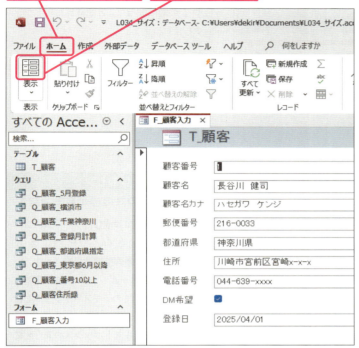

[F_顧客入力] がレイアウトビューで表示された

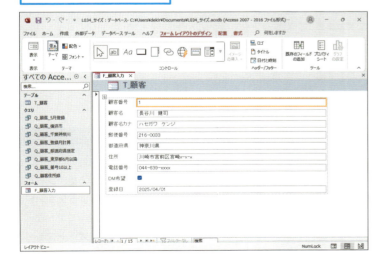

使いこなしのヒント

フォームのビューを切り替えるには

テーブルやクエリと同様に、フォームもビューを切り替えて操作します。フォームでは、[表示] をクリックするごとに、レイアウトビューとフォームビューが交互に切り替わります。また、[表示] の下側をクリックし、一覧から切り替えることもできます。

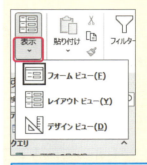

[表示] の下側をクリックして一覧からビューを選択できる

用語解説

コントロール

フォームに配置して利用する部品のことを「コントロール」と呼びます。[F_顧客入力] には次の部品が配置されています。

●ラベル
フォームに文字を表示するコントロール
●テキストボックス
テーブルのデータを表示／入力するコントロール
●チェックボックス
Yes／Noをチェックマークの有無で表すコントロール

2 コントロールの幅を変更する

全体のテキストボックスの幅を変更する

1 [顧客番号] のテキストボックスをクリック

2 右端にマウスポインターを合わせる　マウスポインターの形が変わった ↔

3 左にドラッグ　[顧客番号] のテキストボックスの幅が変更された

すべてのテキストボックスの幅が自動で同じサイズに揃えられた

使いこなしのヒント
マウスポインターの形を確認しよう

コントロールのサイズを変更するときは、境界線にマウスポインターを合わせ、↔や↕の形になったことを確認してドラッグします。

使いこなしのヒント
テキストボックスの幅が自動で揃う

オートフォームで作成したフォームのコントロールは、自動でグループ化されており、レイアウトの自動調整機能が働きます。いずれかのテキストボックスの幅を変更すると、他のすべてのテキストボックスも自動で同じサイズに揃います。
また、任意のテキストボックスの高さを変更すると、その下にあるコントロールの位置がずれて、自動的に整列します。

用語解説
コントロールレイアウト

このレッスンのフォームのように、レイアウトが自動的に調整されるようなコントロールのグループ化の機能を「コントロールレイアウト」と呼びます。オートフォームで作成したフォームのコントロールには、自動でコントロールレイアウトが適用されるので、サイズや位置の調整を簡単に行えます。

3 コントロールの高さを変更する

[住所] フィールドのテキストボックスの高さを変える

1 [住所] のテキストボックスをクリック

2 下端にマウスポインターを合わせる

マウスポインターの形が変わった

3 下にドラッグ

[住所] の高さが広がった

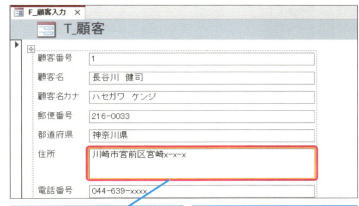

[住所] のテキストボックスの高さが変更された

下のコントロールが自動でずれて整列した

4 [上書き保存] をクリックして上書き保存しておく

使いこなしのヒント

コントロールレイアウトの種類を覚えよう

コントロールレイアウトには、「集合形式レイアウト」と「表形式レイアウト」があります。任意のコントロールを選択すると、グループ化されているコントロール全体が点線で囲まれ、グループ化されていることを確認できます。

●集合形式レイアウト

左にラベル、右にテキストボックスが配置される

●表形式レイアウト

上にラベル、下にテキストボックスが配置される

●グループ化の設定なし

No	1
氏名	井上 唯香
年齢	28

コントロールを選択しても点線で囲まれない

レイアウトの自動調整機能は働かない

レッスン 35 コントロールの位置を入れ替えよう

コントロールの移動　　**練習用ファイル** L035_入れ替え.accdb

フォームを作成すると、テーブルのフィールドと同じ順序でコントロールが配置されます。順序を変えたいときは、ラベルとテキストボックスを移動します。ドラッグ操作で簡単に移動できます。

🔍 キーワード

コントロール	P.457
テキストボックス	P.458
ラベル	P.460

基本編 第4章 データを入力するフォームを作ろう

コントロールの配置を変更する

1 ラベルとテキストボックスを選択する

レッスン34を参考に[F_顧客入力]をレイアウトビューで表示しておく

[登録日]のラベルとテキストボックスを選択する

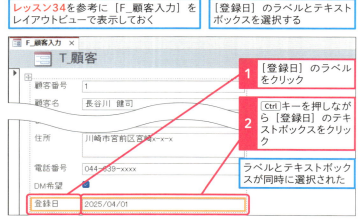

1　[登録日]のラベルをクリック

2　Ctrlキーを押しながら[登録日]のテキストボックスをクリック

ラベルとテキストボックスが同時に選択された

💡 使いこなしのヒント

コントロールを複数選択するには

コントロールをクリックしたあと、Ctrlキーを押しながら別のコントロールをクリックすると、複数のコントロールを同時に選択できます。

2 コントロールを移動する

ラベルとテキストボックスの位置を変える

1 テキストボックスにマウスポインターを合わせる

2 上方向にドラッグ

マウスポインターの移動に合わせてピンクのラインが表示される

3 [顧客名カナ]と[郵便番号]の間にピンクのラインが表示されたところでマウスボタンから指を離す

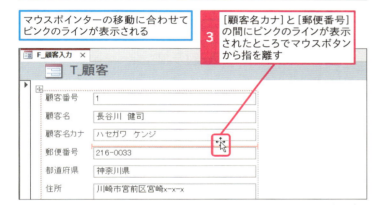

登録日のラベルとテキストボックスが移動した

4 [上書き保存]をクリックして上書き保存しておく

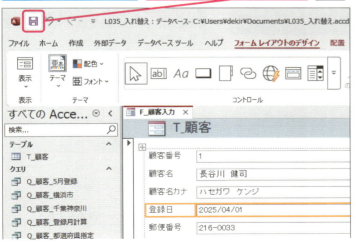

使いこなしのヒント
連続する複数のコントロールを選択するには

コントロールをクリックしたあと、[Shift]キーを押しながら別のコントロールをクリックすると、2つの間にあるコントロールをまとめて選択できます。この方法は、コントロールレイアウト内のコントロールをレイアウトビューで選択するときに有効です。

使いこなしのヒント
レイアウトが自動調整される

コントロールレイアウト内のコントロールを移動すると、他のコントロールがずれて、レイアウトが自動で整います。

ここに注意

テキストボックスだけを選択してドラッグすると、移動したテキストボックスの左と、残ったラベルの右に空欄が生じてしまいます。クイックアクセスツールバーの[元に戻す]をクリックして、操作をやり直しましょう。

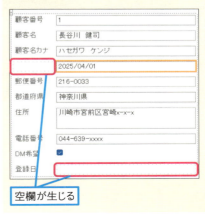

空欄が生じる

35 コントロールの移動

レッスン 36 ラベルの文字を変更しよう

ラベルの編集　　**練習用ファイル** L036_ラベル.accdb

オートフォームを使用してフォームを作成すると、フォームの先頭にラベルが配置され、テーブルの名前が表示されます。ラベルを編集して、フォームの用途を表す分かりやすい名前に変えましょう。

キーワード
テキストボックス	P.458
ラベル	P.460

フォームのタイトルを編集する

After

フォームのタイトルを「T_顧客」から「顧客入力」にする

◆ラベル
テーブルやフィールドの内容を表すコントロール

1 ラベルを選択する

レッスン34を参考に[F_顧客入力]をレイアウトビューで表示しておく

1 タイトルのラベルをクリックして選択

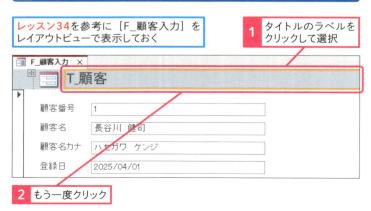

2 もう一度クリック

用語解説
ラベル

ラベルは、フォーム上に文字を表示するためのコントロールです。タイトルや説明を表示するのに使用します。

ラベルにはタイトルや説明を入れる

2 ラベルを編集する

ラベル内にカーソルが表示され、ラベルの文字が編集できるようになった

ラベルの文字を編集する

1 「T_顧客」を削除して「顧客入力」と入力

2 Enter キーを押す

ラベルの文字の変更が確定された

ラベルの文字数に合わせた幅に変更する

3 ラベルの右境界線にマウスポインターを合わせる

マウスポインターの形が変わった　↔　**4** 左にドラッグ

ラベルの幅が変更された

5 [上書き保存]をクリックして上書き保存しておく

使いこなしのヒント
文字を編集できるようにするには

ラベル上を1回クリックすると、そのラベルが選択されます。もう一度クリックすると、ラベルの中にカーソルが表示され、文字を編集できる状態になります。

使いこなしのヒント
テキストボックスの文字は変更できない

レイアウトビューでは、サイズ調整するときなどの目安としてテキストボックスにデータが表示されますが、表示されるデータの編集はできません。データの編集はフォームビューで行います。

ここに注意

ラベルの幅を変更するときは、↔の形のマウスポインターでドラッグしましょう。ラベルのサイズがAccessのウィンドウの端まである場合、マウスポインターを合わせる位置によっては⇔の形になることがあります。その形でドラッグすると、Accessのウィンドウサイズが変わるので注意してください。

36 ラベルの編集

レッスン 37 フォームにテキストボックスを追加しよう

テキストボックスの追加　　**練習用ファイル** L037_テキストボックス.accdb

フォームには、あとから自由にコントロールを配置できます。このレッスンではテキストボックスを配置して、登録月を表示します。テキストボックスに表示する値は、「コントロールソース」というプロパティを使用して設定します。

キーワード	
コントロールソース	P.457
テキストボックス	P.458
プロパティシート	P.459

基本編 第4章 データを入力するフォームを作ろう

テキストボックスを追加して登録月を表示する

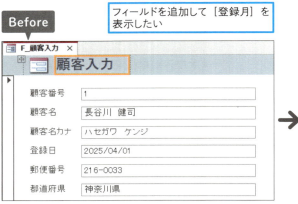
フィールドを追加して［登録月］を表示したい

［登録月］フィールドが追加され、［登録日］フィールドの日付から「月」を取り出して表示できるようになった

1 ［コントロールウィザード］を無効にする

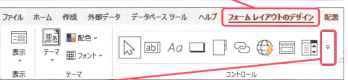

レッスン34を参考に［F_顧客入力］をレイアウトビューで表示しておく

1 ［フォームレイアウトのデザイン］タブをクリック

2 ここをクリック

3 ここをクリックしてオフにする

使いこなしのヒント
コントロールウィザードを切り替えるには

操作3の［コントロールウィザード］は、クリックでオンとオフが交互に切り替わります。アイコンが枠線で囲まれた状態がオンの状態です。

●オンの状態

コントロール ウィザードの使用(W)

●オフの状態

コントロール ウィザードの使用(W)

2 新しいテキストボックスを追加する

テキストボックスを追加する

1 [テキストボックス] をクリック

マウスポインターの形が変わった

2 [登録日] のテキストボックスの下側にマウスポインターを合わせる

マウスポインターの移動に合わせてピンクのラインが表示される

3 [登録日] の下にピンクのラインが表示されたところでクリック

登録日と郵便番号の間に新しいテキストボックスが挿入された

ラベルには「テキスト33」と表示される

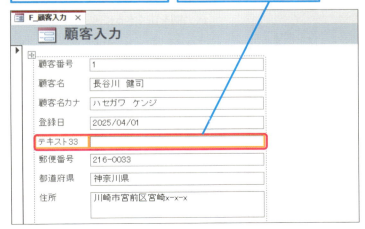

⚠ ここに注意

「コントロールウィザード」をオンにした状態でテキストボックスを追加すると、フォントや余白などの設定画面が表示されます。ここでは設定をしないのでオフにしました。誤ってオンにした場合は、[キャンセル] をクリックして設定画面を閉じてください。

💡 使いこなしのヒント
レイアウトが自動調整される

コントロールを追加すると、既存のコントロールがずれて、自動的にレイアウトが整います。この自動調整機能が働くのは、コントロールレイアウト（コントロールのグループ化機能）が適用され、かつレイアウトビューで操作する場合です。

💡 使いこなしのヒント
ラベルに文字が追加される

テキストボックスを追加すると、ラベルも一緒に追加されます。ラベルには「テキストXX」のような文字が表示されます。末尾の番号は、他の数値になる場合もあります。

37 テキストボックスの追加

147

3 テキストボックスに関数を入力する

ラベルを編集する

1 「テキスト33」と表示されたラベルをクリック

2 もう一度クリック

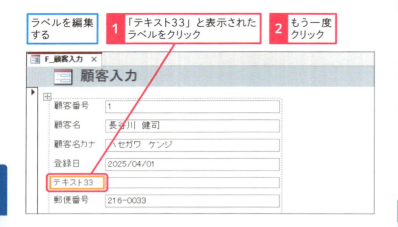

ラベル内にカーソルが表示され、ラベルの文字が編集できるようになった

3 「登録月」と入力

フィールド名が［登録月］になった

プロパティシートを表示する

4 新しいテキストボックスをクリック

5 ［プロパティシート］をクリック

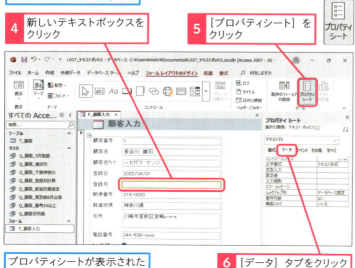

プロパティシートが表示された

6 ［データ］タブをクリック

用語解説
テキストボックス

テキストボックスは、テーブルのデータを表示／入力するコントロールです。また、計算結果を表示するのにも使用できます。ここでは［登録日］フィールドから「月」を取り出して、テキストボックスに表示します。

用語解説
プロパティシート

「プロパティシート」は、フォーム上で選択されているものの詳細な設定を行うための画面です。個々の設定項目のことを「プロパティ」と呼びます。

ショートカットキー

プロパティシートの表示　　F4

使いこなしのヒント
入力欄を広くするには

プロパティシートの中央の境界線は、ドラッグで移動できます。入力欄が狭い場合は調整してください。

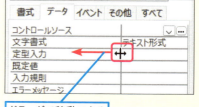

ドラッグで移動できる

●関数を入力する

7 [コントロールソース] に「=Month([登録日])」と入力

8 Enter キーを押す

[登録日] フィールドの日付から「月」を取り出せた

9 ここをクリック

上書き保存しておく

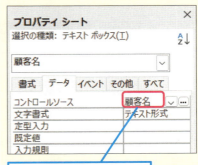

用語解説

コントロールソース

[コントロールソース] は、テキストボックスに表示する内容を指定するためのプロパティです。ここに「=」に続けて式を入力すると、テキストボックスに式の結果が表示されます。Month関数については、125ページを参照してください。

使いこなしのヒント

プロパティにフィールド名が表示される

顧客番号や顧客名など、データを表示するテキストボックスでは、[コントロールソース] プロパティにフィールド名が設定されています。

フィールド名が表示されている

スキルアップ

表形式のフォームにテキストボックスを追加するには

オートフォームで作成した表形式のフォームには、「表形式レイアウト」というグループ化の機能が適用されます。レイアウトビューでテキストボックスを追加すると、既存のコントロールがずれて、自動的に表のレイアウトが整います。

[コントロール] の一覧から [テキストボックス] をクリックしておく

テキストボックスが挿入された

1 挿入する位置をクリック

37 テキストボックスの追加

できる 149

レッスン 38 タイトルの背景に色を付けよう

デザインビュー、セクション　　**練習用ファイル** L038_セクション.accdb

フォームの背景は、「セクション」と呼ばれるいくつかのエリアに分かれています。セクション単位で設定するには、フォームの設計画面の1つである「デザインビュー」が便利です。ここでは「フォームヘッダー」セクションに色を設定します。

🔍 キーワード	
セクション	P.458
フォーム	P.459
ヘッダー	P.460

フォームヘッダーの色を変える

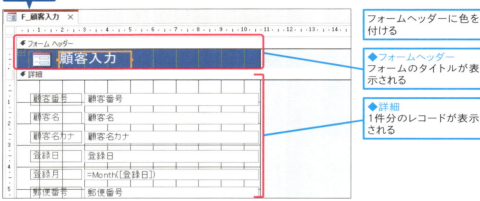

- フォームヘッダーに色を付ける
- ◆フォームヘッダー　フォームのタイトルが表示される
- ◆詳細　1件分のレコードが表示される

1 フォームのデザインビューを表示する

レッスン34を参考に[F_顧客入力]をレイアウトビューで表示しておく

1. [ホーム]タブをクリック
2. [表示]のここをクリック
3. [デザインビュー]をクリック

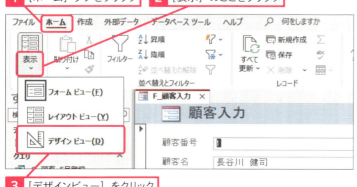

💡 使いこなしのヒント
デザインビューに切り替えるには

[表示]ボタンのクリックだけではデザインビューに切り替えられません。デザインビューに切り替えるときは、[表示]の一覧から切り替えてください。

● 表示を確認する

[F_顧客入力] がデザインビューで表示された

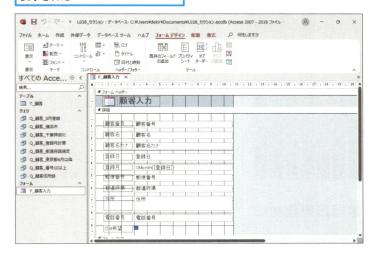

💡 使いこなしのヒント
**レイアウトビューと
デザインビューを使い分けよう**

フォームには、レイアウトビューとデザインビューの2つの設計画面があります。コントロールのサイズや配置の調整は、実際のデータを表示したまま作業できるレイアウトビューが便利です。一方、セクション単位の設定は、セクションの区切りがはっきりしているデザインビューのほうが分かりやすいでしょう。

2 フォームヘッダーを編集する

セクション全体の色を変える

セクションを選択する　1 [フォームヘッダー] のセクションバーをクリック

セクションが選択された　2 [書式] タブをクリック

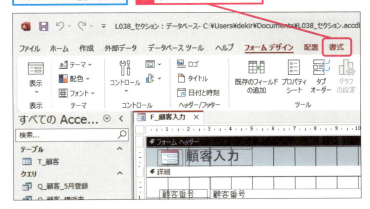

💡 使いこなしのヒント
セクションを選択するには

各セクションの上部にある横長のバーを「セクションバー」と呼びます。セクションバーをクリックするか、セクションの無地の部分をクリックすると、セクションが選択されます。セクションが選択されると、セクションバーが黒く反転します。

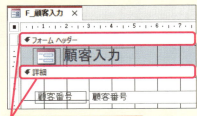

1 クリックするとセクション全体を選択できる

💡 使いこなしのヒント
フォームの背景の色を設定するには

フォームの背景の色は、セクション単位で設定します。このレッスンではフォームヘッダーの背景に色を設定しましたが、他のセクションも同様の手順で設定できます。

●塗りつぶしの色を設定する

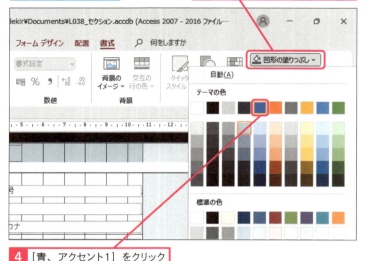

変更する色を選択する
3 ［図形の塗りつぶし］をクリック
4 ［青、アクセント1］をクリック

3 ラベルの文字の色を変更する

セクション全体に色が付いた　　ラベルを選択する

1 ラベルをクリック

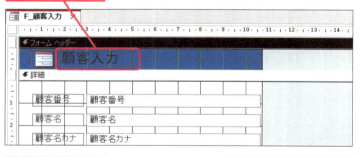

ラベルが選択された
2 ［書式］タブをクリック

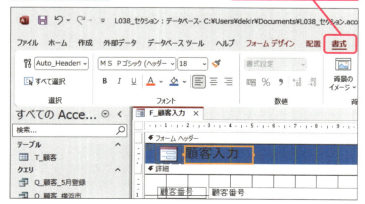

使いこなしのヒント
フォームのセクションの要素を確認しよう

フォームのセクションは、フォームヘッダー、詳細、フォームフッターから構成されます。［詳細］セクションはレコードが表示されるエリアで、フォームヘッダーとフォームフッターはその上下のエリアです。なお、［F_顧客入力］フォームではフォームフッターが非表示になっており、セクションバーだけが表示されています。フォームフッターを表示する方法は、レッスン62で紹介します。

使いこなしのヒント
バージョンによって配色が変わる

カラーパレットの配色は、Accessのバージョンによって変わります。本書のサンプルを使わずに、自分で一から作成したファイルでは、操作4のカラーパレットに本書とは異なる配色が表示される場合があります。

使いこなしのヒント
文字の書式を設定するには

［書式］タブの［フォント］グループには、コントロールの文字を装飾するための機能が揃っています。フォントの種類やフォントサイズ、色、文字配置などを設定できます。

文字の種類や装飾を設定できる

●フォントの色を設定する

変更する色を選択する

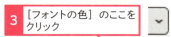

3 ［フォントの色］のここをクリック

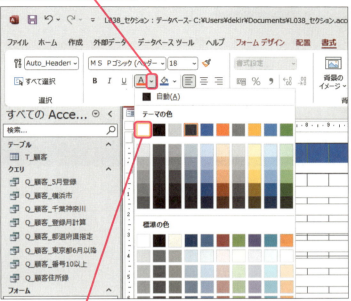

4 ［白、背景1］をクリック

ラベルの文字の色が白くなった

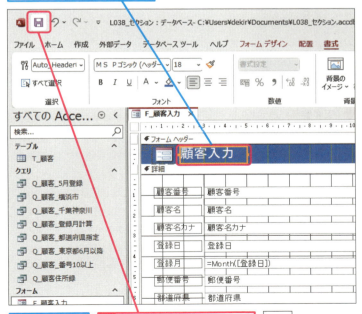

上書き保存する

5 ［上書き保存］をクリックして上書き保存しておく

使いこなしのヒント
テキストボックスの書式を変更するには

ここではラベルの文字の色を変更しましたが、テキストボックスも同様の操作で文字の書式を変更できます。

使いこなしのヒント
フォームの書式を一気に変更するには

［テーマ］という機能を使用すると、データベース内のフォーム／レポートの色やフォントなどのデザインをまとめて変更できます。選択肢にマウスポインターを合わせると、デザインが一時的にフォームに設定されるので、いろいろ試すといいでしょう。

1 ［フォームデザイン］タブをクリック
2 ［テーマ］をクリック

3 選択肢にマウスポインターを合わせる

使いこなしのヒント
配色だけを変更するには

フォーム／レポートの色だけを変更するには、［フォームデザイン］タブの［配色］から色の組み合わせを選択します。

---

38 デザインビュー、セクション

レッスン 39 フィールドのカーソル表示を調整しよう

タブストップ　　練習用ファイル　L039_カーソル表示.accdb

［F_顧客入力］の［顧客番号］はオートナンバー型なので、番号が自動入力されます。また、［登録日］が入力されれば、［登録月］は自動表示されます。ここでは、このような入力不要のテキストボックスに、カーソルが移動しないように設定します。

キーワード

テキストボックス	P.458
フィールド	P.459
プロパティシート	P.459

入力しないフィールドにカーソルが移動するのを防ぐ

After

［顧客番号］と［登録月］のテキストボックスにカーソルが移動しなくなる

1 ［タブストップ］を設定する

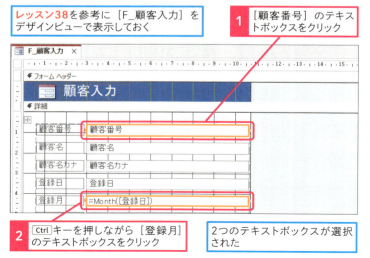

用語解説
タブストップ

フォームビューでデータを入力する際に、[Tab]キーや[Enter]キーを押すと、通常はカーソルが次のテキストボックスに移動します。［タブストップ］プロパティに［いいえ］を設定すると、[Tab]キーや[Enter]キーを押したときに、そのテキストボックスを飛ばして、次のテキストボックスにカーソルが移動します。なお、テキストボックスをクリックした場合はカーソルが表示されます。

● プロパティシートを設定する

プロパティシートを表示する

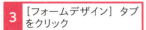

3 [フォームデザイン] タブをクリック

4 [プロパティシート] をクリック

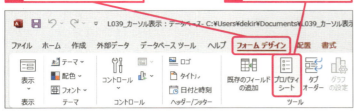

プロパティシートが表示された

5 [その他] タブをクリック

6 [タブストップ] 欄をクリック

7 ここをクリック

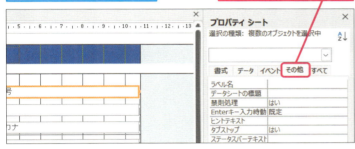

8 [いいえ] をクリック

[タブストップ] に [いいえ] が設定された

9 ここをクリックしてプロパティシートを閉じておく

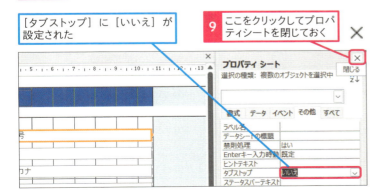

使いこなしのヒント

デザインビューでコントロールを複数選択するには

Ctrlキーを使用すると、コントロールを複数選択できます。このほか、デザインビューではルーラー（上端と左端に表示される目盛り）を使用して選択する方法と、ドラッグして選択する方法があります。

● ルーラーを使用

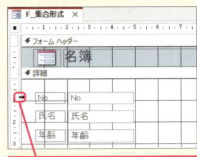

1 左端のルーラーをクリックするとマウスポインターの右にある全コントロールが選択される

● ドラッグを使用

1 斜めにドラッグすると、ドラッグした範囲に掛かっている全コントロールが選択される

↓

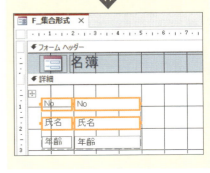

2 テキストボックスの色を変更する

[顧客番号]と[登録月]のテキストボックスの色を変更する

引き続き[顧客番号]と[登録月]のテキストボックスを選択しておく

1 [書式]タブをクリック

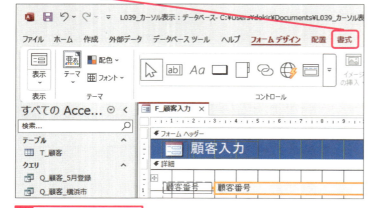

2 [図形の塗りつぶし]をクリック

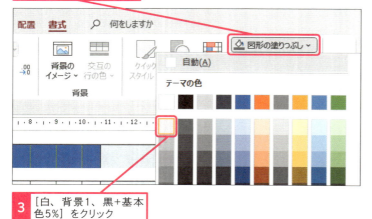

3 [白、背景1、黒+基本色5%]をクリック

テキストボックスの色が変わった

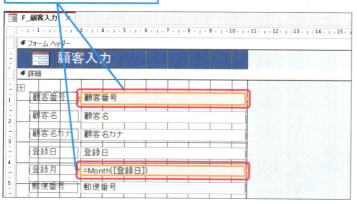

使いこなしのヒント
テキストボックスの見た目に変化を付けよう

[顧客番号]と[登録月]は、入力が不要なテキストボックスです。背景に色を付けるなどして見た目を変えておくと、入力が必要なテキストボックスと区別しやすくなります。

使いこなしのヒント
枠線を透明にするには

テキストボックスの枠線を透明にすると、入力が不要なことが直感的に分かりやすくなります。テキストボックスを選択して、[書式]タブの[図形の枠線]から[透明]を選択すると透明になります。透明になったことは、フォームビューで確認してください。

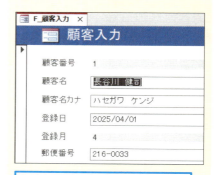

枠線を透明にすると、入力欄でないことが伝わりやすい

3 カーソルの動きを確認する

フォームビューに切り替える　　1 [フォームデザイン] タブをクリック

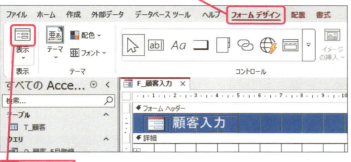

2 [表示] をクリック

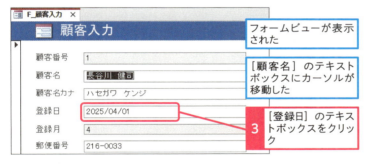

フォームビューが表示された

[顧客名] のテキストボックスにカーソルが移動した

3 [登録日] のテキストボックスをクリック

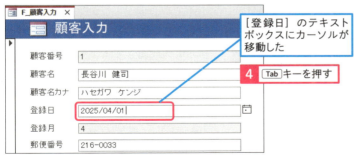

[登録日] のテキストボックスにカーソルが移動した

4 Tab キーを押す

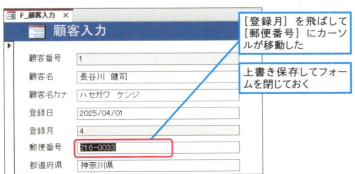

[登録月] を飛ばして [郵便番号] にカーソルが移動した

上書き保存してフォームを閉じておく

使いこなしのヒント
フォームビューに切り替えるには

デザインビューでは、[ホーム] タブまたは [フォームデザイン] タブの [表示] ボタンを使用してビューを切り替えます。[表示] を直接クリックすると、フォームビューに切り替わります。または [表示] の一覧から [フォームビュー] をクリックしても切り替えられます。

使いこなしのヒント
[顧客番号] が飛ばされる

[F_顧客入力] の先頭にあるのは [顧客番号] ですが、[タブストップ] プロパティに [いいえ] を設定したので飛ばされます。フォームビューに切り替えると、2番目の [顧客名] にカーソルが移動します。

使いこなしのヒント
ラベルにはカーソルが移動しない

ラベルは表示専用のコントロールです。フォームビューでは、Tab キーや Enter キーを押してもラベルにカーソルが移動しません。

レッスン 40 フォームでデータを入力しよう

フォームでの入力　　　**練習用ファイル** L040_データ入力.accdb

作成したフォームを使用してデータを入力してみましょう。第2章でテーブルにふりがなの自動入力、住所の自動入力、入力モードの自動切り替えなどを設定しましたが、それらの設定がフォームに継承されていることを確認しながら入力していきます。

キーワード

フォーム	P.459
レコード	P.460
レコードセレクター	P.460

基本編 第4章 データを入力するフォームを作ろう

フォームでデータを入力する

After

フォームから入力した情報でレコードを追加できる

1 フォームを表示する

レッスン39を参考に［F_顧客入力］をフォームビューで開いておく

新しいレコードを表示する

1　［新しい（空の）レコード］をクリック

使いこなしのヒント
移動ボタンでレコードを移動する

単票形式のフォームでは、1画面に1レコードだけが表示されます。他のレコードに移動するには、画面下にある移動ボタンを使用します。

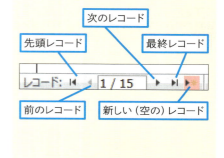

先頭レコード　次のレコード　最終レコード
前のレコード　新しい（空の）レコード

2 フォームに入力する

新規レコードの入力画面が表示された

[顧客名]のテキストボックスにカーソルが移動した

（F_顧客入力フォーム）
- 顧客番号：(新規)
- 顧客名：
- 顧客名カナ：
- 登録日：
- 登録月：
- 郵便番号：
- 都道府県：
- 住所：
- 電話番号：
- DM希望：☑

[DM希望]にチェックマークが付いている

自動的に入力モードが[あ]になった

●顧客名を入力する

1. [顧客名]に顧客名を入力

自動的に顧客名カナが表示された

（F_顧客入力フォーム）
- 顧客番号：16
- 顧客名：長谷 隆介
- 顧客名カナ：ハセ リュウスケ
- 登録日：
- 登録月：
- 郵便番号：
- 都道府県：
- 住所：
- 電話番号：
- DM希望：☑

使いこなしのヒント
テーブルの設定がフォームに継承される

テーブルで行った設定は、基本的にフォームに継承します。ここでは次の設定が継承されていることを確認しながら作業を進めてください。

●**既定値**（レッスン15）
新規レコードの[DM希望]に自動でチェックマークが付く

●**ふりがな**（レッスン16）
[顧客名]を入力すると、そのフリガナが[顧客名カナ]に自動入力される

●**住所入力支援**（レッスン17）
[郵便番号]を入力すると、[都道府県][住所]が自動入力される

●**入力モード**（レッスン18）
日本語を入力するフィールドはオン、英数字を入力するフィールドはオフになる

使いこなしのヒント
日付選択カレンダーも使える

日付は、日付選択カレンダーを使用して入力することもできます。

カレンダーも使用できる

● 登録日を入力する

2 [登録日] に登録日を入力　**3** Enter キーを押す

自動的に登録月が表示された

● 郵便番号を入力する

4 [郵便番号] に郵便番号を入力

自動的に都道府県と住所が入力された

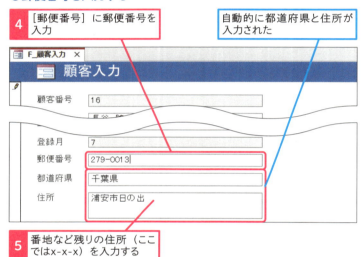

5 番地など残りの住所（ここではx-x-x）を入力する

● 残りのデータを入力する

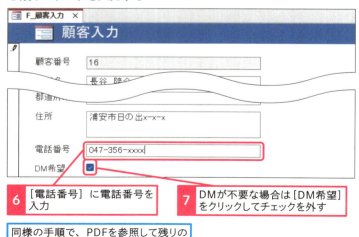

6 [電話番号] に電話番号を入力

7 DMが不要な場合は [DM希望] をクリックしてチェックを外す

同様の手順で、PDFを参照して残りのレコードを入力する

使いこなしのヒント
レコードを保存するには

レコードの入力を開始すると、レコードセレクターに鉛筆のマーク🖉が表示されます。他のレコードに移動したり、フォームを閉じたりすると、編集中のレコードは自動で保存されます。編集中のレコードを強制的に保存したいときは、レコードセレクターをクリックしてください。

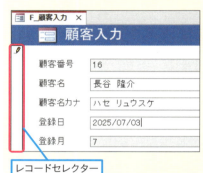

レコードセレクター

ショートカットキー
レコードの保存　　Shift + Enter

使いこなしのヒント
入力を取り消すには

レコードの入力中にEscキーを押すと、現在編集中のフィールドの入力が取り消されます。もう一度Escキーを押すと、現在編集中のレコードの入力が取り消されます。

使いこなしのヒント
付録を参考にレコードを完成させる

フォームで入力するレコードの内容はサンプルファイルと一緒にダウンロードされるPDFファイルを参考にしてください。

● フォームを閉じる

すべてのレコードが入力できた

ここをクリックしてフォームを閉じる

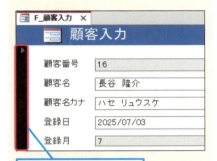

3 テーブルに入力されたことを確認する

追加されたデータをデータシートビューで確認する

1 [T_顧客] をダブルクリック

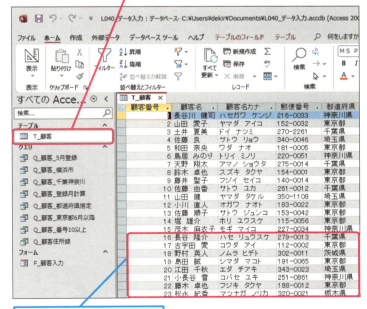

フォームで入力したデータがテーブルに追加されている

使いこなしのヒント
レコードを削除するには

レコードセレクターをクリックすると、レコードセレクターが黒く反転し、レコードが選択された状態になります。その状態で Delete キーを押すと、レコードを削除できます。

レコードが選択された状態では黒く反転する

使いこなしのヒント
オートナンバー型には欠番が生じることもある

Esc キーを押してレコードの入力を取り消すと、[オートナンバー型]のフィールドに表示されていた番号は欠番になり、新しいレコードには次の番号が入力されます。また、レコードを削除した場合も、[オートナンバー型]のフィールドに表示されていた番号は欠番になります。

使いこなしのヒント
テーブルに自動で追加される

フォームで入力したデータは、自動的にテーブルに保存されます。

できる 161

この章のまとめ

使いやすいフォームを作ろう

データ入力のような面倒な単純作業は、効率よくササッと行いたいものです。しかし、フィールド数が多いテーブルでは横スクロールが必要になり、入力しづらい場合があります。そんなときは、フォームの出番です。フォームなら1画面に1レコードをゆったりと表示して、分かりやすく入力を行えます。用途に応じて入力欄を色分けしたり、カーソルの移動順を制御したりして、入力効率を上げる工夫も凝らせます。この章で紹介したように、作成方法もレイアウトの調整も簡単なので、使いやすいフォームを作りましょう。

作るのは簡単でしたが、奥が深かったです！

フォームはデータを入力する際の大事なインターフェイス。正確に素早く入力できるように、工夫してみましょう

入力のときに役立つ機能がたくさんあってびっくりしました！

テーブルの設定の多くが継承されます。最初にテーブルを丁寧に作っておくと、ここで便利に使えるんですよ♪

基本編

第5章

レポートで情報をまとめよう

レポートを使用すると、テーブルに保存されているデータをさまざまな形式で印刷できます。この章では、顧客情報を表形式で印刷するレポートと、顧客の宛名を市販のラベルシートに印刷するレポートを作成します。

41	レポートでデータを印刷しよう	164
42	レポートの基本を知ろう	166
43	データを一覧印刷するレポートを作成しよう	170
44	表の体裁が自動で維持されるように設定しよう	174
45	各セクションのサイズを変更しよう	178
46	表形式のコントロールのサイズを調整しよう	184
47	縞模様の色を変更しよう	188
48	レポートを印刷しよう	190
49	宛名ラベルを作成しよう	192

レッスン 41

Introduction この章で学ぶこと

レポートでデータを印刷しよう

レポートは、印刷を目的としたオブジェクトです。この章では、テーブルのデータを見やすく配置して印刷するレポートを作成していきます。タイトルの文字や背景色、縞模様の色を設定しながらメリハリのあるレポートに仕上げます。

データを見やすく印刷しよう

基本編の最後の章ですね。
この章では何を学びますか？

データを「見せる」上で重要な、レポートの機能を紹介します。
操作が独特なので、しっかりとマスターしましょう。

レポートウィザードで簡単に作れる

まずは簡単な方法から。[レポートウィザード]で必要な項目を選んでいくだけで、シンプルなレポートが作成できます。

必要事項をクリックするだけで作れちゃいました♪
意外と簡単ですね〜。

顧客番号	顧客名	郵便番号	都道府県	住所	電話番号
1	長谷川 健司	216-0033	神奈川県	川崎市宮前区宮崎x-x-x	044-639-xxxx
2	山田 愛子	152-0032	東京都	目黒区平町x-x-x	03-4521-xxxx
3	土井 夏美	270-2261	千葉県	松戸市常盤平x-x-x	0473-48-xxxx
4	佐藤 良	340-0046	埼玉県	草加市北谷x-x-x	0489-32-xxxx
5	和田 奈央	181-0005	東京都	三鷹市中原x-x-x	0422-47-xxxx
6	鳥居 みのり	220-0051	神奈川県	横浜市西区中央x-x-x	045-331-xxxx
7	天野 翔太	275-0014	千葉県	習志野市鷺沼x-x-x	0474-52-xxxx

要素のメリハリをつけよう

レポートの要素はかなり自由にレイアウトできます。また、文字や背景に色を付けて、目立たせることもできるんです。

ビューを切り替えながら操作するのがポイントですね。画面と見比べながら進めます！

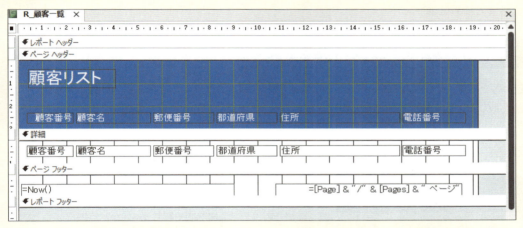

きれいに仕上げよう

そしてこれが完成形。紙への印刷はもちろん、PDFにして配布するときも、見栄えのする資料にできますよ♪

Accessってこんなにきれいに出力できるんだ！やり方、ぜひ知りたいです！

顧客リスト

顧客番号	顧客名	郵便番号	都道府県	住所	電話番号
1	長谷川 健司	216-0033	神奈川県	川崎市宮前区宮崎x-x-x	044-639-xxxx
2	山田 愛子	152-0032	東京都	目黒区平町x-x-x	03-4521-xxxx
3	土井 夏美	270-2261	千葉県	松戸市常盤平x-x-x	0473-48-xxxx
4	佐藤 良	340-0046	埼玉県	草加市北谷x-x-x	0489-32-xxxx

レッスン 42 レポートの基本を知ろう

レポートの仕組み

練習用ファイル　なし

レポートは、テーブルのデータを見栄えよく印刷するためのオブジェクトです。この章では、顧客リストと宛名ラベルの2種類のレポートを作成します。スムーズに操作できるように、まずはここでレポートの基本事項に触れておきましょう。

キーワード

セクション	P.458
ビュー	P.459
レポート	P.460

基本編　第5章　レポートで情報をまとめよう

1 テーブルのデータを見やすく印刷できる

レポートを使うメリットは、テーブルのデータを自由なレイアウトで印刷できることです。［T_顧客］テーブルから顧客名と住所を取り出して、表形式で印刷したり、宛名ラベルに印刷したりと、同じ情報をさまざまな体裁で印刷できます。

表形式や宛名ラベルなどさまざまな体裁の印刷物を作成できる

166　できる

2 適材適所のビューを使ってレポートを作成

レポートには、「レポートビュー」「レイアウトビュー」「デザインビュー」「印刷プレビュー」の4つのビューがあります。その中でレポートの作成に使用するのが「レイアウトビュー」と「デザインビュー」です。フォームのビューと同様に、レイアウトビューでは実際のデータを見ながらレイアウトを設定できます。デザインビューでは、セクション単位の設定など、詳細な設定を行えます。レポートは配布や保存の目的で使われることも多く、フォーム以上にレイアウトに気を配りながら作成する必要があります。

●レイアウトビュー

印刷イメージに近い画面でレポートを作成できる

●デザインビュー

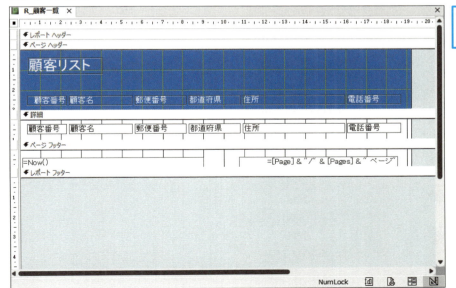

セクションごとの設定など、レポートの詳細な設定ができる

3 セクションの印刷位置を確認する

思い通りのレポートを作成するには、セクションの理解が大切です。セクションはそれぞれ印刷される位置や回数が決まっています。どこに印刷したいかに応じて、配置するセクションを決めます。例えばレポートのタイトルを先頭ページにだけ印刷したい場合は［レポートヘッダー］、全ページの先頭に印刷したい場合は［ページヘッダー］、という具合に配置先を決めます。

●レポートのセクション

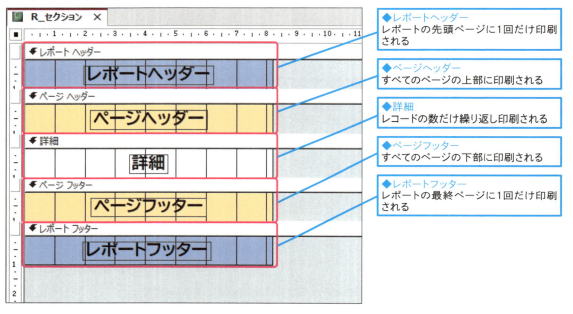

●各セクションの印刷位置

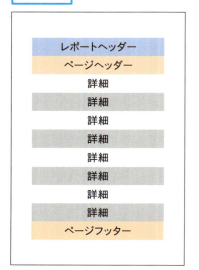

4 印刷プレビューを確認しよう

レポートのビューの1つに、印刷イメージを確認するための「印刷プレビュー」があります。デザインビューではコントロールのサイズがデータの長さに合っているのか分かりません。また、レイアウトビューでは改ページが表示されません。どちらのビューで作業する場合も、必ず印刷プレビューを確認する必要があります。

●印刷プレビュー

用紙に印刷したときのイメージを確認できる

使いこなしのヒント
レポートビューの特徴を知ろう

「レポートビュー」は、レポートに表示されるデータを画面上で確認するためのビューです。印刷イメージ通りのレイアウトで表示されるとは限りません。印刷する場合は、印刷プレビューを確認しましょう。

使いこなしのヒント
テーブルやクエリ、フォームのデータも印刷できる

テーブルやクエリのデータシートビューや、フォームのフォームビューを印刷することもできます。印刷対象のビューを開いて[ファイル]タブをクリックし、[印刷]をクリックすると、右のような画面が表示されます。[印刷プレビュー]を選択すると、用紙サイズや用紙の向きを設定したり印刷イメージを確認しながら印刷を行えます。

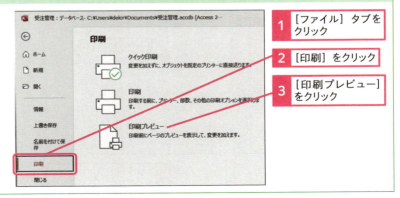

1 [ファイル]タブをクリック
2 [印刷]をクリック
3 [印刷プレビュー]をクリック

レッスン 43 データを一覧印刷するレポートを作成しよう

| レポートウィザード | 練習用ファイル | L043_レポートW.accdb |

第2章で作成した［T_顧客］テーブルのフィールドを抜き出して印刷するレポートを作成しましょう。「レポートウィザード」を使用すると、抜き出すフィールドや並べ替えの順序などを順に指定しながらレポートを作成できます。

キーワード
ウィザード	P.456
フィールド	P.459
レポート	P.460

顧客データを表形式で印刷するレポートを作成する

After

［T_顧客］を元に作成されたレポートを印刷プレビューで表示できる

1 ［レポートウィザード］でレポートを作成する

レッスン09を参考に「L043_レポートW.accdb」を開いておく

［T_顧客］を元にレポートを作成する

［レポートウィザード］を表示する

1 ［作成］タブをクリック

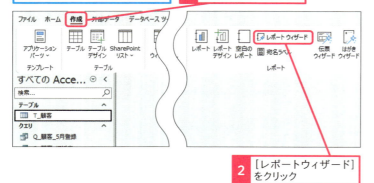

2 ［レポートウィザード］をクリック

用語解説
レポートウィザード

「レポートウィザード」は、表示される画面に沿って設定を進めることで、簡単にレポートを作成できる機能です。ウィザード画面で印刷するフィールドを指定できるので、テーブルの一部のフィールドを印刷したいときなどに便利です。

●フィールドを選択する

[レポートウィザード] が表示された

レポートに含めるフィールドを選択する

3 ここをクリックして [テーブル：T_顧客] を選択

[選択可能なフィールド] 欄に [T_顧客] のフィールドが一覧表示された

4 [顧客番号] をクリック

5 ここをクリック

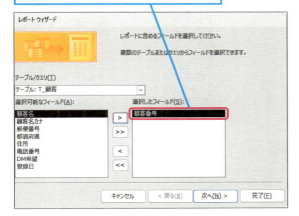

[顧客番号] が [選択したフィールド] 欄に追加された

同様に顧客名、郵便番号、都道府県、住所、電話番号を追加しておく

6 [次へ] をクリック

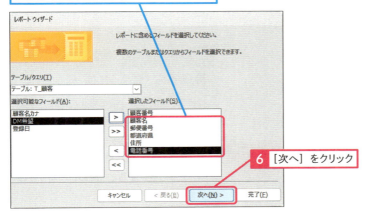

使いこなしのヒント
オートレポートで作成する方法もある

レポートの作成方法には「オートレポート」もあります。ナビゲーションウィンドウでテーブルを選択し、[作成] タブの [レポート] ボタンをクリックすると、テーブルの全フィールドを表形式で印刷するレポートを瞬時に作成できます。
テーブルの一部のフィールドを印刷したい場合は、作成したレポートからフィールドを削除するか、フィールドを抜き出したクエリから作成します。

使いこなしのヒント
フィールドを指定するには

操作4の画面左側の [選択可能なフィールド] 欄には、テーブルの全フィールドが表示されます。その中から印刷したいフィールドを選択して、画面右側の [選択したフィールド] 欄に移動します。

使いこなしのヒント
印刷順に追加しよう

フィールドを [選択したフィールド] 欄に移動するときは、表に配置する順に移動しましょう。例えば、顧客名、登録日、電話番号の順に追加した場合、レポートでも顧客名、登録日、電話番号の順に表示されます。

●グループレベルを指定する

今回はグループレベルは指定しなくてよい

7 [次へ] をクリック

●並べ替える方法を指定する

並べ替えを行うフィールドを指定する

8 ここをクリック

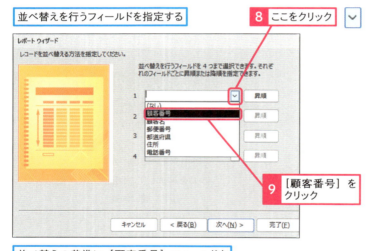

9 [顧客番号] をクリック

並べ替えの基準に [顧客番号] フィールドを指定できた

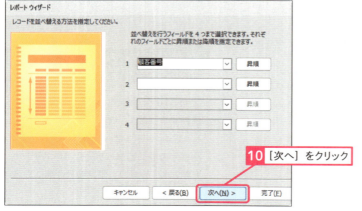

10 [次へ] をクリック

使いこなしのヒント
グループレベルって何?

操作7の画面のグループレベルとは、グループ化するフィールドのことです。例えば [都道府県] を選択して > をクリックした場合、茨城県の顧客、埼玉県の顧客、千葉県の顧客、……というように、顧客データが都道府県ごとに印刷されます。ここではグループ化を行わないので、操作7の画面では何も指定しません。なお、下図のレポートは色を変更して都道府県を見やすくしています。

都道府県ごとに印刷することもできる

使いこなしのヒント
降順で並べ替えるには

操作9の画面では、並べ替えの基準とするフィールドの指定を行います。初期設定で [昇順] (小さい順) が選択されています。大きい順に並べ替えたい場合は、[昇順] をクリックすると [降順] に切り替わります。

●レポートの印刷形式を指定する

[レイアウト]と[印刷の向き]を指定する　　11 [表形式]をクリック

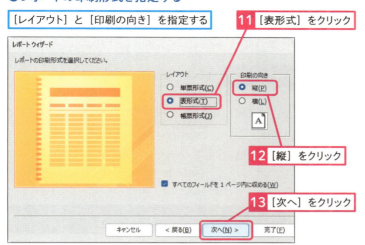

12 [縦]をクリック

13 [次へ]をクリック

●レポート名を指定する

レポートに名前を付ける　　14 「R_顧客一覧」と入力

15 [完了]をクリック

2 レポートの印刷プレビューを確認する

レポートが印刷プレビューで表示された　　ここをクリックしてレポートを閉じる

使いこなしのヒント
レイアウトを変更するには

操作11の画面では、レポートのレイアウトとして[単票形式]や[帳票形式]も選べます。

●単票形式

左に項目名、右にデータを配置

●帳票形式

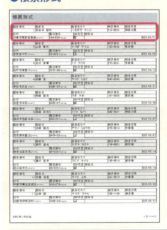

表形式と単票形式を組み合わせたような配置

使いこなしのヒント
印刷プレビューが開く

[レポートウィザード]が完了すると、自動的にレポートの印刷プレビューが表示され、印刷イメージを確認できます。不具合などがある場合は、レイアウトビューかデザインビューに切り替えて編集します。

レッスン 44 表の体裁が自動で維持される ように設定しよう

表形式レイアウト　　練習用ファイル　L044_表形式.accdb

レポートのコントロールの配置を調整するときは、あらかじめ「表形式レイアウト」を設定しておくと、作業がぐっと楽になります。コントロールのサイズ変更や移動を行ったときに、全体の配置が自動調整され、常にきれいな表の体裁を保てます。

🔍 キーワード

コントロール	P.457
コントロールレイアウト	P.458
レポート	P.460

コントロールに表形式レイアウトを適用する

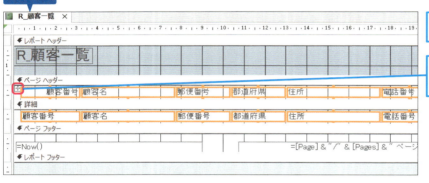

コントロールを表形式でグループ化できる

ここをクリックすると表内の全コントロールを選択できる

1 レポートを開いてビューを切り替える

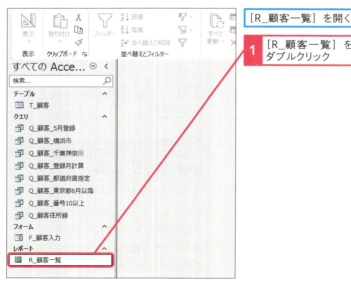

[R_顧客一覧] を開く

1　[R_顧客一覧] をダブルクリック

🔎 用語解説
コントロールレイアウト

コントロールレイアウトとは、コントロールのグループ化の機能です。141ページで紹介したとおり「集合形式レイアウト」と「表形式レイアウト」の2種類があります。コントロールレイアウト内のコントロールには、サイズや配置の自動調整機能が働きます。

●ビューを切り替える

[R_顧客一覧] が [レポートビュー] で開いた

レポートの [デザインビュー] に切り替える

◆レポートビュー

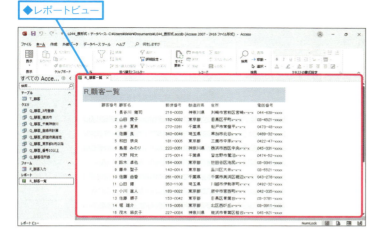

2 [ホーム] タブをクリック

3 [表示] のここをクリック

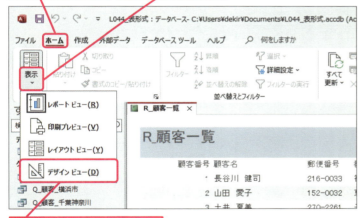

4 [デザインビュー] をクリック

[R_顧客一覧] がデザインビューで開いた

◆デザインビュー

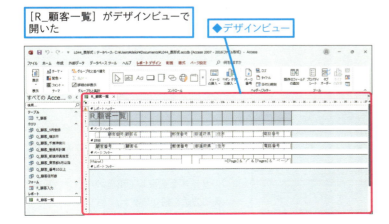

用語解説

レポートビュー

ナビゲーションウィンドウでレポートをダブルクリックすると、レポートビューが開きます。レポートビューは、印刷するデータを画面上で確認するためのビューです。データ自体の確認が目的のビューなので、印刷プレビューと同じ表示になるとは限りません。

使いこなしのヒント

コントロールレイアウトの解除はデザインビューで行う

ここでは、デザインビューでコントロールレイアウトの設定を行います。設定自体は、レイアウトビューでも行えますが、解除のためのボタンはデザインビューにしかありません。なお、実際にコントロールを移動する方法はレッスン45、サイズを調整する方法はレッスン46で解説します。

使いこなしのヒント

レコード1行分の設計画面が表示される

表形式では1つのレポートにレコードが複数行にわたって表示されますが、デザインビューに表示されるのはレコード1行分です。

❷ コントロールを選択する

| ラベルとテキストボックスを
まとめて選択する | **1** 垂直ルーラーにマウス
ポインターを合わせる |

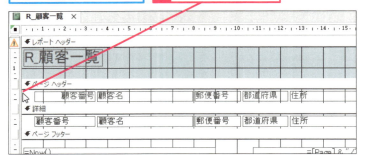

| マウスポインターの形が
変わった | |

2 下方向にドラッグ

| 黒矢印の右側にあった全コントロールが
選択された |

💡 使いこなしのヒント

［R_顧客一覧］の要素を確認しておこう

レッスン44〜47で、［R_顧客一覧］の見栄えを修正していきます。まずは現在の構成を確認しておきましょう。

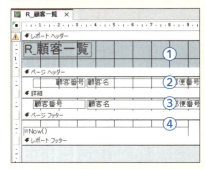

①レポートヘッダー

タイトルのラベルが配置されている。レポートの先頭に1回だけ印刷される。

②ページヘッダー

表の見出しのラベルが配置されている。各ページの先頭に印刷される。

③詳細

データを表示するテキストボックスが配置されている。レコードの数だけ繰り返し印刷される。

④ページフッター

日付とページ番号のテキストボックスが配置されている。各ページの末尾に印刷される。

💡 使いこなしのヒント

表の横幅が変わることがある

表形式レイアウトを適用すると、各コントロールの幅が調整されて表全体の横幅が変わります。レッスン46でコントロールのサイズを変更して用紙のバランスを整える方法を紹介します。

3 表形式レイアウトを適用する

選択したコントロールに表形式を適用する

1 [配置] タブをクリック

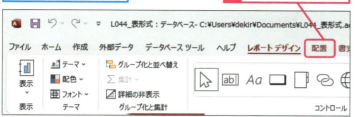

2 [表形式] をクリック

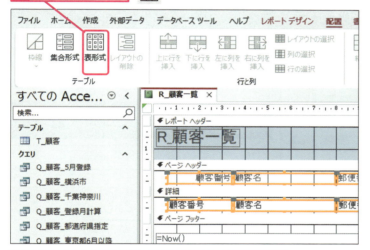

選択した全コントロールが表形式の体裁でグループ化された

左上にアイコンが表示された

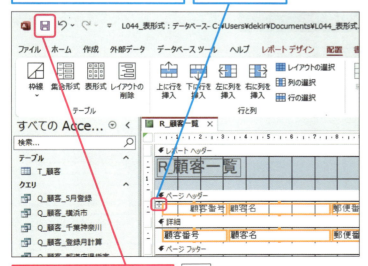

3 [上書き保存] をクリックして上書き保存しておく

使いこなしのヒント
コントロールレイアウトを設定するには

複数のコントロールを選択し、[配置] タブにある [集合形式] または [表形式] をクリックすると、それぞれの形式のコントロールレイアウトを設定できます。

集合形式　表形式

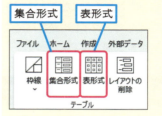

使いこなしのヒント
コントロールレイアウトを選択するには

コントロールレイアウト内の任意のコントロールをクリックすると、左上に ⊞ が表示されます。これをクリックすると、コントロールレイアウトに含まれるすべてのコントロールを選択できます。

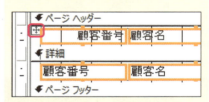

使いこなしのヒント
コントロールレイアウトを解除するには

上のヒントを参考にコントロールレイアウトを選択し、[配置] タブにある [レイアウトの削除] をクリックすると、コントロールレイアウトを解除できます。

レイアウトの削除

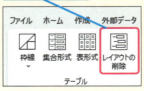

レッスン 45 各セクションのサイズを変更しよう

セクションの高さ | **練習用ファイル** L045_高さ.accdb

［ページヘッダー］セクションに配置したコントロールは、すべてのページに印刷されます。ここでは、レポートのタイトルを［ページヘッダー］に移動して、タイトルがすべてのページに印刷されるようにします。併せて色の設定も行います。

キーワード	
セクション	P.458
ヘッダー	P.460
ルーラー	P.460

完成をイメージしながら各部のサイズを変える

Before

レポートヘッダーにはレポート名が入っている

After

レポートヘッダーにあるタイトルがページヘッダーに移動して名前が変わり、ページヘッダーの高さと色が変わった

1 ページヘッダーの高さを変更する

レッスン44を参考に［R_顧客一覧］をデザインビューで表示しておく

レポートヘッダーのタイトルを含められるようにページヘッダーの高さを調整する

1 ページヘッダー領域の下端にマウスポインターを合わせる

用語解説

レポートヘッダー

レポートヘッダーは、レポートを印刷したときに、1ページ目の先頭に表示されるセクションです。2ページ目以降には表示されません。

レポートヘッダーは1ページ目にのみ表示される

● ページヘッダーの高さを調整する

マウスポインターの形が変わった

2 下方向にドラッグ

ページヘッダーの高さが変わった

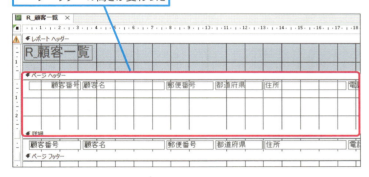

2 コントロールを編集する

1 [顧客番号]のラベルをクリック

ラベルが選択された

2 選択したラベルにマウスポインターを合わせる

マウスポインターの形が変わった

用語解説

ページヘッダー

ページヘッダーは、レポートを印刷したときに、2ページ目以降のすべてのページの先頭に表示されるセクションです。1ページ目のページヘッダーの位置は、レポートヘッダーの有無によって変わります。

● 1ページ目

● 2ページ目以降

ページヘッダーはすべてのページに表示される

使いこなしのヒント

セクションの高さを変更するには

セクションの領域の下端にマウスポインターを合わせると、✢の形になります。その状態で下方向にドラッグすると、セクションの領域が広がります。上方向にドラッグした場合は、狭くなります。

使いこなしのヒント

グリッド線を利用しよう

デザインビューの背景には、初期設定で1cm間隔のグリッド線が表示されます。レイアウトの調整の目安にしましょう。

グリッド線をレイアウトの目安にできる

次のページに続く→

179

● ラベルを移動する

選択したラベルを移動する

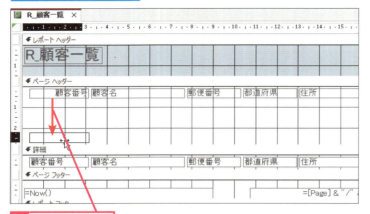

3 下方向にドラッグ

すべてのラベルが移動した

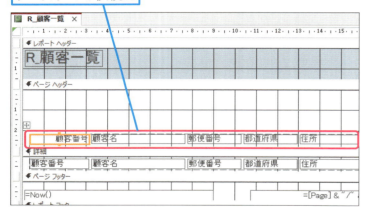

レポートヘッダーにあるタイトルのラベルを
ページヘッダーに移動する

4 タイトルのラベルをクリック

5 下方向にドラッグ

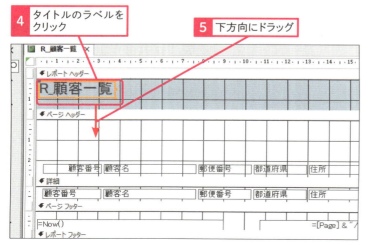

> ### 使いこなしのヒント
> **表形式レイアウトの効果で
> 手軽に作業できる**
>
> 前のレッスンでラベルとテキストボックスに表形式レイアウトを設定しました。その効果により、操作3でラベルを1つだけドラッグすると、すべてのラベルが移動します。その際、ドラッグの方向が多少ずれても、ラベルは必ず対応するテキストボックスの真上に移動します。
>
>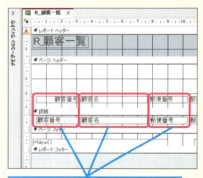
>
> 対になるテキストボックスとラベルの
> 位置が自動で揃う

> ### 使いこなしのヒント
> **セクションを越えてコントロールを
> 配置するには**
>
> 操作5のようにセクションをまたいでドラッグすると、コントロールを別のセクションに移動できます。

●ラベルの文字を変更する

| ラベルがページヘッダーに移動した | | **6** ラベルをクリック |

7「顧客リスト」と入力

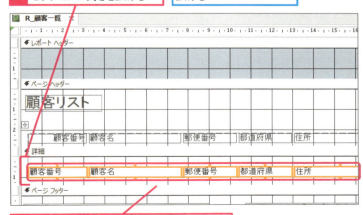

ラベルタイトルが「顧客リスト」に変更された

●[詳細]セクションの編集をする

| **8** 手順1を参考にして[詳細]セクションの高さを広げる | おおむね1cmほど高さを広げる |

9 ラベルが[詳細]セクションの高さに対して中央になるように移動

💡 使いこなしのヒント

全ページに印刷したい内容はページヘッダーに設定する

レポートには、ヘッダーとして使用できるセクションが[レポートヘッダー]と[ページヘッダー]の2種類あります。[レポートヘッダー]は先頭のページだけに印刷されます。タイトルを[レポートヘッダー]に配置した場合、1ページ目だけに印刷されます。また、[ページヘッダー]に配置した場合、全ページに印刷されます。違いを理解して使い分けてください。

●1ページ目　　　●2ページ目以降

| レポートヘッダー | | ページヘッダー |
| ページヘッダー |

💡 使いこなしのヒント

[詳細]セクションの高さが表の1行分の高さになる

[詳細]セクションは、1件分のレコードが表示される領域です。[詳細]セクションの高さが、表の1行分の高さになります。

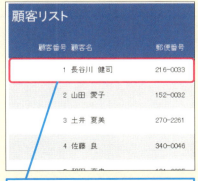

[詳細]セクションの高さが、印刷したときの1行分の高さになる

45 セクションの高さ

できる　181

3 レポートヘッダーを非表示にする

タイトルが移動したためレポートヘッダーを非表示にする

1 レポートヘッダーの下端にマウスポインターを合わせる

マウスポインターの形が変わった

2 上方向にドラッグ

レポートヘッダーのセクションバーの下端までドラッグする

レポートヘッダーが非表示になった

4 セクションと文字の色を変更する

セクション全体を選択して色を変える

1 ページヘッダーのセクションバーをクリック

[ページヘッダー]セクションが選択された

2 [書式]タブをクリック

3 [図形の塗りつぶし]をクリック

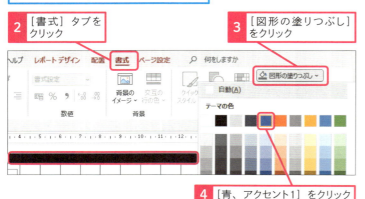

4 [青、アクセント1]をクリック

使いこなしのヒント
セクションを非表示にするには

コントロールを配置していないセクションでは、領域の下端をセクションバーまでドラッグすると、セクションが非表示になります。

使いこなしのヒント
レポートヘッダーを非表示にするとページヘッダーの位置が揃う

手順3でレポートヘッダーを非表示にしたので、ページヘッダーはすべてのページの先頭の同じ位置に印刷されるようになります。

●1ページ目　　●2ページ目以降

ページヘッダー　　ページヘッダー

使いこなしのヒント
背景色はセクション単位で設定する

レポートの背景の色は、セクション単位で設定します。セクションを選択して色を設定すると、セクション全体に色が付きます。

● ページヘッダーにあるラベルの文字の色を変える

セクション全体に色が付いた

5 垂直ルーラーにマウスポインターを合わせる

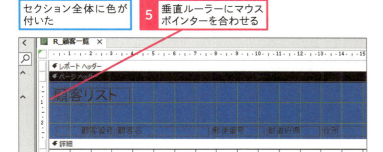

マウスポインターの形が変わった

6 下にドラッグ

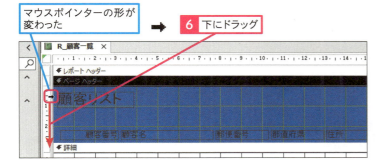

ページヘッダーにあるすべてのラベルが選択された

7 [書式] タブをクリック

8 [フォントの色] のここをクリック

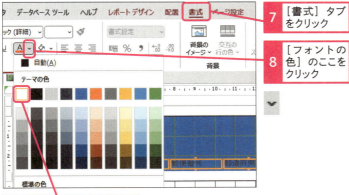

9 [白、背景1] をクリック

ラベルの文字の色が白くなった

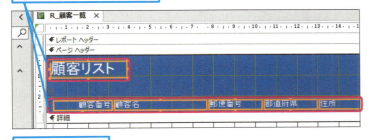

上書き保存しておく

使いこなしのヒント
コントロールを一括選択するには

デザインビューでは、上端と左端に「ルーラー」と呼ばれる目盛りが表示されます。上端の水平ルーラーを↓のマウスポインターで、または左端の垂直ルーラーを→のマウスポインターでクリック／ドラッグすると、マウスポインターの方向にあるすべてのコントロールを一括選択できます。

水平ルーラー

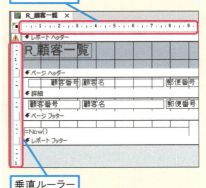

垂直ルーラー

使いこなしのヒント
編集結果を確認するには

このレッスンでの編集の結果を確認したい場合は、印刷イメージを確認しましょう。[ホーム] タブの [表示] の一覧から [印刷プレビュー] をクリックすると確認できます。この時点では表が2ページ目にはみ出ています。なお、印刷プレビューの詳細については、レッスン48で紹介します。

この時点では表がはみ出ている

45 セクションの高さ

183

レッスン 46 表形式のコントロールのサイズを調整しよう

表の列幅変更、余白　　練習用ファイル　L046_列幅と余白.accdb

レポートは、印刷することが目的のオブジェクトです。各コントロールを用紙の中にバランスよく収めることが大切です。最初に用紙や余白などのサイズを設定し、設定したサイズに合わせてコントロールのレイアウトを調整しましょう。

🔍 キーワード

コントロール	P.457
デザインビュー	P.459
ビュー	P.459

基本編 第5章 レポートで情報をまとめよう

用紙に合わせて列幅を調整する

コントロールの一部がページからはみ出している

余白を広げ、列幅を調整して、すべてのコントロールが1ページに収まった

1 ビューを切り替えて余白を設定する

レポートのレイアウトビューに切り替える

1 [表示] のここをクリック
2 [レイアウトビュー] をクリック

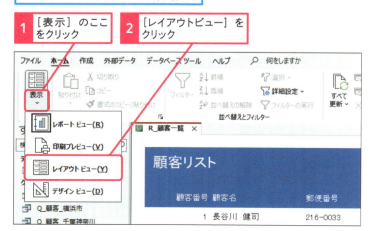

💡 使いこなしのヒント
ビューを切り替えてサイズ調整する

コントロールのサイズの変更は、デザインビューとレイアウトビューのどちらでも行えます。ここでは、データの収まり具合を見ながらサイズ調整できるレイアウトビューを使用します。

●用紙の余白を設定する

レイアウトビューが表示された

余白を設定する

3 [ページ設定] タブをクリック

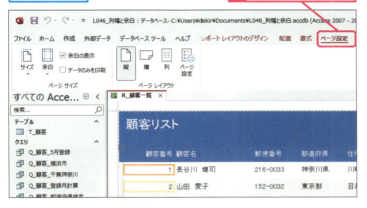

使いこなしのヒント
[ページ設定] の内容を確認しよう

[ページ設定] タブには、レポートの印刷設定の機能が集められています。用紙のサイズ、余白のサイズ、用紙の向きなどを設定できます。

印刷関連の機能が集められている

4 [余白] をクリック　**5** [標準] をクリック

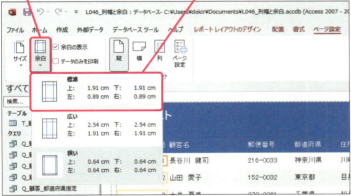

使いこなしのヒント
余白をイメージできる

レイアウトビューでは、用紙の余白部分が表示されます。操作5のように余白の変更を行うと、レイアウトビューの余白のサイズも変更されます。

用紙の余白が広がった

改ページの位置に破線が表示される

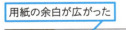
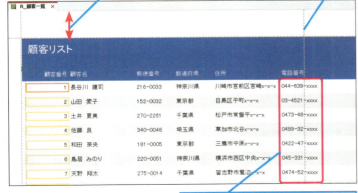

電話番号が2ページ目にはみ出ている

使いこなしのヒント
改ページ線が表示される

レイアウトビューでは、用紙の左右の境界線に破線が表示されます。コントロールが用紙の幅に収まっているかどうかを一目で確認できます。

改ページ領域が破線で示される

46 表の列幅変更、余白

次のページに続く →

2 コントロールをページの幅に収める

表の列が1ページに収まるように幅を調整する

1 [顧客番号]のテキストボックスをクリック

[顧客番号]のテキストボックスすべてが選択された

2 テキストボックスの右境界線にマウスポインターを合わせる

マウスポインターの形が変わった ↔

3 左方向にドラッグ

コントロールの幅が変更された

右にあるコントロールがすべて左にずれた

💡 使いこなしのヒント

ナビゲーションウィンドウを折り畳むには

操作画面を広く使いたいときは、＜をクリックしてナビゲーションウィンドウを折り畳みましょう。再度＞をクリックすれば、折り畳みを解除できます。

1 ここをクリック

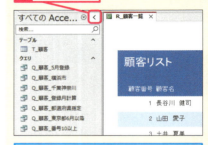

ナビゲーションウィンドウが折り畳まれた

ここをクリックするとナビゲーションウィンドウを表示できる

🖥 ショートカットキー

ナビゲーションウィンドウの展開／折り畳み　`F11`

💡 使いこなしのヒント

コントロールが自動でずれる

レッスン44で表形式レイアウトを設定したので、[顧客番号]のテキストボックスの幅を縮めると、その上のラベルも同じ幅に揃います。また、[顧客番号]の右にあるすべてのコントロールが自動でずれて、縮めた分の隙間が埋まります。

●表を1ページに収める

同様にほかのコントロールの幅も変更して表を1ページに収める

●［ページ番号］の幅を変更する

［ページ番号］も1ページに収める

5 ページの下端までスクロール

6 ［ページ番号］のテキストボックスをクリック

7 テキストボックスの右境界線にマウスポインターを合わせる

マウスポインターの形が変わった ↔

8 左方向にドラッグ

［ページ番号］のテキストボックスの幅が変わった

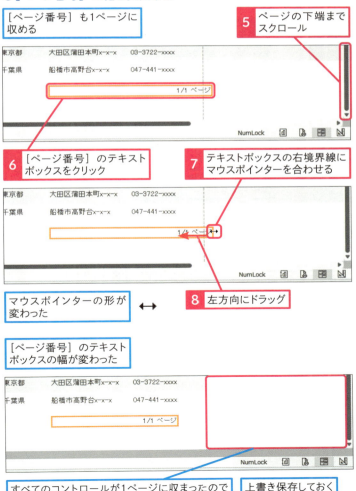

すべてのコントロールが1ページに収まったので2ページ目に表示されていた縞模様が消えた

上書き保存しておく

使いこなしのヒント
レポートの幅が自動調整される

レイアウトビューでは、すべてのコントロールを破線の内側に収めると、隣のページに表示されていた縞模様が消え、レポートの幅が自動で用紙の幅に縮小されます。

使いこなしのヒント
デザインビューではレポートの幅の調整が必要

デザインビューでは、すべてのコントロールを用紙の幅に収めても、レポートの幅は自動調整されません。そのままでは白紙が印刷されてしまいます。レポートの右境界線をドラッグして、レポートの幅を手動で調整しましょう。

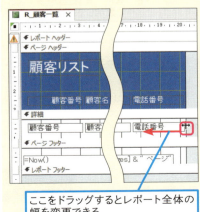

ここをドラッグするとレポート全体の幅を変更できる

46 表の列幅変更、余白

できる 187

レッスン 47 縞模様の色を変更しよう

交互の行の色　　**練習用ファイル** L047_デザイン.accdb

レポートウィザードやオートレポートでレポートを作成すると、表の1行おきに薄いグレーの色が付きます。[交互の行の色]を使用すると、1行おきの色を好みの色に変更できます。ここでは、薄い青に変えてみましょう。

🔍 キーワード

セクション	P.458
ビュー	P.459

縞模様の色を変えて見栄えを整える

Before

初期設定では白色と薄いグレーの色の縞模様になっている

After

青色と白色の縞模様に替えて見栄えを整えた

1 [詳細]セクションを選択する

レッスン46を参考に[R_顧客一覧]をレイアウトビューで表示しておく

行の色が交互に変わるように設定する

💡 使いこなしのヒント
レイアウトビューでのセクションを選択するには

[書式]タブの[オブジェクト]には、レポートに含まれるコントロールやセクションが一覧表示されます。そこから[詳細]を選択すると、レポート上で[詳細]セクションを選択できます。

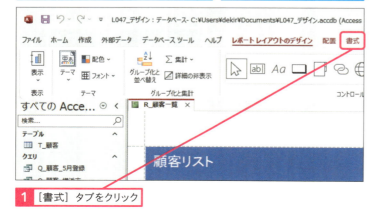

1 [書式]タブをクリック

● ［詳細］セクションを選択する

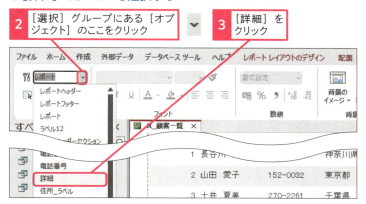

［詳細］セクション全体が選択された

2 色を設定する

縞模様の色を設定する

1 ［交互の行の色］のここをクリック

2 ［青、アクセント1、白+基本色80%］をクリック

縞模様の色が変わった　　上書き保存しておく

使いこなしのヒント
どうしてレイアウトビューで設定するの？

セクション単位の設定は、セクションの選択が簡単なデザインビューで行いたいところですが、デザインビューには表が1行しか表示されません。交互の行の色を確認しながら設定するには、レイアウトビューのほうが分かりやすいでしょう。

使いこなしのヒント
縞模様を解除するには

［詳細］セクションを選択して、［書式］タブの［交互の行の色］から［色なし］を選択すると、縞模様を解除できます。

1 ［色なし］をクリック

レッスン 48 レポートを印刷しよう

レポートの印刷　　　**練習用ファイル** L048_印刷.accdb

レッスン43から5レッスンにわたって［R_顧客一覧］レポートを作成してきました。ここでは完成したレポートを印刷してみます。印刷プレビューで印刷イメージを確認し、問題がなければ印刷を実行します。

🔍 キーワード

ナビゲーションウィンドウ	P.459
レポート	P.460

1 印刷プレビューを表示する

印刷プレビューを確認する

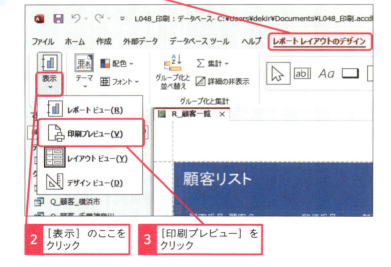

⏱ 時短ワザ

印刷プレビューを最初から開くには

ナビゲーションウィンドウでレポートを右クリックし、表示される一覧から［印刷プレビュー］をクリックすると、レポートの印刷プレビューが表示されます。

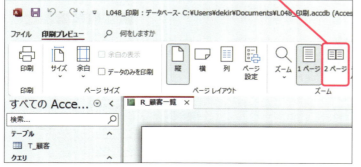

💡 使いこなしのヒント

拡大と縮小

印刷プレビューでレポート上にマウスポインターを移動すると、🔍や🔍の形になります。クリックするごとに、見たい部分の拡大／縮小を切り替えられます。

2 印刷を実行する

2ページ表示された

表示を確認したら印刷を実行する

1 [印刷] をクリック

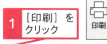

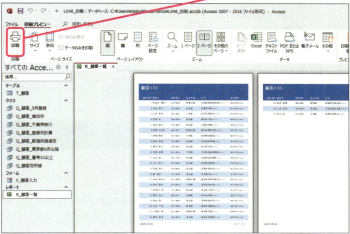

[印刷] 画面が表示された

2 [OK] をクリック

印刷が実行される

3 タブ上の [閉じる] をクリック

ショートカットキー

[印刷] 画面の表示　　Ctrl + P

使いこなしのヒント

ダブルクリックで開くようにするには

ナビゲーションウィンドウでレポートをダブルクリックすると、通常はレポートビューが開きます。ダブルクリックで印刷プレビューが表示されるようにするには、デザインビューで [レポートデザイン] タブの [プロパティシート] をクリックし、以下のように設定します。

1 ここをクリック

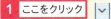

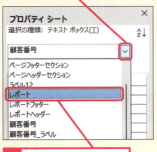

2 [レポート] をクリック

3 [書式] タブをクリック

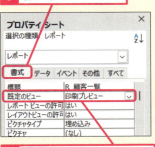

4 [既定のビュー] から [印刷プレビュー] を選択

レッスン 49 宛名ラベルを作成しよう

宛名ラベルウィザード　　**練習用ファイル** L049_宛名ラベル.accdb

［宛名ラベルウィザード］を使用すると、テーブルに保存されているデータから簡単に宛名ラベルを作成できます。画面の指示にしたがって使用するラベルのメーカーや種類、宛名の配置などを指定します。

キーワード	
ウィザード	P.456
クエリ	P.457
フィールド	P.459

基本編 第5章 レポートで情報をまとめよう

［DM希望］がYesの顧客の宛名ラベルを作成する

After

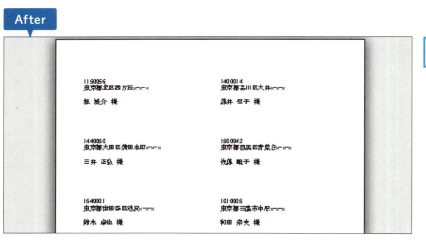

顧客対象者を絞った宛名ラベルを作成できる

1 ［宛名ラベルウィザード］を起動する

ここでは［DM希望］がYesの顧客のみの宛名ラベルを作成する

1 ［Q_顧客住所録］をクリック

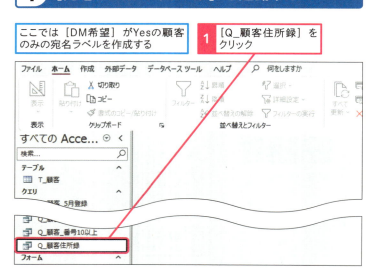

使いこなしのヒント
第3章で作成したクエリを使う

［Q_顧客住所録］クエリは、第3章で作成したクエリです。［T_顧客］テーブルから［DM希望］フィールドが「Yes」のレコードを抜き出したものです。

192　できる

● [宛名ラベルウィザード] を開く

[宛名ラベルウィザード] を起動する

2 [作成] タブをクリック

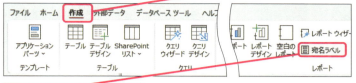

3 [宛名ラベル] をクリック

2 宛名ラベルを作成する

[宛名ラベルウィザード] が起動した

ラベルのメーカーを選択する

1 ここをクリック

2 [A-ONE] をクリック

● 製品番号を選択する

製品番号を指定する

3 [AOne 28171] をクリック

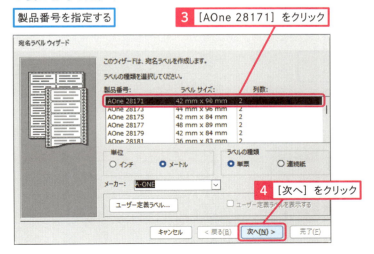

4 [次へ] をクリック

使いこなしのヒント
市販のラベル用紙に印刷できる

[宛名ラベルウィザード] では、市販のラベルシートの種類を選べます。手順2の操作2でメーカーを選択すると、そのメーカーの製品番号が操作3の一覧に表示されます。手持ちの宛名ラベルのパッケージに記載されている製品番号を指定しましょう。

使いこなしのヒント
使いたいラベルが一覧に表示されないときは

手順2操作3の一覧に手持ちの宛名ラベルが見つからない場合は、[ユーザー定義ラベル] をクリックし、開く画面で [新規] をクリックします。下図のような設定画面が表示されるので、ラベルのサイズを指定します。

ラベルのサイズを設定する

●フォントのサイズを設定する

| 印字するフォントのスタイルを設定する | 5 ［サイズ］から［12］を選択 |

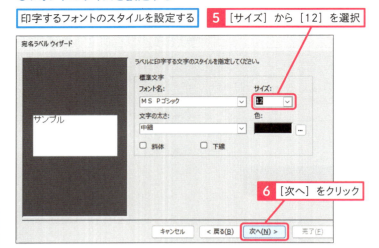

6 ［次へ］をクリック

3 レイアウトを設定する

| 2行目から配置するように
レイアウトを設定する | 1 ［ラベルのレイアウト］
の2行目をクリック |

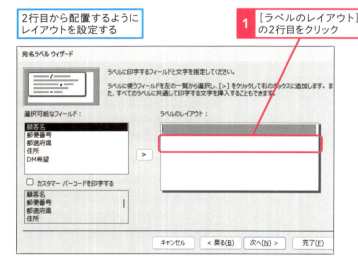

●［郵便番号］フィールドを設定する

| カーソルの位置が2行目に
移動した | ラベルに印字するフィールドを
指定する |

2 ［郵便番号］をクリック　　3 ここをクリック

使いこなしのヒント
**文字の種類や
サイズを指定できる**

操作5の画面では、宛名ラベルに印刷する文字の種類や大きさなどの書式を指定できます。指定した書式は宛名ラベルのすべての文字に適用されます。

使いこなしのヒント
データの配置を指定しよう

手順3～4では、［ラベルのレイアウト］欄を1枚のラベルと見なして、データの配置を指定します。ここでは2行目に郵便番号、3行目に都道府県と住所、5行目に顧客名と「　様」（全角スペースと「様」）の文字を印刷します。

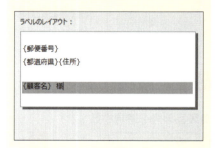

ここに注意

［ラベルのレイアウト］に間違ったフィールドを追加したときは、追加したフィールド名の文字を選択して Delete キーで削除します。

●[都道府県] フィールドを設定する

[郵便番号] が追加された　　4　Enter キーを押す

次行が選択された

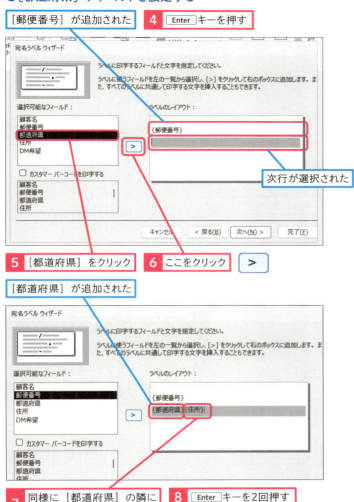

5　[都道府県] をクリック　　6　ここをクリック　　>

[都道府県] が追加された

7　同様に [都道府県] の隣に [住所] を追加しておく　　8　Enter キーを2回押す

4　[顧客名] フィールドを追加する

次々行が選択された

1　[顧客名] を追加しておく　　2　Space キーを押す

使いこなしのヒント

顧客名の文字だけ大きくしたいときは

顧客名だけ文字を大きくしたい場合は、[宛名ラベルウィザード] の完了後、レポートをデザインビューに切り替えます。顧客名のテキストボックスを選択し、[書式] タブの [フォントサイズ] で文字を拡大します。必要に応じてテキストボックスの高さも調整しましょう。

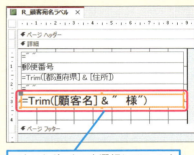

テキストボックスを選択してフォントサイズを変更しておく

1　印刷プレビューに切り替える

顧客名だけ拡大できた

●敬称を入力する

空白が入力された　　　3 「様」と入力　　敬称が付いた

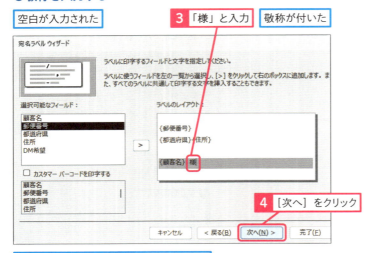

4 ［次へ］をクリック

並べ替えを指定する画面が表示されるが
ここでは並べ替えは指定しない

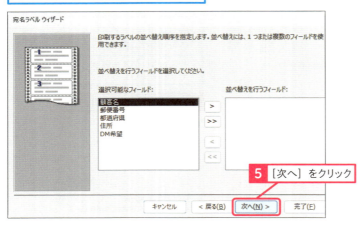

5 ［次へ］をクリック

●レポート名を指定する

宛名ラベルの設定ができたので
名前を付けて保存する

6 「R_顧客宛名ラベル」と入力

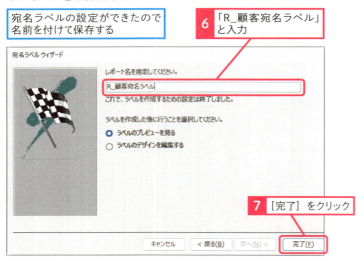

7 ［完了］をクリック

使いこなしのヒント

全ラベルに印刷する文字は直接入力する

「〒」や敬称など、すべてのラベルに印刷したい文字は、［ラベルのレイアウト］欄に直接入力します。

使いこなしのヒント

ラベルの並べ替えを指定できる

操作5の画面では、ラベルを印刷する順序を指定できます。［選択可能なフィールド］欄に含まれるフィールドであれば、ラベルに印刷しないフィールドを指定してもかまいません。

⚠ ここに注意

作成されるレポートは、指定したラベルシートに合わせたサイズになります。レポートの幅や高さを変えると、印刷位置がずれてしまうので、変更しないようにしましょう。

5 印刷プレビューを確認する

宛名ラベルの印刷プレビューが表示された

1 [1ページ] をクリック

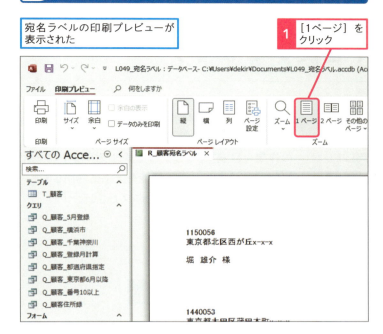

用紙全体が表示された

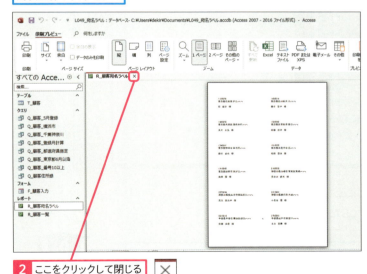

2 ここをクリックして閉じる

使いこなしのヒント

郵便番号をハイフン付きで表示するには

[郵便番号] フィールドに保存されているのは7桁の数字なので、宛名ラベルにハイフンは表示されません。ハイフン入りで印刷したい場合は、以下のように設定しましょう。

1 デザインビューに切り替える

2 [郵便番号] のテキストボックスをクリック

3 [レポートデザイン] タブの [プロパティシート] をクリック

4 [書式] タブをクリック

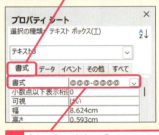

5 [書式] に半角で「@@@-@@@@」と入力

6 印刷プレビューに切り替える

ハイフン付きで表示できた

---

49 宛名ラベルウィザード

できる 197

この章のまとめ

レポートを使いこなそう

Accessでは、レポートウィザードや宛名ラベルウィザードなど、レポート作成用のウィザードが充実しています。まずはウィザードを利用してレポートを作成し、そのあとで必要な修正を加えていきましょう。表の体裁を効率よく整えるには、コントロールレイアウトの設定が早道です。表形式レイアウトを設定しておけば、コントロールが自動で表の形に整列するので、面倒な配置の作業を軽減できます。ウィザードやコントロールレイアウトなどの便利機能を上手に活用して、思い通りのレポートに仕上げてください。

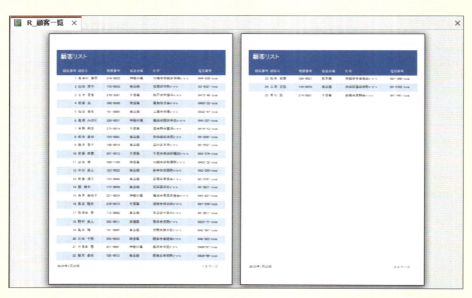

細かい操作が多くて大変でした…。

コントロールの配置は、慣れるまでは難しいと思います。こまめに保存しながら進めていくといいですよ。

宛名ラベル、便利に使えそうです！

ええ、Accessの人気機能の1つですので、ぜひ覚えておきましょう。さあ、次の章からは活用編のスタートです！

活用編

第**6**章

リレーショナルデータベースを作るには

活用編では、3つのテーブルを含む、受注管理用のリレーショナルデータベースを作成していきます。複数のテーブルを連携させるには、テーブル間に「リレーションシップ」という関連付けを行います。この章では、テーブルの作成とリレーションシップの設定を行います。

50	リレーションシップでテーブルを関連付ける	200
51	リレーションシップの基本を知ろう	202
52	データの整合性を保つには	204
53	関連付けするテーブルを作成するには	206
54	テーブルを関連付けるには	214
55	関連付けしたテーブルに入力するには	220
56	データをリストから入力できるようにするには	226
57	「単価×数量」を計算するには	230

レッスン **50**

Introduction　この章で学ぶこと
リレーションシップでテーブルを関連付ける

活用編／第6章　リレーショナルデータベースを作るには

Accessでは、同じファイルの中に複数のテーブルを作成できます。「リレーションシップ」を設定すると、それらのテーブルを組み合わせて使用できるようになります。また、データを入力するときに、別のテーブルのデータをリストに表示することも可能です。

データをリレーしてつなげよう

リレー大好きです！
Accessもリレーするんですか？

えっと、Accessは走りませんが、テーブルで共通している部分をリレーのようにつなげることができます。これがリレーションシップです！

テーブル同士をつなぎ合わせる

リレーションシップを使うと、テーブル同士を組み合わせることができます。下の例だと、顧客番号で結合して、顧客テーブルと受注テーブルのデータを結合しています。

●[T_顧客]

顧客番号	顧客名	顧客名カナ	郵便番号	都道府県	…
1	長谷川　健司	ハセガワ　ケンジ	216-0033	神奈川県	…
2	山田　愛子	ヤマダ　アイコ	152-0032	東京都	…
3	土井　夏美	ドイ　ナツミ	270-2261	千葉県	…

結合フィールド

リレーションシップ

結合フィールド

●[T_受注]

受注番号	受注日	顧客番号
1001	2025/4/1	1
1002	2025/4/5	2
1003	2025/4/12	3

顧客番号が「1」のレコード同士が結合する

操作はマウスで手軽にできる

リレーションシップの設定はすぐにできます。テーブルごとに準備をしておいて、あとはマウスでクリックするだけ！　見た目も分かりやすいので、ぜひ操作をマスターしましょう。

テーブルが手をつないでいるみたいでカワイイ♪
この操作、楽しいですね！

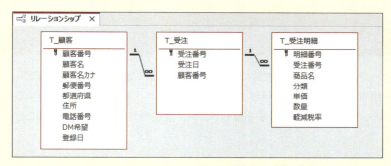

テーブルにリストから入力できる

さらにもうひと工夫。ほかのテーブルのデータを使って、入力の際にリストが表示されるようにします。内容を確認しながら入力できるので、便利ですよ。

これならミスが減らせそう！　作り方知りたいです！

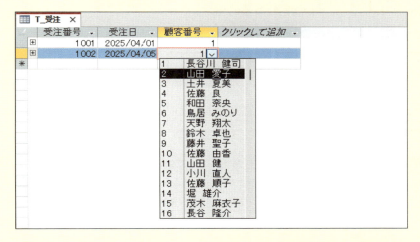

201

レッスン 51 リレーションシップの基本を知ろう

リレーションシップの仕組み | 練習用ファイル なし

複数のテーブルを組み合わせてデータを活用するには、リレーションシップの知識が不可欠です。このレッスンでは、リレーションシップの考え方を身に付けましょう。

キーワード

テーブル	P.458
フィールド	P.459
リレーションシップ	P.460

活用編 第6章 リレーショナルデータベースを作るには

1 情報を分割して管理する

複雑な情報を扱うデータベースでは、データを複数のテーブルに分割して管理するのが基本です。例えば受注情報を扱うデータベースの場合、受注データの概要を管理するテーブル、顧客データを管理するテーブル、明細データを管理するテーブル、という具合にデータを分割します。複数のテーブルに分割することで、情報を集中的に一元管理できます。

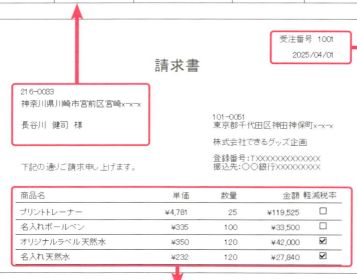

●[T_顧客]テーブル
顧客名や顧客の住所などの顧客データを管理

●[T_受注]テーブル
受注番号や受注日などの受注データの概要を管理

●[T_受注明細]テーブル
受注内容や金額などの明細データを管理

202 できる

2 複数のテーブルをリレーションシップで結ぶ

複数のテーブルに分かれて入力されているデータを組み合わせて利用するには、共通するフィールドを介してテーブルを関連付けます。この関連付けのことを「リレーションシップ」と呼びます。また、共通するフィールドのことを「結合フィールド」と呼びます。結合フィールドの同じ値をたどることで、各テーブルのレコードを結合できます。

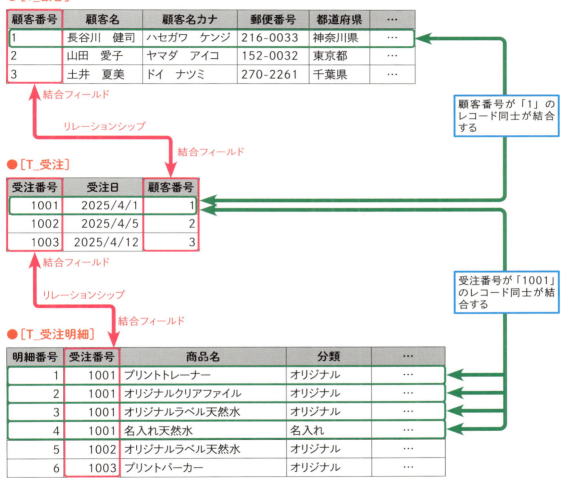

使いこなしのヒント

一元管理が重要になる

例えば[T_受注]テーブルに顧客情報を含めた場合、同じ顧客からの受注のたびに同じ顧客名や住所、電話番号などを入力することになります。非効率的であるうえ、同じ顧客のレコードに異なる顧客名が誤入力されるとデータの信頼性が損なわれます。[T_受注]テーブルから[T_顧客]テーブルを切り出せば、顧客情報を[T_顧客]テーブルで効率よく一元管理でき、データの信頼性も高められます。

レッスン 52 データの整合性を保つには

参照整合性 　　　練習用ファイル　なし

リレーションシップには、データの整合性を保つための「参照整合性」という付加機能があります。ここでは [T_受注] テーブルと [T_受注明細] テーブルの2つを使用して、リレーションシップと参照整合性について解説します。

キーワード
参照整合性	P.458
リレーションシップ	P.460
レコード	P.460

活用編　第6章　リレーショナルデータベースを作るには

1 一対多のリレーションシップ

一般的なリレーションシップでは、一方のテーブルの1件のレコードがもう一方のテーブルの複数のレコードと結合します。前者のテーブルを「一側テーブル」、後者のテーブルを「多側テーブル」と呼びます。また、このようなリレーションシップを「一対多のリレーションシップ」と呼びます。

一対多のリレーションシップでは、2つのテーブルのレコードが親子関係に例えられます。一側が「親レコード」、多側が「子レコード」です。1件の親レコードに対して、複数の子レコードが対応します。

●一対多のリレーションシップ

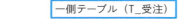

一側テーブル（T_受注）

受注番号	受注日	…
1001	2025/4/1	…
1002	2025/4/5	…
1003	2025/4/12	…

親レコード（1001、1002、1003）
↑ 結合フィールド

多側テーブル（T_受注明細）

明細番号	受注番号	商品名	…
1	1001	トレーナー	…
2	1001	クリアファイル	…
3	1001	天然水	…
4	1001	天然水	…
5	1002	天然水	…
6	1003	パーカー	…
7	1003	天然水	…

子レコード
↑ 結合フィールド

使いこなしのヒント
主キーと外部キーについて覚えよう

一般的なリレーションシップでは、一方のテーブルの主キーと、もう一方のテーブルの主キーでないフィールドが結合フィールドとなります。後者のテーブルの結合フィールドを「外部キー」と呼びます。上図の場合、[T_受注] テーブルの [受注番号] フィールドが主キーで、[T_受注明細] テーブルの [受注番号] フィールドが外部キーです。

2 ［参照整合性］を使用してデータの整合性を保つ

リレーションシップを設定したテーブルでは、結合フィールドに同じ値を持つレコード同士が結合します。結合フィールドに間違ったデータを入力すると、お互いのレコードを結合できなくなってしまいます。
Accessではこのような事態を防ぐために、［参照整合性］というデータの監視機能が用意されています。［参照整合性］を使用すると、「子レコードの入力の制限」という監視機能が働きます。例えば、［T_受注明細］テーブルの［受注番号］フィールドに、［T_受注］テーブルに存在しない「99」を入力するとエラーメッセージが表示され、正しい番号を入力しないとレコードを確定できません。それにより、親レコードと結合できない迷子の子レコードが発生することを防げます。

●子レコードの入力の制限

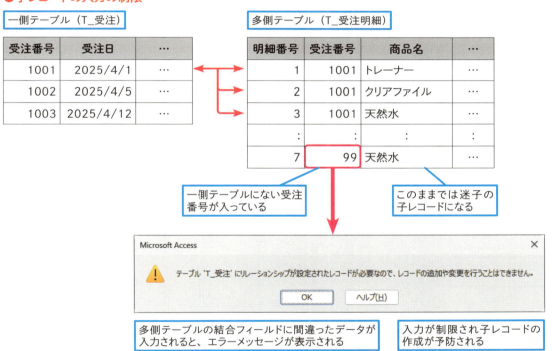

👍 スキルアップ
［参照整合性］の3つの監視機能とは

［参照整合性］は、上で説明したような「親レコードのない迷子の子レコード」が生じるのを防ぐ機能です。そのために、子レコードと親レコードに対して以下の3つの監視機能が働きます。

対象	制限内容	禁止事項
子レコード	入力	親レコードのない子レコードの入力が禁止されます。上の図で説明した内容と同じです。
親レコード	更新	子レコードを持つ親レコードの変更が禁止されます。例えば、受注番号が「1001」の子レコードが存在する場合、親レコードの受注番号の「1001」を変更できません。
親レコード	削除	子レコードを持つ親レコードの削除が禁止されます。例えば、受注番号が「1001」の子レコードが存在する場合、受注番号が「1001」の親レコードを削除できません。

レッスン 53 関連付けするテーブルを作成するには

結合フィールド　　**練習用ファイル** L053_テーブルの結合.accdb

このレッスンでは受注情報を格納する［T_受注］テーブルと［T_受注明細］テーブルを新たに作成します。［T_顧客］テーブルを含めた3つのテーブルは、このあとリレーションシップで結合します。どのフィールドとどのフィールドが結合するのかを意識しながら、テーブルを作成していきましょう。

キーワード

結合フィールド	P.457
データ型	P.458
フィールドプロパティ	P.459

受注管理システムのテーブルを用意する

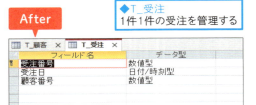

◆T_受注
1件1件の受注を管理する

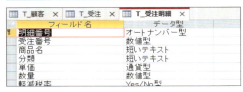

◆T_受注明細
受注した商品の商品名や分類、数量、金額など、内訳を管理する

◆T_顧客
顧客の氏名や住所などを管理する

基本編で作成したものを利用する

1 ［T_受注］のフィールド名とデータ型を設定する

レッスン09を参考に「L053_テーブルの結合.accdb」を開いておく

最初に［T_受注］テーブルを作成する

テーブルのデザインビューを表示する

1 ［作成］タブをクリック

2 ［テーブルデザイン］をクリック

使いこなしのヒント

基本編の練習用ファイルを使用できる

活用編では、基本編で作成したオブジェクトの中で［T_顧客］［Q_顧客住所録］［F_顧客入力］［R_顧客一覧］［R_顧客宛名ラベル］だけを使用します。このレッスンの練習用ファイルでは使用しないオブジェクトを削除しています。

●フィールド名を設定する

テーブルのデザインビューが表示された

フィールド名を入力する　3 ［フィールド名］をクリック

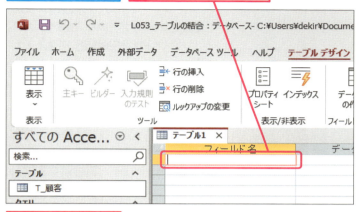

4 「受注番号」と入力

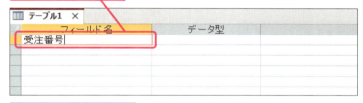

フィールド名が設定された

●データ型を設定する

続けてデータ型を指定する　5 Tab キーを押す

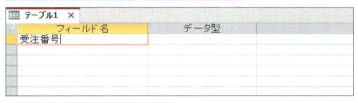

自動的に［データ型］の欄に移動し「短いテキスト」と表示される　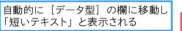 6 ここをクリック

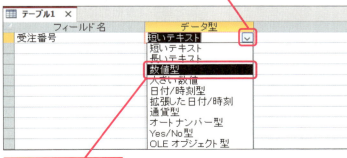

7 「数値型」をクリック

使いこなしのヒント
オブジェクトを削除するには

ナビゲーションウィンドウでオブジェクトをクリックして選択し、Delete キーを押すと削除できます。

使いこなしのヒント
［T_受注］テーブルの要素を確認しよう

［T_受注］テーブルは、1件の受注データを1レコードに保存するテーブルです。受注番号、受注日、顧客番号を保存します。

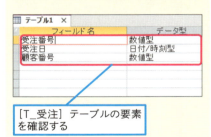

［T_受注］テーブルの要素を確認する

用語解説
数値型

「数値型」は、その名のとおり数値データを入力するためのデータ型です。整数や小数など、一般的な数値を入力するフィールドに設定します。

53 結合フィールド

次のページに続く →

● その他のフィールドも設定する

用語解説
数値型のフィールドサイズ

［フィールドサイズ］プロパティを使用すると、フィールドに入力する数値の種類を指定できます。一般的に整数を入力するフィールドは［長整数型］、小数を入力するフィールドは［倍精度浮動小数点型］にします。初期設定は［長整数型］です。

1 ここをクリックして数値の種類を表示

2 ［T_受注］のフィールドプロパティを設定する

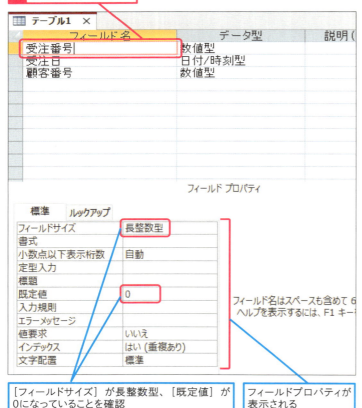

使いこなしのヒント
オートナンバー型の結合相手は数値型にする

［顧客番号］フィールドは［T_顧客］テーブルと結合するときの結合フィールドです。［T_顧客］テーブルの［顧客番号］フィールドはオートナンバー型です。オートナンバー型と結合するフィールドには整数を入力できるように、データ型を［数値型］、フィールドサイズを［長整数型］にする必要があります。

●［既定値］を削除する

1 ［既定値］欄をクリック ／ ［既定値］欄にカーソルが表示された ／ **2** Back space を押す

標準	ルックアップ
フィールドサイズ	長整数型
書式	
小数点以下表示桁数	自動
定型入力	
標題	
既定値	0
入力規則	
エラーメッセージ	

「0」が削除された

標準	ルックアップ
フィールドサイズ	長整数型
書式	
小数点以下表示桁数	自動
定型入力	
標題	
既定値	
入力規則	
エラーメッセージ	

3 ［顧客番号］のフィールドプロパティを設定する

フィールド名	データ型
受注番号	数値型
受注日	日付/時刻型
顧客番号	数値型

1 ［顧客番号］をクリック

［顧客番号］のフィールドプロパティが表示される ／ ［受注番号］の［既定値］と同様に「0」を削除しておく

標準	ルックアップ
フィールドサイズ	長整数型
書式	
小数点以下表示桁数	自動
定型入力	
標題	
既定値	
入力規則	
エラーメッセージ	

［受注番号］と［顧客番号］の［既定値］を設定できた

💡 使いこなしのヒント
どうして既定値を削除するの？

［既定値］プロパティが「0」のままだと、新規レコードに自動で「0」が入力されます。［既定値］プロパティから「0」を削除すると新規レコードが空欄となるので、すぐにデータ入力を行えます。

●既定値が0の場合

新規レコードに自動で「0」が入力される

●既定値を削除した場合

新規レコードが空欄となる

💡 使いこなしのヒント
「0」と空欄は異なるデータと見なされる

Excelでは、空欄のセルを「0」と見なして四則演算を行えますが、Accessでは空欄と「0」は異なるデータとして扱われます。Accessでは空欄のデータを「Null（ヌル）値」と呼びます。

4 [T_受注]の主キーを設定して保存する

[受注番号]を主キーに設定する

1 [受注番号]をクリック

2 [テーブルデザイン]タブをクリック

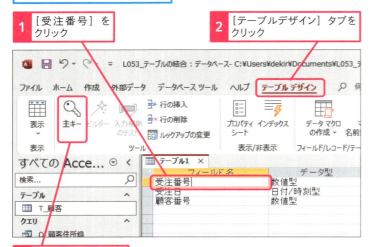

3 [主キー]をクリック

[受注番号]が主キーに設定された

フィールドセレクターにカギのマークが表示された

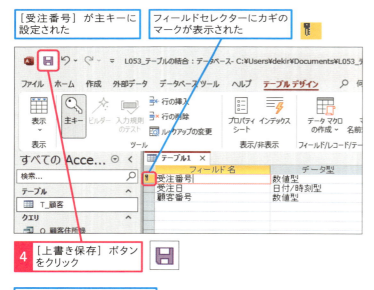

4 [上書き保存]ボタンをクリック

[名前を付けて保存]画面が表示される

5 「T_受注」と入力

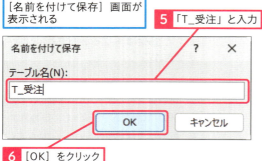

6 [OK]をクリック

使いこなしのヒント
ショートカットメニューから主キーを設定できる

フィールドセレクターを右クリックして、ショートカットメニューから主キーを設定することもできます。

1 フィールドセレクターを右クリック

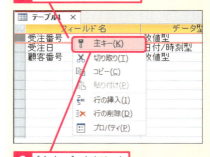

2 [主キー]をクリック

[受注番号]が主キーに設定される

使いこなしのヒント
ショートカットメニューからも保存できる

タブを右クリックして、ショートカットメニューから保存を実行することもできます。以下の操作2を行うと[名前を付けて保存]画面が表示されます。

1 タブを右クリック

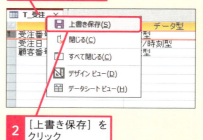

2 [上書き保存]をクリック

●テーブルを閉じる

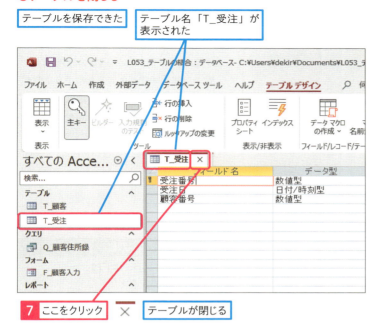

5 [T_受注明細] テーブルを作成する

テーブルのデザインビューを表示する

1 [作成] タブをクリック
2 [テーブルデザイン] をクリック

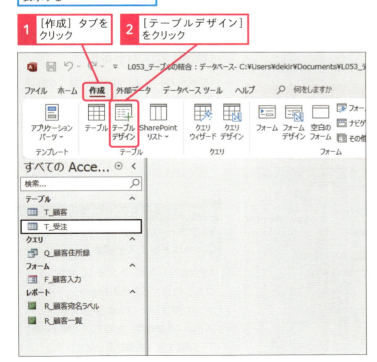

使いこなしのヒント

データシートビューからテーブルを作成するには

[作成] タブの [テーブル] をクリックすると、データシートビューから新規テーブルを作成できます。オートナンバー型の「ID」という名前のフィールドに主キーが自動設定されます。その他のフィールドは、[クリックして追加] からフィールド名とデータ型を定義します。なお、詳細な設定はデザインビューに切り替えて行う必要があります。

1 [作成] タブをクリック

2 [テーブル] をクリック

新規テーブルのデータシートビューが表示された

3 [クリックして追加] をクリック

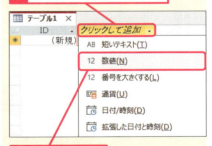

4 データ型を選択

フィールドが追加された

5 フィールド名を入力

●フィールド名とデータ型を設定する

テーブルのデザインビューが表示された

3 続けて下表を参考にフィールド名とデータ型、フィールドサイズ、既定値を設定する

●設定内容

フィールド名	データ型	フィールドサイズ	既定値
明細番号	オートナンバー型	長整数型	—
受注番号	数値型	長整数型	0を削除
商品名	短いテキスト	30	—
分類	短いテキスト	10	—
単価	通貨型	—	0を削除
数量	数値型	長整数型	0を削除
軽減税率	Yes／No型	—	No

すべてのフィールドが設定できた

6 ［T_受注明細］の主キーを設定して保存する

［明細番号］を主キーに設定する

1 ［明細番号］をクリック
2 ［テーブルデザイン］タブをクリック

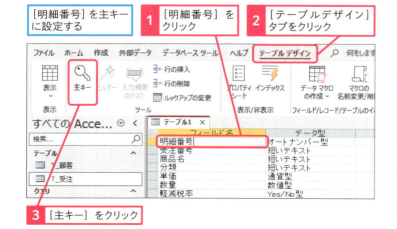

3 ［主キー］をクリック

用語解説
通貨型

「通貨型」は、金額を入力するためのデータ型です。パソコンの通常の計算では小数の計算に誤差が生じることがありますが、［通貨型］を使えば小数点以下の正確な計算が可能です。ただし、一般的な［数値型］より大きな保存領域が必要なので、厳密な計算を必要としない数値は、［数値型］でいいでしょう。

使いこなしのヒント
いくつかのフィールドは設定の必要がない

［通貨型］には［フィールドサイズ］プロパティがないので、設定の必要はありません。また、［オートナンバー型］と［短いテキスト］では［既定値］が最初から空欄なので、変更する必要はありません。

使いこなしのヒント
［軽減税率］フィールド

［軽減税率］フィールドは、商品が軽減税率対象かどうかを示すフィールドです。「Yes」の場合は対象（消費税率8%）、「No」の場合は非対象（消費税率10%）とします。

使いこなしのヒント
結合フィールドのフィールドサイズを揃える

［受注番号］フィールドは［T_受注］テーブルと結合するときの結合フィールドです。［T_受注］テーブルの［受注番号］フィールドは［長整数型］なので、［T_受注明細］テーブルでも［長整数型］にします。

●保存して閉じる

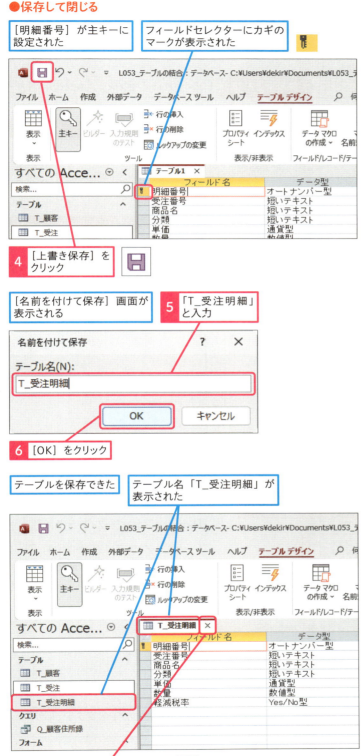

> 使いこなしのヒント
> **フィールド間に行を挿入するには**
>
> デザインビューでフィールド間に新しいフィールドを追加したいときは、追加する位置のフィールドのフィールドセレクターを右クリックして表示されるメニューから[行の挿入]をクリックすると、選択したフィールドの上に新しい行を挿入できます。

> 使いこなしのヒント
> **フィールドを削除するには**
>
> フィールドセレクターをクリックしてフィールドを選択し、[テーブルデザイン]タブの[行の削除]をクリックすると、選択したフィールドを削除できます。すでにデータが入力されている場合、フィールドを削除するとそのフィールドのデータも削除されます。

レッスン 54 テーブルを関連付けるには

リレーションシップ | 練習用ファイル　L054_リレーションシップ.accdb

［T_顧客］［T_受注］［T_受注明細］の3つのテーブルにリレーションシップと参照整合性を設定しましょう。リレーションシップウィンドウを開いて、3つのテーブルを追加し、結合フィールド同士で結合します。

キーワード
結合線	P.457
参照結合性	P.458
リレーションシップ	P.460

3つのテーブルを関連付ける

After

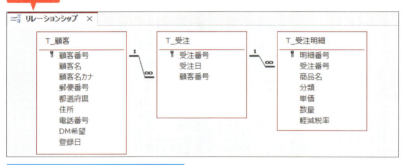

3つのテーブル［T_顧客］［T_受注］［T_受注明細］を関連付ける

1 リレーションシップウィンドウにテーブルを追加する

リレーションシップウィンドウを表示する

1 ［データベースツール］タブをクリック

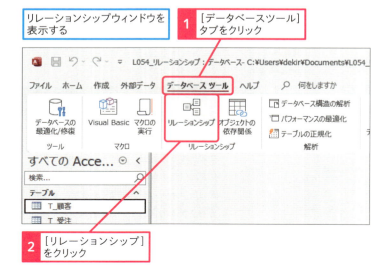

2 ［リレーションシップ］をクリック

用語解説
リレーションシップウィンドウ

［リレーションシップウィンドウ］は、テーブル間にリレーションシップを設定するための専用画面です。

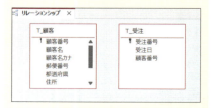

リレーションシップを設定するための画面が表示される

●テーブルを追加する

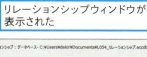

リレーションシップウィンドウが表示された

[テーブルの追加]作業ウィンドウが表示された

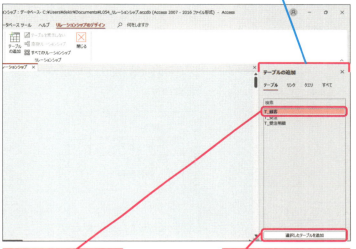

3 [T_顧客]をクリック

4 [選択したテーブルを追加]をクリック

リレーションシップウィンドウに[T_顧客]が追加された

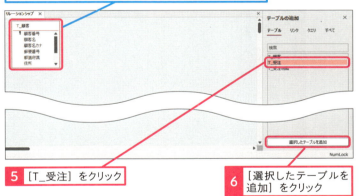

5 [T_受注]をクリック

6 [選択したテーブルを追加]をクリック

リレーションシップウィンドウに[T_受注]が追加された

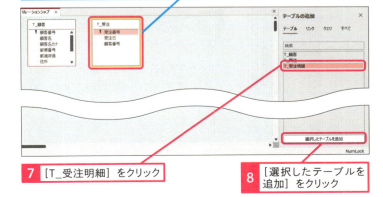

7 [T_受注明細]をクリック

8 [選択したテーブルを追加]をクリック

使いこなしのヒント
[テーブルの追加]が表示されないときは

画面の右側に[テーブルの追加]作業ウィンドウが表示されない場合は、[リレーションシップのデザイン]タブの[テーブルの追加]をクリックすると表示できます。

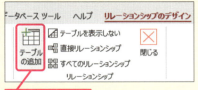

1 ここをクリック

使いこなしのヒント
テーブルの一覧が表示されないときは

あらかじめナビゲーションウィンドウでクエリを選択している場合、[テーブルの追加]作業ウィンドウにクエリの一覧が表示されます。[テーブル]をクリックすると、テーブルの一覧を表示できます。

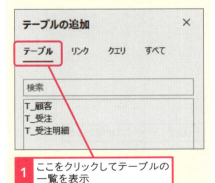

1 ここをクリックしてテーブルの一覧を表示

時短ワザ
ダブルクリックで追加する

[テーブルの追加]作業ウィンドウでテーブルをダブルクリックすると、即座にそのテーブルをリレーションシップウィンドウに追加できます。

●表示を整える

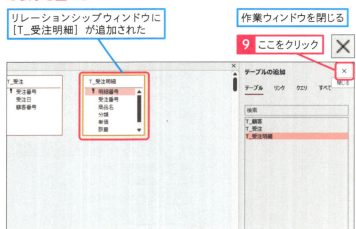

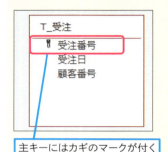

用語解説
フィールドリスト

リレーションシップウィンドウに追加されるテーブルの枠を「フィールドリスト」といいます。上部にテーブル名、その下にフィールド名が表示されます。主キーのフィールドの左側にはカギのマークが表示されます。

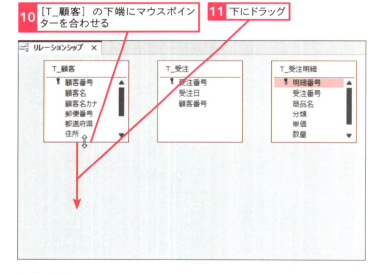

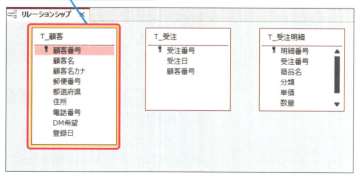

使いこなしのヒント
フィールドリストを移動するには

フィールドリストが [T_顧客] → [T_受注] → [T_受注明細] の順に並んでいない場合は、フィールドリストを移動しましょう。タイトルバー（テーブル名が表示されている部分）をドラッグすると、リレーションシップウィンドウ内で好きな位置に移動できます。

2 テーブルを関連付ける

ここでは [T_顧客] と [T_受注] の [顧客番号] を関連付ける

1 [T_顧客] の [顧客番号] にマウスポインターを合わせる

2 [T_受注] の [顧客番号] までドラッグ

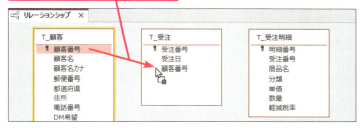

[リレーションシップ] 画面が表示された

3 [参照整合性] をクリックしてチェックを付ける

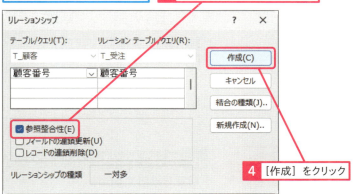

4 [作成] をクリック

2つのテーブルの [顧客番号] に結合線が表示された

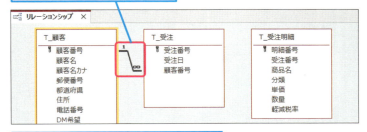

[T_顧客] と [T_受注] の [顧客番号] が関連付けられた

使いこなしのヒント
どちらのテーブルからドラッグしてもよい

手順2の操作2では、一側と多側のどちらのテーブルからフィールドをドラッグしてもかまいません。

使いこなしのヒント
参照整合性を設定するには

[リレーションシップ] 画面で [参照整合性] にチェックマークを付けると、リレーションシップと参照整合性を同時に設定できます。チェックマークを付けない場合は、リレーションシップだけが設定されます。

使いこなしのヒント
連鎖更新と連鎖削除

[リレーションシップ] 画面で [参照整合性] にチェックマークを付けると、[フィールドの連鎖更新] と [レコードの連鎖削除] を選択できるようになります。これらの設定項目については、225ページのスキルアップで解説します。

次のページに続く→

● [T_受注明細] と [T_受注] を関連付ける

| ここでは [T_受注明細] と [T_受注] の [受注番号] を関連付ける | 5 [T_受注] の [受注番号] に マウスポインターを合わせる |

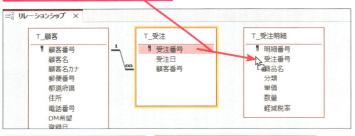

6 [T_受注明細] の [受注番号] までドラッグ

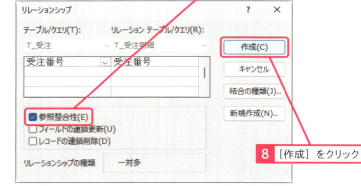

[リレーションシップ] 画面が表示された

7 [参照整合性] をクリックして チェックを付ける

8 [作成] をクリック

2つのテーブルの [受注番号] に結合線が表示された

[T_受注明細] と [T_受注] の [受注番号] が関連付けられた

使いこなしのヒント
結合線の種類を確認しよう

リレーションシップを設定すると、テーブルが結合線で結ばれます。参照整合性を設定した場合、一側テーブル側に「1」、多側テーブル側に「∞」のマークが表示されます。

● 参照整合性の設定なし

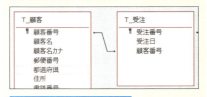

結合線のみが表示される

● 参照整合性の設定あり

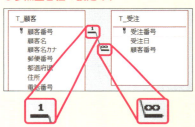

テーブルの種類で違うマークが表示される

使いこなしのヒント
設定を編集するには

結合線の斜めの部分を右クリックし、[リレーションシップの編集] をクリックすると、[リレーションシップ] 画面が表示され、設定を編集できます。

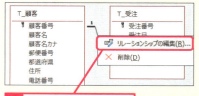

1 クリックして設定を編集

3 リレーションシップウィンドウを閉じる

リレーションシップが作成できたので保存してウィンドウを閉じる

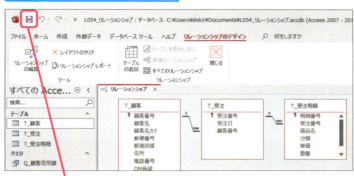

1 ［上書き保存］をクリック

リレーションシップのレイアウトが保存された

2 ［閉じる］をクリック

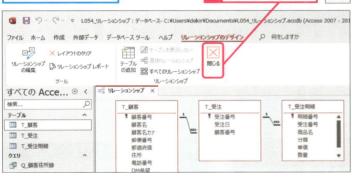

リレーションシップウィンドウが閉じた

使いこなしのヒント
リレーションシップを解除するには

結合線をクリックすると、太線になります。その状態で Delete キーを押し、確認メッセージで［はい］をクリックすると、リレーションシップを解除できます。

使いこなしのヒント
リレーションシップは自動保存される

操作1で［上書き保存］をクリックすると、フィールドリストの配置が保存されます。なお、上書き保存しなくてもリレーションシップ自体の設定は自動保存されます。次回開いたときにフィールドリストの位置が変わる可能性がありますが、結合した状態は保たれます。

使いこなしのヒント
参照結合性を使用する条件を確認しよう

参照整合性は、リレーションシップを設定したテーブル間でデータの整合性を保つための機能です。参照整合性を設定するには、結合する2つのフィールドが次の条件を満たす必要があります。条件に合わないフィールドに参照整合性を設定しようとすると、エラーになります。なお、お互いのフィールド名は異なる名前でもかまいません。

参照整合性の設定条件
① 2つの結合フィールドのうち少なくとも一方が主キー[※1]
② 2つの結合フィールドのデータ型が同じ[※2]
③ 結合フィールドが数値型の場合はフィールドサイズが同じ
④ 2つのテーブルが同じデータベースファイル内にある

※1 主キーの代わりに「固有インデックス」という機能が設定されたフィールドでもよい
※2 オートナンバー型のフィールドと数値型のフィールドは、フィールドサイズを長整数型にすることで参照整合性を設定できる

レッスン 55 関連付けしたテーブルに入力するには

サブデータシート　　**練習用ファイル** L055_サブデータシート.accdb

一対多のリレーションシップの「一側」にあたるテーブルでは、「サブデータシート」と呼ばれるシートを利用して、「多側」にあたるテーブルのレコードを入力できます。両方のテーブルのデータを同時に表示しながら入力できるので便利です。

キーワード
データシート	P.458
テーブル	P.458
レコード	P.460

サブデータシートを利用して入力する

After

[T_受注]のサブデータシートとして[T_受注明細]を使用することができる

明細番号	受注番号	商品名	分類	単価	数量	軽減税率
1	1001	プリントトレーナー	オリジナル	¥4,781	25	☐
2	1001	オリジナルクリアファイル	オリジナル	¥182	100	☐
3	1001	オリジナルラベル天然水	オリジナル	¥350	120	☑
4	1001	名入れ天然水	名入れ	¥232	120	☑
5	1002	オリジナルラベル天然水	オリジナル	¥299	520	☑
6	1003	プリントパーカー	オリジナル	¥6,943	25	☐
7	1003	名入れ天然水	名入れ	¥223	520	☑
8	1003	名入れメモ	名入れ	¥501	90	☐
9	1001	名入れフェイスタオル	名入れ	¥2,394	100	☐

1 [T_受注]にデータを入力する

ここでは[T_受注]にデータを入力する

1 [T_受注]をダブルクリック

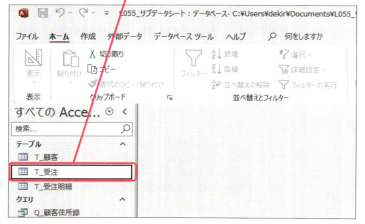

使いこなしのヒント
一側テーブルを開いて操作する

サブデータシートを利用するには、一対多のリレーションシップの「一側」にあたるテーブルを開きます。一側とは、結合線に「1」のマークが付く、親レコード側のテーブルです。

●一側テーブル　　●多側テーブル
（親レコード）　　（子レコード）

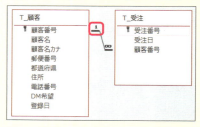

●データを入力する

[T_受注]のデータシートビューが表示された

データが入力できるようになった　**2** [受注番号]をクリック

3 下表を参考にレコードを入力

●入力内容

	受注番号	受注日	顧客番号
1件目	1001	2025/4/1	1
2件目	1002	2025/4/5	1

データが入力された

1件目のレコードの受注明細を入力する

サブデータシート[T_受注明細]を表示する　**4** 1件目のレコードの先頭のここをクリック

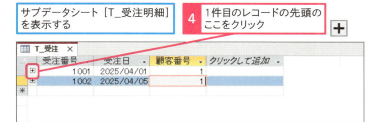

サブデータシート[T_受注明細]が表示された

レッスン54で[T_受注]の[受注番号]フィールドに[T_受注明細]を関連付けたためこのシートに入力する内容は[T_受注明細]に反映される

用語解説
サブデータシート

一対多のリレーションシップの一側テーブルに表示される、多側テーブルのデータシートを「サブデータシート」と呼びます。サブデータシートは、子レコードの入力に使用します。

使いこなしのヒント
親レコードごとに設定できる

サブデータシートは、親レコードごとに用意されています。例えば受注番号が「1001」のレコードの ￭ をクリックすると、受注番号が「1001」の子レコードを入力するためのサブデータシートが開きます。

使いこなしのヒント
サブデータシートを閉じるには

￭ をクリックすると、サブデータシートを折り畳めます。

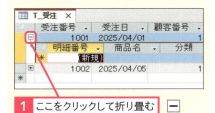

1 ここをクリックして折り畳む

ショートカットキー

サブデータシートの展開
　　　Ctrl + Shift + ↓

サブデータシートの折り畳み
　　　Ctrl + Shift + ↑

2 ［T_受注明細］にデータを入力する

1 サブデータシートの1件目の［商品名］フィールドをクリック

［明細番号］は自動で振られるので入力しなくてもよい

2 下表を参考にレコードを入力

単価の「¥」「,」は自動で振られるので数値のみの入力でよい

●入力内容

	商品名	分類	単価	数量	軽減税率
1件目	プリントトレーナー	オリジナル	4781	25	No
2件目	オリジナルクリアファイル	オリジナル	182	100	No
3件目	オリジナルラベル天然水	オリジナル	350	120	Yes
4件目	名入れ天然水	名入れ	232	120	Yes

データが入力された

列幅を広げる

3 ［商品名］と［分類］の境界線にマウスポインターを合わせる

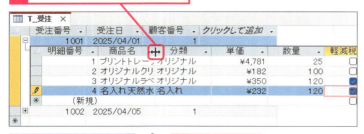

マウスポインターの形が変わった

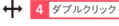

4 ダブルクリック

💡 使いこなしのヒント
通貨記号と桁区切り記号が自動で追加される

［通貨型］のフィールドに数値を入力すると、自動で「¥4,781」のような通貨の形式で表示されます。

1 「4781」と入力

2 Tab キーを押す

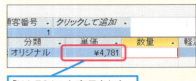

「¥4,781」と表示された

⏱ 時短ワザ
すぐ上のレコードと同じデータを入力するには

Ctrl + 7 キーを押すと、1つ上のレコードと同じデータを入力できます。例えば、［明細番号］が「2」のレコードの［分類］フィールドにカーソルがある状態で Ctrl + 7 キーを押すと、「オリジナル」が自動入力されます。

💡 使いこなしのヒント
サブデータシートの列幅は共通

列幅は、すべてのサブデータシートで共通です。操作3で列幅を変更すると、操作6のサブデータシートも同じ列幅で表示されます。

列幅が広がった

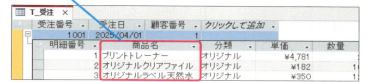

必要に応じてほかのフィールドも列幅を調整しておく

●2件目のレコードの受注明細を入力する

| サブデータシート［T_受注明細］を表示する | 5 | 2件目のレコードの先頭のここをクリック |

| サブデータシート［T_受注明細］が表示された |

| 6 | サブデータシートの1件目の［商品名］フィールドをクリック | 7 | 下表を参考にレコードを入力 |

●入力内容

	商品名	分類	単価	数量	軽減税率
1件目	オリジナル天然水	オリジナル	299	500	Yes

| 8 | ［上書き保存］をクリック | |

使いこなしのヒント
親レコードの値が自動入力される

サブデータシートには、結合フィールドである［受注番号］フィールドが表示されません。そのためサブデータシートで［受注番号］を入力できませんが、実際の［T_受注明細］テーブルの［受注番号］フィールドには親レコードの［受注番号］の値が自動入力されるので問題ありません。

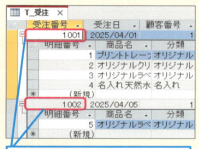

親レコードの受注番号が子レコードの［受注番号］フィールドに自動入力される

使いこなしのヒント
2つのテーブルがまとめて保存される

操作8で上書き保存を実行すると、［T_受注］テーブルと［T_受注明細］テーブルの両方のレイアウトが保存されます。［T_受注明細］テーブルを単独で開くと、操作3で設定した列幅で表示されます。なお、入力したデータ自体は、上書き保存を実行しなくても自動保存されます。

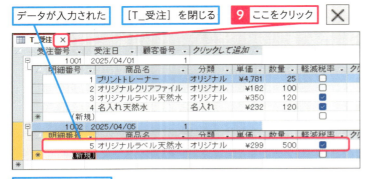

[T_受注] が閉じる

3 [T_受注明細] を確認する

サブデータシートに入力した内容が反映されているか確認する

1 [T_受注明細] をダブルクリック

[T_受注明細] のデータシートビューが表示された

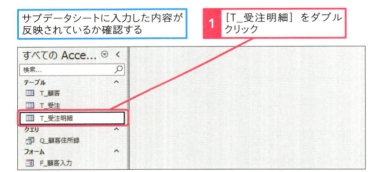

サブデータシートに入力したレコードが [T_受注明細] に入力されている

[受注番号] が自動入力されている

2 ここをクリックしてテーブルを閉じる

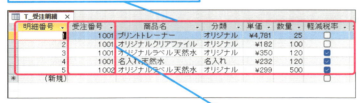

⚠ ここに注意

[T_受注明細] テーブルを開いて子レコードを入力する場合は、あらかじめ [T_受注] テーブルに親レコードを入力しておく必要があります。参照整合性を設定している場合、親レコードのない子レコードを入力できないからです。

[受注番号] フィールドには、[T_受注] テーブルに入力済みの受注番号しか入力できない

💡 使いこなしのヒント

本番の入力はフォームを使おう

このレッスンではデータの入力にサブデータシートを利用しましたが、実際にはフォームを使用するのが一般的です。親レコードと子レコードを同じ画面で入力するフォームを第7章で作成します。

入力にはフォームを使う

スキルアップ

［T_受注明細］テーブルを受注番号順で表示するには

［T_受注明細］テーブルのレコードは、［明細番号］フィールドの昇順で表示されます。そのため、あとから受注番号の若いレコードを追加すると、レコードが離れて表示されます。

受注番号順に並べ替えるには、以下のように操作します。なお、並べ替えを解除するには、［ホーム］タブの［並べ替えの解除］をクリックしてください。

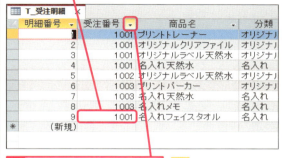

1 「1001」のレコードが離れた位置に入力されている

2 ［受注番号］のここをクリック

3 ［昇順で並べ替え］をクリック

レコードが［受注番号］フィールドの昇順で並べ替えられる

スキルアップ

親レコードの更新や削除を可能にするには

レッスン52のスキルアップで紹介したように、参照整合性を設定すると、子レコードを持つ親レコードの更新や削除が制限されます。しかし実務では、更新や削除の操作を行いたい場面もあります。そんなときは、［リレーションシップ］画面を開き、［フィールドの連鎖更新］にチェックマークを付けると、親レコードの結合フィールドの値を変更したときに、自動で子レコードの結合フィールドも同じ値に変更できます。また、［レコードの連鎖削除］にチェックマークを付けると、親レコードを削除したときに自動で対応する子レコードも一括削除できます。

連鎖更新と連鎖削除は、参照整合性による制限を緩和するための機能で、一見便利な機能です。しかし、むやみに使用すると、意図せずデータが書き換わってしまったり、削除されてしまう危険性があります。通常は参照整合性のみを設定したりしておき、必要なときだけ一時的に連鎖更新や連鎖削除を有効にしましょう。

218ページのヒントを参考に［リレーションシップ］画面を表示しておく

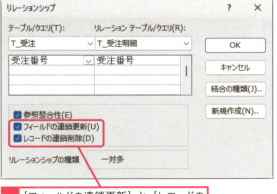

1 ［フィールドの連鎖更新］と［レコードの連鎖削除］にチェックマークを付ける

レッスン 56 データをリストから入力できるようにするには

ルックアップ　　練習用ファイル　L056_コンボボックス.accdb

[T_受注] テーブルで [顧客番号] を入力するときに、顧客名の一覧リストから入力できるように設定しましょう。顧客名を見ながら分かりやすく入力できます。また、リストから選ぶので入力ミスの防止にも役立ちます。

キーワード	
コントロールソース	P.458
データシート	P.458

活用編　第6章　リレーショナルデータベースを作るには

顧客名の一覧リストから顧客番号を入力できるようにする

After

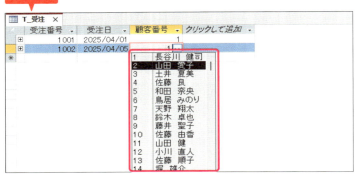

[T_受注] の [顧客番号] フィールドに [T_顧客] のデータソースが設定され、顧客番号と顧客名の一覧を表示できる

1 コンボボックスを設定する準備をする

レッスン11を参考に [T_受注] をデザインビューで表示しておく

[ルックアップ] タブを表示する

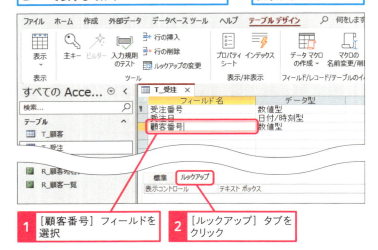

1 [顧客番号] フィールドを選択

2 [ルックアップ] タブをクリック

使いこなしのヒント

データシートビューでリスト入力ができる

操作3の [表示コントロール] プロパティで [コンボボックス] か [リストボックス] を選択すると、テーブルのデータシートビューでリスト入力できるようになります。数値型や短いテキストのフィールドでは、標準で [テキストボックス] が設定されています。

226　できる

●コンボボックスの設定項目を表示する

[表示コントロール]にコンボボックスを設定する

3 [表示コントロール]欄をクリック

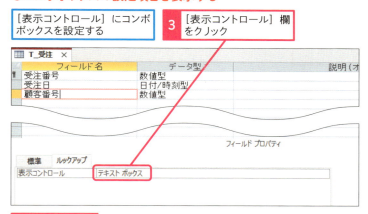

4 ここをクリック

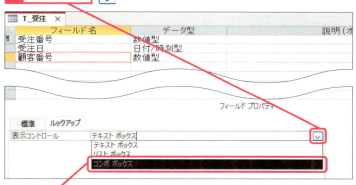

5 [コンボボックス]をクリック

コンボボックスの設定項目が表示された

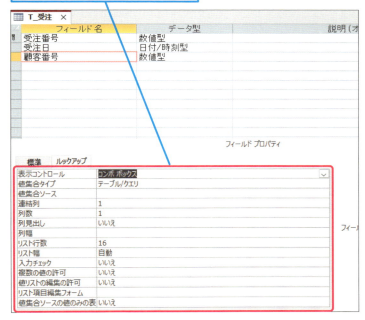

使いこなしのヒント

コンボボックスとリストボックスの違いを確認しよう

テーブルからフォームを作成すると、[表示コントロール]プロパティで選択したコントロールが配置されます。それぞれの違いを確認しましょう。

●コンボボックス

テキストボックスと一覧リストから構成されるコントロールです。テキストボックスに直接入力することも、リストから選んで入力することも可能です。

ここに直接入力できる

リストを開いて一覧から選択することも可能

●リストボックス

データを一覧リストから選択するコントロールです。コンボボックスでは⌄をクリックして一覧リストを開きますが、リストボックスの一覧リストは常に開いています。

---

56 ルックアップ

次のページに続く➡

できる 227

2 リストの内容を設定する

コントロールのデータソースに[T_顧客]を設定する

1 [値集合ソース]欄をクリック

2 ここをクリック

3 [T_顧客]をクリック

データソースに[T_顧客]が設定された

表示する列の数を設定する

[連結列]に「1」と入力されていることを確認

4 [列数]欄をクリック

5 「2」と入力

列数が設定できた　　列幅を設定する

6 [列幅]欄をクリック

7 [1;3]と入力

8 Enter キーを押す

自動で「1cm;3cm」と表示される　　列幅が設定できた

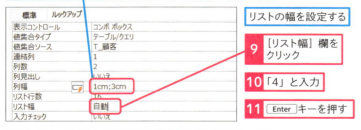

リストの幅を設定する

9 [リスト幅]欄をクリック

10 「4」と入力

11 Enter キーを押す

自動で「4cm」と表示される　　リストの幅が設定できた

[上書き保存]ボタンをクリックして上書き保存しておく

使いこなしのヒント
データの取得元を設定する

[値集合ソース]プロパティでは、一覧リストに表示するデータの取得元を設定します。ここでは顧客データを表示したいので、[T_顧客]を選択しました。

使いこなしのヒント
連結列と列数を指定する

[列数]プロパティはリストに表示する列数を、[連結列]プロパティはリストに表示した列のうち何番目のデータを保存するかを指定します。ここでは[列数]に「2」、[連結列]に「1」を設定したので、[T_顧客]テーブルの先頭から2列分のデータがリストに表示され、そのうちの1列目のデータがフィールドに保存されます。

[T_顧客]テーブルの先頭から2列が表示される

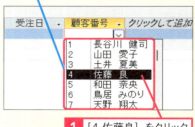

1 [4 佐藤良]をクリック

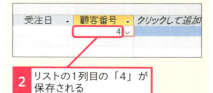

2 リストの1列目の「4」が保存される

3 データシートビューを開いて入力を確認する

設定したルックアップを確認するために［T_受注］のデータシートビューを表示する

1 ［表示］をクリック

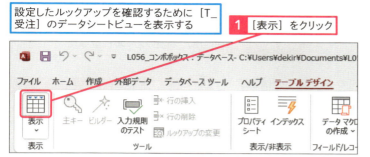

［T_受注］がデータシートビューで表示された

2 2レコード目の［顧客番号］欄をクリック

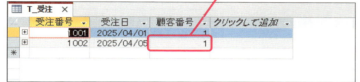

顧客番号と顧客名の一覧が表示された

3 ここをクリック

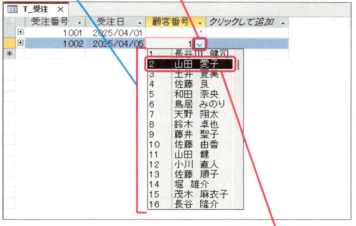

4 「2　山田　愛子」をクリック

「2」が入力された

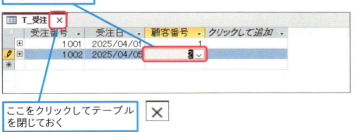

ここをクリックしてテーブルを閉じておく

使いこなしのヒント
列幅とリスト幅を設定しよう

［列幅］プロパティにはリストの各列の幅をセミコロン「;」で区切って「1;3」のように設定します。また、［リスト幅］プロパティにはその合計「4」を設定します。単位の「cm」は自動入力されます。

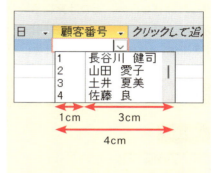

使いこなしのヒント
1列目と3列目を表示するには

［列数］プロパティに「3」、［列幅］プロパティに「1;0;4」のように設定すると、2列目を非表示にして、1列目と3列目だけを表示できます。

スキルアップ
オリジナルのデータをリストに表示するには

下図のようなリストを表示するには、［値集合タイプ］プロパティで「値リスト」を選択し、［値集合ソース］プロパティに「"未入金";"確認中";"入金済み"」のようにデータをセミコロン「;」で区切って設定します。

レッスン 57 「単価×数量」を計算するには

集計フィールド 　　　　　　　**練習用ファイル** L057_集計フィールド.accdb

「集計フィールド」を使用すると、テーブル内のフィールドの値を使用した計算を行い、その計算結果をフィールドとしてテーブルに表示できます。ここでは［T_受注明細］テーブルに［金額］フィールドを追加し、「単価×数量」を計算します。

キーワード

演算子	P.457
データ型	P.458

［金額］フィールドを作成して「単価×数量」を計算する

After

自動で「単価×数量」を計算してくれるフィールドが追加された

明細番号	受注番号	商品名	分類	単価	数量	軽減税率	金額
1	1001	プリントトレーナー	オリジナル	¥4,781	25	☐	¥119,525
2	1001	オリジナルクリアファイル	オリジナル	¥182	100	☐	¥18,200
3	1001	オリジナルラベル天然水	オリジナル	¥350	120	☑	¥42,000
4	1001	名入れ天然水	名入れ	¥232	120	☑	¥27,840
5	1002	オリジナルラベル天然水	オリジナル	¥299	520	☑	¥155,480
*	(新規)					☐	

1 ［金額］フィールドを作成する

レッスン11を参考に［T_受注明細］をデザインビューで表示しておく

［T_受注明細］に計算結果を表示するためのフィールド［金額］を作成する

用語解説

集計フィールド

「集計フィールド」は、テーブルに含まれるフィールドの値を使って計算を行うフィールドです。

使いこなしのヒント

演算子の種類を確認しよう

集計フィールドでは下表の記号を使用して計算式を作成します。このような記号を「演算子」と呼びます。

記号	計算の種類
+	加算
-	減算
*	乗算
/	除算
&	文字列結合

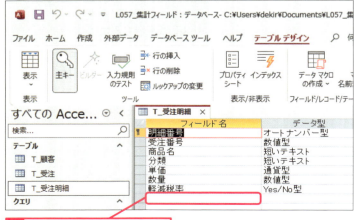

① 新しい行の［フィールド名］の空欄をクリック

●フィールド名とデータ型を設定する

テキストが入力できるようになった　　2 「金額」と入力

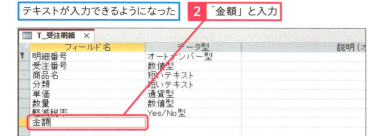

フィールド名が設定された

続いてデータ型を設定する　　3 Tabキーを押す

自動的に［データ型］の欄に移動し「短いテキスト」と表示される　　4 ここをクリック

データ型の一覧が表示される　　5 ［集計］をクリック

［式ビルダー］画面が表示された

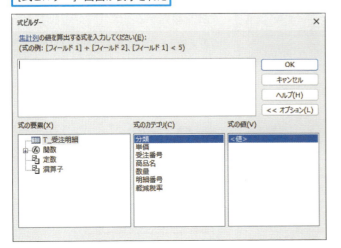

使いこなしのヒント

［集計］データ型で集計フィールドを作成する

操作4のデータ型の一覧にある［集計］は、集計フィールドを作成するための項目です。［集計］を選択すると、式を入力するための［式ビルダー］が表示されます。

使いこなしのヒント

クエリで金額を計算するには

「単価×金額」を計算するには、レッスン30で紹介したクエリの演算フィールドを使用する方法もあります。

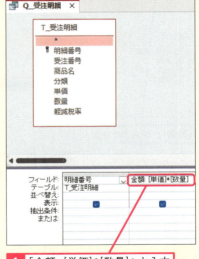

1 「金額:[単価]*[数量]」と入力

金額を表示できた

2 式ビルダーで計算式を設定する

「単価×数量」の計算式を設定する　　**1** [単価] をダブルクリック

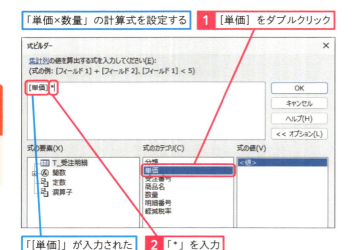

「[単価]」が入力された　　**2** 「*」を入力

3 [数量] をダブルクリック

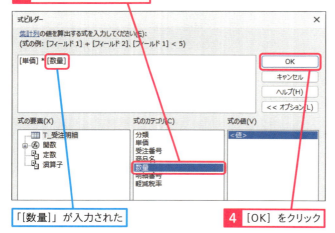

「[数量]」が入力された　　**4** [OK] をクリック

フィールドプロパティの [式] に「[単価]*[数量]」が設定された　　[上書き保存] ボタンをクリックして上書き保存しておく

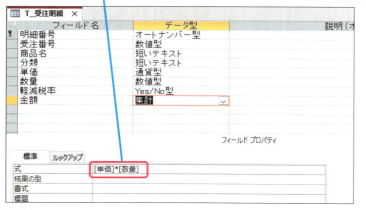

用語解説
式ビルダー

[式ビルダー] は、式を入力するための画面です。フィールド名やコントロール名など、式で使う要素を下のボックスからダブルクリックで入力できます。

使いこなしのヒント
式を直接入力してもいい

手順2ではフィールド名を一覧からダブルクリックしましたが、[式ビルダー] の上部の入力ボックスに直接「[単価]*[数量]」と入力してもかまいません。「[ ]」や「*」は半角で入力してください。

使いこなしのヒント
式を編集するには

式を修正したいときは、[式] プロパティの […] をクリックすると [式ビルダー] を起動できます。または、[式] プロパティ欄で直接式を編集してもかまいません。

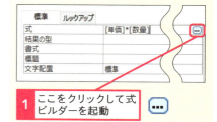

1 ここをクリックして式ビルダーを起動

3 計算結果を確認する

計算結果を確認するために[T_受注明細]のデータシートビューを表示する

1 [テーブルデザイン]タブをクリック

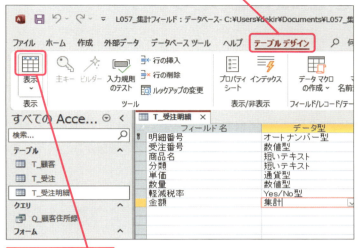

2 [表示]をクリック

データシートビューで表示された

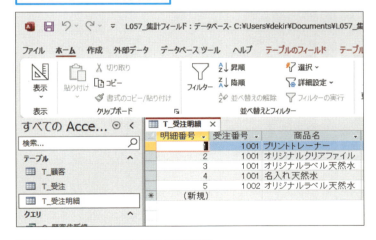

[金額]フィールドに「単価×数量」が計算された数値が表示されている

ここをクリックしてテーブルを閉じておく

使いこなしのヒント
計算結果のデータ型を指定するには

[結果の型]プロパティを使用すると、計算結果のデータ型を指定できます。このレッスンの例では、自動で[通貨型]が設定されます。デザインビューを開き直すと、[通貨型]が設定されていることを確認できます。また、データ型に応じて、表示されるフィールドプロパティの種類も変わります。

自動で[通貨型]が設定されている

他のフィールドと同様にクリックしてデータ型を変更できる

使いこなしのヒント
集計フィールドと演算フィールドのメリットを知ろう

テーブルの集計フィールドは、テーブル内で1回計算式を定義しておけば、テーブルから作成するクエリやフォームなどのあらゆるオブジェクトでその計算結果を使用できる点がメリットです。
クエリの演算フィールドは、「テーブル1の単価×テーブル2の数量」のような複数のテーブルにまたがった計算を行える点がメリットです。

この章のまとめ

テーブルを正確に設定しよう

Accessのようなリレーショナルデータベースでは、情報を複数のテーブルに分けて管理するのが基本です。そして、複数のテーブルを組み合わせて利用するための設定が、この章で解説したリレーションシップです。リレーションシップでテーブルを結合することで、各テーブルのデータを組み合わせて扱えるようになります。さらに参照整合性を設定すれば、データの整合性が維持されるようにAccessが自動でデータを管理してくれます。データベースを正しく運用するためにも、リレーションシップの理解が大切です。

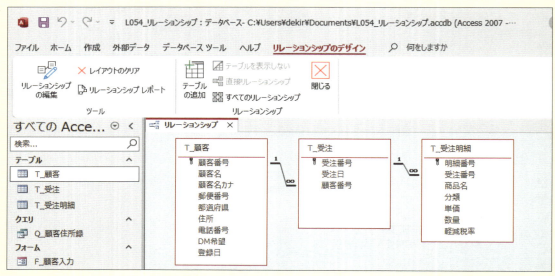

フィールドプロパティがややこしかったです…。

そうですね、項目が多くて初めは大変だと思います。「結合するフィールドは同じ設定」と覚えておきましょう。

Accessの使い道が、ぐっと広がりそうです！

リレーションシップはAccess最大の特徴ともいえます。しっかりマスターして、データ管理に役立てましょう！

活用編

第7章

入力しやすいフォームを
作るには

リレーションシップで結合したテーブルのデータは、「メイン／サブフォーム」を使用して入力できます。メインフォームで親レコードを、メインフォームの中に埋め込むサブフォームで子レコードを入力します。この章では、受注情報をまとめて入力するためのメイン／サブフォームを作成します。

58	複数のテーブルに同時に入力するフォームとは	236
59	メイン／サブフォームを作成するには	238
60	メインフォームのレイアウトを調整するには	244
61	サブフォームのレイアウトを調整するには	250
62	金額の合計を表示するには	254
63	テキストボックスに入力候補を表示するには	260
64	入力時のカーソルの移動順を指定するには	264
65	メイン／サブフォームで入力するには	270

レッスン 58

Introduction この章で学ぶこと

複数のテーブルに同時に入力するフォームとは

この章では、[T_受注] と [T_受注明細] の2つのテーブルに同時にデータを入力するフォームを作成します。レッスン55で紹介したサブデータシートのフォーム版です。顧客情報の表示や受注金額の計算などの付加機能を追加して、使い勝手のいいフォームに仕上げます。

フォームを大幅パワーアップ！

第4章で学んだ「フォーム」の活用編ですね。
この章では何をやるんですか？

リレーションシップはフォームでも使えるんです。まずは、1つのフォームで複数のテーブルに入力できる、メイン／サブフォームから作っていきますよ。

親子レコードをまとめて入力できる

リレーションシップで結合されたテーブルに対して、入力用のフォームをまとめて1画面にすることができます。フォームウィザードで手軽に作っちゃいましょう♪

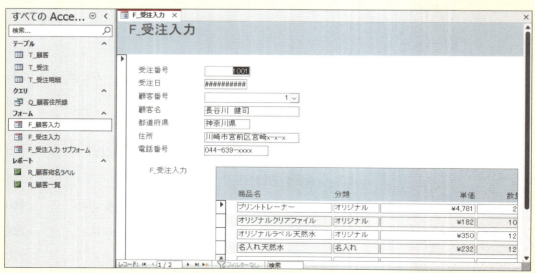

フォーム内に合計を表示する

ここでフォームにもうひと工夫。関数で合計を計算して、フォーム内に表示します。Excelでもおなじみの「Sum」関数ですが、書式が違うので覚えましょう。

フィールドを指定するだけでいいんですね！
Excelよりも簡単かも！

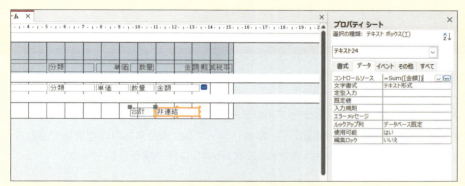

カーソルの移動順も変更できる

フォームにはまだまだ便利な機能があります。キーボードで入力する人のために、Tabキーを押したときの、カーソルの移動順を設定できるんですよ。

入力の必要がない欄はスキップできるんですね！
作り方知りたいです。

レッスン 59 メイン／サブフォームを作成するには

| フォームウィザード | 練習用ファイル | L059_フォームW.accdb |

受注情報を入力するための「メイン／サブフォーム」を作成しましょう。[T_受注][T_顧客][T_受注明細]の3テーブルのデータを1つの画面に表示する便利なフォームです。[フォームウィザード]を使用して作成します。

キーワード

ウィザード	P.456
フィールド	P.459
メイン／サブフォーム	P.460

受注データと明細データを1つのフォームで入力する

[フォームウィザード]を使用すると、リレーションシップで結合する複数のテーブルのデータを1画面に表示するメイン／サブフォームを簡単に作成できます。このレッスンで作成するフォームは、受注情報を入力するために使用します。メインフォームで[T_受注]テーブルのデータを、サブフォームで[T_受注明細]テーブルのデータを入力します。[顧客番号]を入力すると、[T_顧客]テーブルに入力済みの顧客情報が自動表示されます。作成されるフォームはレイアウトの修正が必要ですが、次レッスン以降で調整していきます。

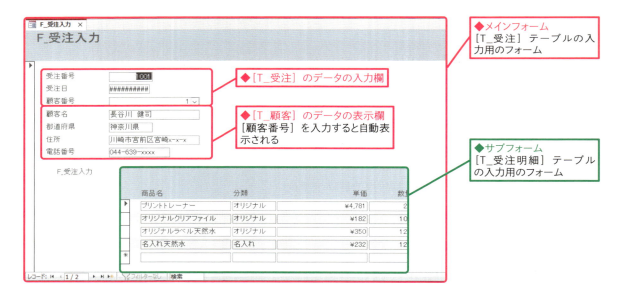

◆メインフォーム
[T_受注]テーブルの入力用のフォーム

◆[T_受注]のデータの入力欄

◆[T_顧客]のデータの表示欄
[顧客番号]を入力すると自動表示される

◆サブフォーム
[T_受注明細]テーブルの入力用のフォーム

用語解説

メイン／サブフォーム

メイン／サブフォームは、フォームの中に別のフォームを埋め込んだフォームです。フォーム全体を「メインフォーム」、中のフォームを「サブフォーム」と呼びます。メイン／サブフォームを使うと、一対多のリレーションシップの関係にあるテーブルの親レコードをメインフォームに、複数の子レコードをサブフォームにまとめて表示できます。

1 ［フォームウィザード］でフィールドを指定する

ここでは受注入力用のメインフォームと
サブフォームを作成する

［フォームウィザード］を起動する　**1** ［作成］タブをクリック

2 ［フォームウィザード］をクリック

●フォームに表示するフィールドを指定する

［フォームウィザード］が起動した　　フォームに含めるフィールドの元となるテーブルを指定する

3 ここをクリック

4 ［テーブル: T_受注］をクリック

［T_受注］が設定された

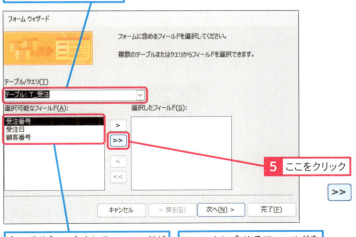

5 ここをクリック

［T_受注］に含まれるフィールドが表示された　　フォームに含めるフィールドを指定する

> **用語解説**
> **フォームウィザード**
>
> ［フォームウィザード］は、表示される画面に沿って設定を進めることで、簡単にフォームを作成できる機能です。複数のテーブルを組み合わせたフォームも作成できます。

> **使いこなしのヒント**
> **フォームに配置する順序で追加する**
>
> 操作3〜9でメインフォームに配置するフィールドを、操作10〜12でサブフォームに配置するフィールドを指定します。指定した順序でフォームにレイアウトされるので、フォームの完成イメージ通りに指定していくと、フォームの修正の手間を軽減できます。

> **使いこなしのヒント**
> **［T_受注］テーブルの全フィールドを配置する**
>
> メインフォームは［T_受注］テーブルの入力用のフォームなので、［T_受注］の全フィールドを配置します。 >> ボタンをクリックすると、一気に［選択したフィールド］欄に移動できます。

●フィールドを追加する

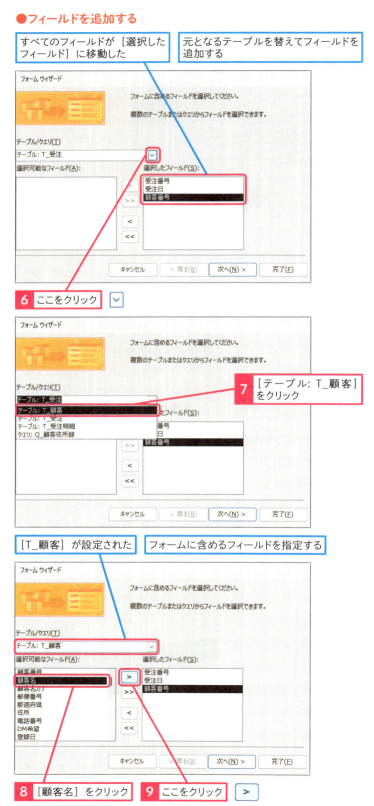

使いこなしのヒント
どうして[T_顧客]テーブルのデータを追加するの？

[T_受注]テーブルと[T_顧客]テーブルは[顧客番号]フィールドを結合フィールドとしてリレーションシップが設定してあります。そのため、フォームに[T_顧客]テーブルのフィールドを配置しておくと、[T_受注]テーブルの[顧客番号]が入力されたときにその番号に紐付いた顧客データが自動表示されます。受注情報を入力しながら顧客情報の確認ができるので便利です。

[T_受注]から配置した[顧客番号]を入力すると、それに紐付く顧客情報が[T_顧客]テーブルから自動表示される

使いこなしのヒント
[顧客番号]は[T_受注]から配置する

[顧客番号]フィールドは[T_受注]テーブルと[T_顧客]テーブルの両方にありますが、必ず[T_受注]テーブルから追加してください。そうすれば入力した顧客番号が[T_受注]テーブルの[顧客番号]フィールドに保存されます。

●さらにフィールドを追加する

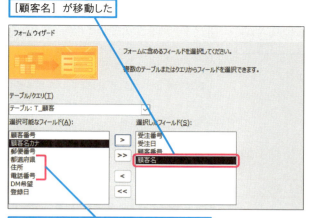

[顧客名]が移動した
同様に[都道府県][住所][電話番号]も移動しておく

元となるテーブルを替えてさらにフィールドを追加する

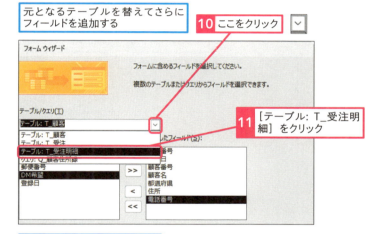

10 ここをクリック
11 [テーブル：T_受注明細]をクリック

[T_受注明細]が設定された

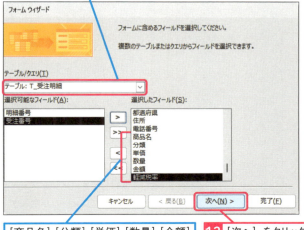

[商品名][分類][単価][数量][金額][軽減税率]の順に移動しておく
12 [次へ]をクリック

使いこなしのヒント
[受注番号]は[T_受注]から配置する

メインフォームとサブフォームに共通する結合フィールドは、メインフォームに追加するのが基本です。[受注番号]フィールドは、[T_受注]テーブルから追加してください。リレーションシップが設定してあるので、メインフォームで[受注番号]を入力すると、自動的に[T_受注明細]テーブルの[受注番号]フィールドにも同じデータが入力されます。

使いこなしのヒント
サブフォームに追加するフィールドを確認しよう

サブフォームは[T_受注明細]テーブルの入力用のフォームです。オートナンバー型の[明細番号]フィールドと、メインフォームとの結合フィールドである[受注番号]フィールドは自動入力されるので、サブフォームに追加しなくてもかまいません。それ以外のフィールドは漏れなく追加する必要があります。なお、手順12の画面では[軽減税率]と[金額]をテーブルとは逆の順序で追加してください。

使いこなしのヒント
リレーションシップの設定が必要

フォームウィザードを使用してメイン／サブフォームを作成するには、メインフォームに表示するテーブルとサブフォームに表示するテーブルの間にリレーションシップの設定が必要です。本書では第6章で設定済みですが、未設定の場合は操作12のあとでリレーションシップの設定を促すメッセージが表示されます。

2 メイン／サブフォームの設定をする

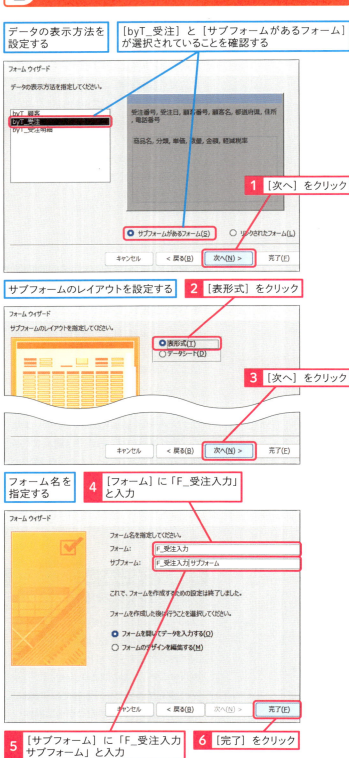

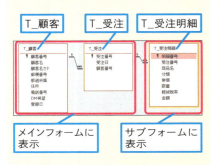

使いこなしのヒント

メインフォームに[byT_受注]を表示する

操作1の画面では、メインフォームに表示するテーブルを選択します。[byT_受注]を選択すると、[T_受注]テーブルがメインフォームに表示され、その子レコードとなる[T_受注明細]テーブルがサブフォームに表示されます。また、[T_受注]テーブルと結合する[T_顧客]テーブルは、メインフォームに表示されます。

使いこなしのヒント

2つのフォームが作成される

メインフォームとサブフォームは、別々のフォームとして保存します。メインフォームを開くとその中にサブフォームが表示されますが、サブフォームを単独で開くこともできます。

●表示を確認する

[フォームウィザード]が閉じてフォームビューが表示された

メインフォームとサブフォームが作成された

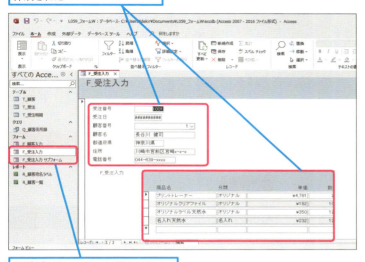

ナビゲーションウィンドウに2つのフォームが追加された

使いこなしのヒント
レイアウトの調整が必要

完成したフォームは、コントロールのサイズや位置など、レイアウトの調整が必要です。このあとのレッスンで調整します。

使いこなしのヒント
データシート形式でサブフォームを作成できる

手順2の操作2で[データシート]を選択すると、サブフォームがデータシートの形式で表示されます。テーブルのデータシートビューと同様にドラッグで列幅を変更できるので、レイアウトの調整が簡単です。ただし、あとから合計用のコントロールを追加するなど、細かいカスタマイズはできません。今回は[金額]フィールドの合計を表示するコントロールを追加したいので、[表形式]を選択しました。合計の計算方法は**レッスン62**で紹介します。

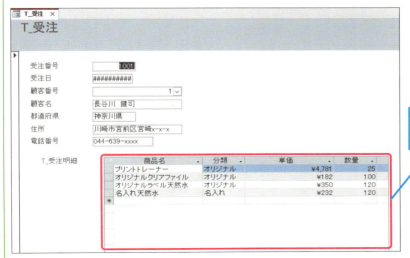

[データシート]を指定するとサブフォームがデータシート形式で表示される

59 フォームウィザード

243

レッスン 60 メインフォームのレイアウトを調整するには

コントロールの配置 | **練習用ファイル** L060_フォームレイアウト.accdb

レッスン59で作成したメイン／サブフォームのうち、メインフォームのレイアウトを調整します。デザインビューとレイアウトビューのどちらでも調整できますが、ここではデザインビューで調整する方法を紹介します。

キーワード	
コントロール	P.457
セクション	P.458
フォーム	P.459

メインフォームのコントロールの配置を調整する

Before

After

2つのフォームの位置やサイズが整えられた

1 メインフォームの位置とサイズを調整する

レッスン38を参考に［F_受注入力］をフォームのデザインビューで表示しておく

ラベルの文字とテキストボックスを近付ける

1 ラベルを囲むようにドラッグ

ここに注意

デザインビューに切り替えたときに、画面右に［フィールドリスト］が表示された場合は、［閉じる］をクリックして閉じてください。

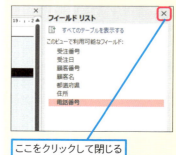

ここをクリックして閉じる

●ラベルのサイズを変更する

ラベルがまとめて選択された

2 サイズ変更ハンドルにマウスポインターを合わせる

マウスポインターの形が変わった

3 右にドラッグ

ラベルのサイズがまとめて変更された

4 ［顧客番号］をクリック

5 サイズ変更ハンドルにマウスポインターを合わせる

マウスポインターの形が変わった

6 左にドラッグ

サイズが縮小された

使いこなしのヒント
ドラッグでサイズを変更できる

デザインビューでコントロールを選択すると、周囲に7つのサイズ変更ハンドル■が表示されます。これをドラッグすると、サイズを変更できます。なお、コントロールレイアウトが適用されている場合、表示されるサイズ変更ハンドルは2つのみになります。

◆サイズ変更ハンドル

使いこなしのヒント
フォームビューで結果を確認しよう

デザインビューでコントロールのサイズを調整するときは、適宜フォームビューに切り替えて、データがバランスよく収まっているか確認しましょう。

使いこなしのヒント
選択したコントロールだけがサイズ調整される

第4章で作成した［F_顧客入力］フォームにはコントロールレイアウトが適用されていたので、複数のコントロールのサイズが連動しました。［F_受注入力］フォームにはコントロールレイアウトが適用されていないので、選択したコントロールだけがサイズ変更されます。

60 コントロールの配置

次のページに続く➡

●コントロールの横幅を揃える

［顧客番号］の横幅を基準とする

7 ［受注番号］［受注日］［顧客番号］を囲むようにドラッグして選択

8 ［配置］タブをクリック

9 ［サイズ/間隔］をクリック

10 ［広いコントロールに合わせる］をクリック

［顧客番号］を基準としてコントロールの横幅が統一された

コントロールをまとめて移動する

11 ［顧客名］［都道府県］［住所］［電話番号］を囲むようにドラッグして選択

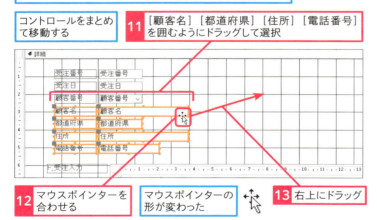

12 マウスポインターを合わせる

マウスポインターの形が変わった

13 右上にドラッグ

選択したコントロールがまとめて移動した

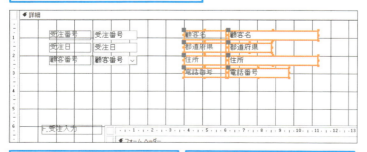

ヒントを参考に移動した4つのテキストボックスのサイズを整えておく

レッスン39を参考に4つのテキストボックスに色を付けておく

使いこなしのヒント
複数のコントロールの間隔を揃えるには

操作10のメニューから［左右の間隔を均等にする］や［上下の間隔を均等にする］を選択すると、複数のコントロールの間隔を揃えられます。

使いこなしのヒント
複数のコントロールの位置を揃えるには

複数のコントロールを選択して、［配置］タブの［配置］をクリックすると、［左］［右］［上］［下］などのメニュー項目が表示されます。例えば［左］をクリックすると、すべてのコントロールの左端の位置が、もっとも左にあるコントロールと同じ位置に揃います。

使いこなしのヒント
テキストボックスのサイズを整えておく

ここでは［顧客名］［都道府県］を［電話番号］のサイズに合わせ、［住所］の先端が17cmの目盛りに届くサイズに調整しています。

使いこなしのヒント
どうして色を付けるの？

［T_受注］テーブルと［T_顧客］テーブルにはリレーションシップが設定してあります。そのため、フォームで［顧客番号］を入力すると、対応する［顧客名］［都道府県］［住所］［電話番号］が［T_顧客］テーブルから自動表示されます。入力用のテキストボックスと区別できるように、表示用のテキストボックスに色を付けます。

入力用と区別のために色を付ける

2 サブフォームの位置とサイズを調整する

余計なコントロールを削除する

1 [F_受注入力] をクリック　**2** Delete キーを押す

[F_受注入力] が削除された　　サブフォームを移動する

3 サブフォームをクリック　　サブフォームが選択された

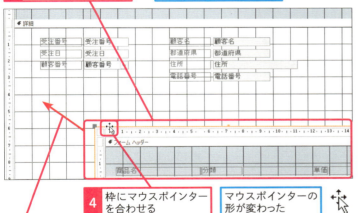

4 枠にマウスポインターを合わせる　　マウスポインターの形が変わった

5 左上にドラッグ

サブフォームが移動した

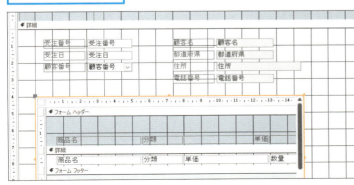

使いこなしのヒント
テキストボックスを単独で移動するには

デザインビューでテキストボックスをドラッグすると、ラベルも一緒に移動します。テキストボックスだけを移動したい場合は、左上の移動ハンドル■をドラッグします。
なお、コントロールレイアウトが適用されている場合、移動ハンドルは表示されず、常にラベルとテキストボックスが一緒に移動します。

●ラベルと一緒に移動

テキストボックスの境界線をドラッグすると、ラベルも一緒に移動する

●単独で移動

移動ハンドルをドラッグすると、テキストボックスだけが移動する

使いこなしのヒント
サブフォームの移動

サブフォームを1回クリックすると、サブフォーム全体が選択され、オレンジ色の枠で囲まれます。その状態で境界線をドラッグすると移動できます。

●サブフォームのサイズを調整する

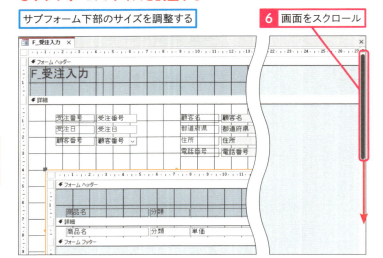

> ⚠ ここに注意
>
> サブフォームを誤って2回クリックすると、サブフォーム内のコントロールやセクションが選択されてしまいます。メインフォーム上をクリックするとサブフォーム内の選択を解除できるので、改めてサブフォームをクリックして選択し直してください。

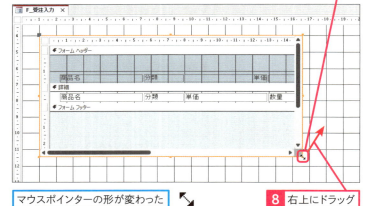

> 💡 使いこなしのヒント
>
> **サブフォームのサイズを確認しておこう**
>
> 次のレッスンでサブフォーム内のコントロールのレイアウトを調整します。調整の目安として、サブフォーム全体のおおよそのサイズを確認しておきましょう。本書のサンプルの場合、15.5cm程度の幅の中に配置すれば、フォームビューで余裕を持って全コントロールを表示できます。

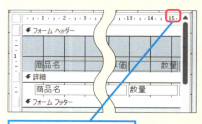

●フォーム全体の幅を調整する

| フォームの右端を表示する | [10] [フォームヘッダー] セクションの右端にマウスポインターを合わせる |

| マウスポインターの形が変わった | [11] 左にドラッグ |

| すべてのセクションの幅が変わった |

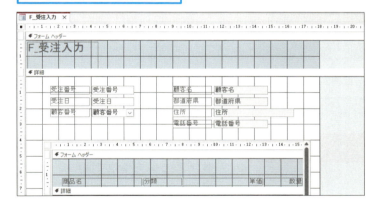

| レッスン38を参考に[フォームヘッダー]セクションとラベルの色を変更しておく | レッスン36を参考にラベルの文字を「受注入力」に変更しておく |

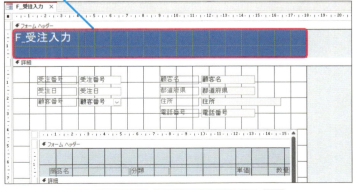

| [上書き保存]をクリックして上書き保存しておく | 保存後にフォームを閉じる |

使いこなしのヒント

フォーム内に無駄な余白がある場合は

デザインビューでフォームの右端と下端に空白の領域がある場合、Accessのウィンドウサイズによってはフォームビューで無駄なスクロールバーが表示されてしまうので、操作9〜11で空白の領域を削除しました。

使いこなしのヒント

サイズや位置を数値で指定するには

コントロールを選択して、[フォームデザイン]タブの[プロパティシート]をクリックすると、プロパティシートが表示されます。[書式]タブの[幅][高さ][上位置][左位置]でコントロールのサイズと位置を数値で指定できます。[上位置]はセクションの上端からコントロールの上端までのサイズ、[左位置]はフォームの左端からコントロールの左端までのサイズです。整数のサイズを入力しても、端数が付くことがあります。

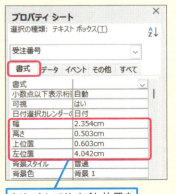

クリックしてサイズと位置を指定できる

60 コントロールの配置

249

レッスン 61 サブフォームのレイアウトを調整するには

サブフォームのコントロール | **練習用ファイル** L061_サブフォームレイアウト.accdb

メインフォームに続いて、サブフォームのレイアウトを調整しましょう。[表形式レイアウト] を設定してレイアウトの自動調整機能を利用しながら、メインフォームにきれいに収まるように調整します。

🔍 キーワード
コントロールレイアウト	P.458
サブフォーム	P.458
ルーラー	P.460

活用編 第7章 入力しやすいフォームを作るには

サブフォームのコントロールの配置を調整する

After

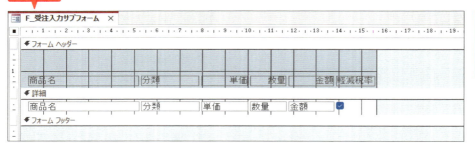

サブフォームに表形式レイアウトが適用され、コントロールやフォームのサイズが調整された

1 表形式レイアウトを適用する

サブフォームのデザインビューを表示する

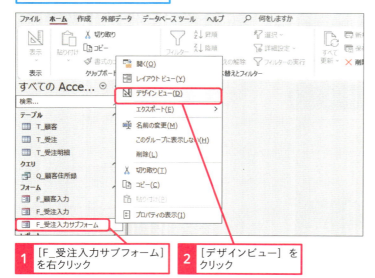

1 [F_受注入力サブフォーム] を右クリック
2 [デザインビュー] をクリック

💡 使いこなしのヒント
サブフォームを単独で開いて編集する

サブフォームのコントロールの編集は、メインフォームのデザインビューやレイアウトビューでも行えます。しかし、サブフォームを単独で開いて編集したほうが分かりやすく操作できるので、ここではサブフォームを開きます。

3 垂直ルーラーにマウスポインターを合わせる

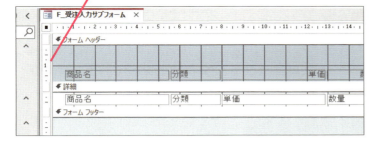

マウスポインターの形が変わった ➡ **4** 下にドラッグ

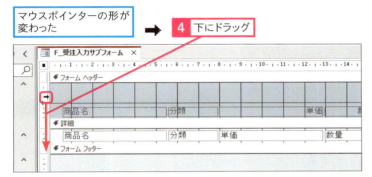

すべてのコントロールが選択された

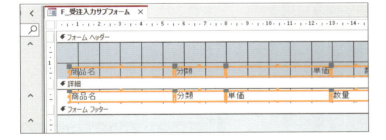

使いこなしのヒント
なぜサイズを調整するの?

このレッスンの目標は、サブフォームの全コントロールをおよそ15.5cmの幅に収めることです。15.5cmの根拠は、メインフォーム上のサブフォームの余裕を持ったサイズです。

スキルアップ
EdgeブラウザーコントロールにWebページを表示できる

Access 2024とMicrosoft 365のAccessには、新機能のEdgeブラウザーコントロールが追加されました。フォームにEdgeブラウザーコントロールを配置して、[コントロールソース]プロパティに「="https//xxx.xxx.xxx"」の形式でURLを設定すると、指定したURLのWebページをフォームに表示できます。

◆Edgeブラウザーコントロール

●表形式レイアウトを適用する

選択したコントロールに表形式レイアウトを適用する

5 [配置] タブをクリック

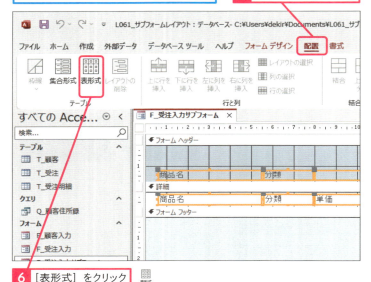

6 [表形式] をクリック

表形式レイアウトが適用された

選択を解除する

7 フォームの無地の部分をクリック

選択が解除された

使いこなしのヒント
画面を広く使うには

画面にフォームの横幅が収まらない場合は、186ページの使いこなしのヒントを参考にナビゲーションウィンドウを折り畳むと、操作画面を広げられます。

使いこなしのヒント
コントロールレイアウトを確認するには

コントロールレイアウト内のいずれかのコントロールをクリックして選択します。コントロールレイアウトが適用されている場合、全体が破線で囲まれ、左上に田が表示されます。

使いこなしのヒント
コントロールレイアウトを解除するには

コントロールレイアウト内のすべてのコントロールを選択し、[配置] タブの [レイアウトの削除] をクリックすると、コントロールレイアウトを解除できます。この操作はデザインビューのみで行えます。

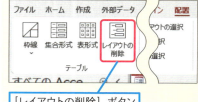

[レイアウトの削除] ボタン

2 コントロールやフォームのサイズを調整する

コントロールのサイズを調整する

① [単価] をクリック
② 右境界線にマウスポインターを合わせる

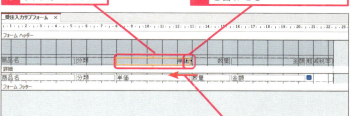

マウスポインターの形が変わった

③ 左にドラッグ

[単価] のテキストボックスとラベルの幅が狭くなった
その他のコントロールが自動でずれた

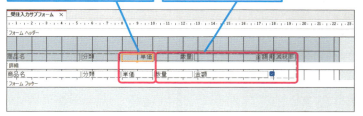

同様に各コントロールの幅を調整しておく

サブフォームの幅を調整する

④ サブフォームの右端にマウスポインターを合わせる

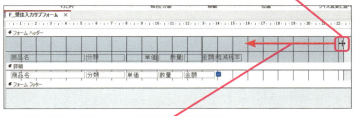

マウスポインターの形が変わった

⑤ 左にドラッグ

サブフォームの幅が縮まった　　[上書き保存] をクリックして上書き保存しておく

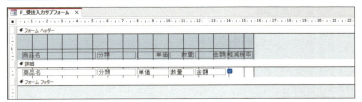

使いこなしのヒント
ルーラーでおおよそのサイズを確認しよう

デザインビューでレイアウトの調整をするメリットは、ルーラーとグリッド線でおおよそのサイズを確認できることです。手順2ではサブフォームの幅が15.5cmに収まるように配置しましょう。ただし、デザインビューではデータが表示されないので、適宜フォームビューに切り替えて、コントロールのサイズとデータのバランスも確認してください。

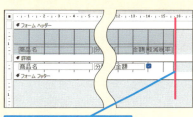

ルーラーで表のサイズを確認できる

使いこなしのヒント
メインフォームのフォームビューで確認するには

メインフォームのフォームビューで仕上がりを確認したいときは、サブフォームを上書き保存して閉じたうえでメインフォームを開いてください。

レッスン 62 金額の合計を表示するには

Sum関数　　練習用ファイル　L062_合計.accdb

サブフォームのフォームフッター領域に新しいテキストボックスを配置して、[金額] フィールドの合計を表示しましょう。フィールドの値を合計するには、テキストボックスの [コントロールソース] プロパティに「Sum関数」を設定します。

キーワード

関数	P.457
コントロールソース	P.458
プロパティシート	P.459

テキストボックスを配置して金額の合計を表示する

After

関数を利用してテキストボックスに金額の合計を表示する

1 テキストボックスとラベルを配置する

レッスン61を参考に [F_受注入力サブフォーム] のデザインビューを表示する

1 フォームフッターの下端にマウスポインターを合わせる

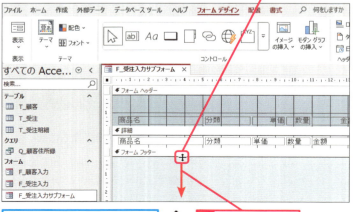

マウスポインターの形が変わった

2 下方向にドラッグ

使いこなしのヒント

フォームフッター領域を表示するには

フォームフッター領域が表示されていない場合でも、フォームフッターのセクションバーが表示されている場合、その下端を下方向にドラッグすると、フォームフッター領域を表示できます。セクションバーが表示されていない場合の表示方法は、375ページを参照してください。

● [コントロール] を利用する

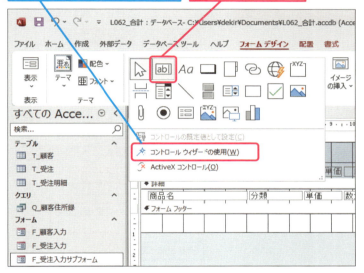

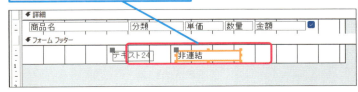

使いこなしのヒント
テキストボックスを配置するには

テキストボックスを配置するときは、マウスポインター⁺ab の「+」の位置を目安にします。「+」の位置にテキストボックスの先頭が配置され、その左にラベルが配置されます。

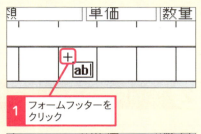

使いこなしのヒント
画面の幅によってボタンが変わる

Accessの画面の幅が狭い場合、操作3の [コントロール] は1つのボタンとして表示されます。

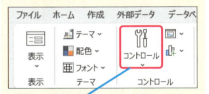

⚠ ここに注意

テキストボックスをフォームフッターの下端や左端の近くに配置すると、フォームの幅やセクションの高さが広がることがあります。テキストボックスの位置を調整したあと、フォームやセクションのサイズを再調整しましょう。

● テキストボックスとラベルの配置を整える

右のヒントを参考にテキストボックスと
ラベルの位置を調整しておく

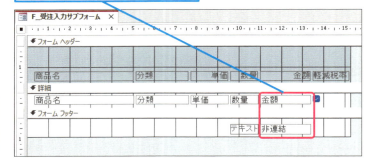

使いこなしのヒント

テキストボックスとラベルの位置を調整するには

フォームフッターに配置したテキストボックスと［金額］のテキストボックスを選択し、［配置］タブの［サイズ／間隔］ボタンと［配置］ボタンを使用すると、サイズと配置を簡単に揃えられます。ラベルも同様に［数量］のテキストボックスと揃えるといいでしょう。

1 2つのテキストボックスを選択

2 ［配置］タブの［サイズ／間隔］から［狭いコントロールに合わせる］を選択

サイズが揃った

3 ［配置］タブの［配置］から［右］を選択

配置が揃った

2 Sum関数を使用して合計する

ラベルに名前を入力する

1 ラベルに「合計」と入力　　**2** テキストボックスをクリック

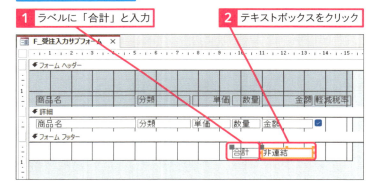

［プロパティシート］を表示する

3 ［フォームデザイン］タブをクリック　　**4** ［プロパティシート］をクリック

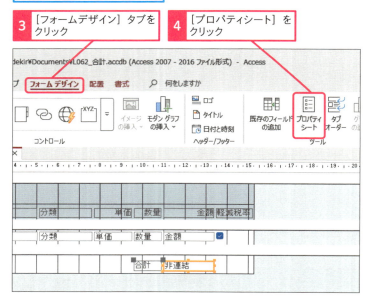

時短ワザ

ダブルクリックでも表示できる

操作2～4の代わりにテキストボックスをダブルクリックしても、プロパティシートを表示できます。

●[プロパティシート]を設定する

[プロパティシート]が表示された

関数を設定する

5 [データ]タブをクリック

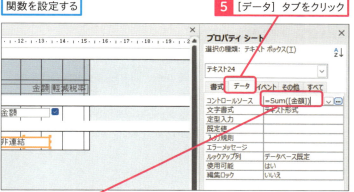

6 [コントロールソース]に「=Sum([金額])」と入力

関数が設定された

書式を設定する

7 [書式]タブをクリック

8 [書式]のここをクリック

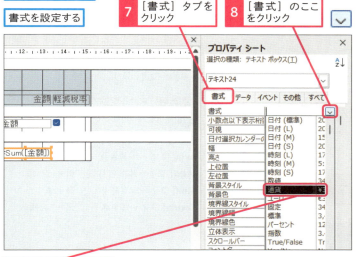

9 [通貨]をクリック

書式が設定された

10 ここをクリックしてプロパティシートを閉じておく

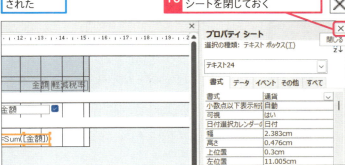

用語解説
Sum関数

Sum関数は、フィールドの合計を計算する関数です。「Sum([フィールド名])」の書式で使用します。

フィールドの合計を計算する
Sum([フィールド名])

使いこなしのヒント
広い画面で入力するには

[コントロールソース]プロパティの […] をクリックすると、[式ビルダー]が表示され、広い画面で式を入力できます。引数の「[金額]」はダブルクリックで入力できます。

1 式を入力

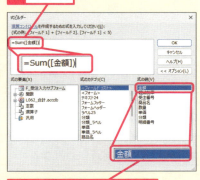

2 ここをダブルクリックすると「[金額]」を入力できる

用語解説
[書式]プロパティ

[書式]プロパティでは、テキストボックスに表示する値の表示形式を指定します。ここではSum関数の結果を通貨形式で表示します。

3 計算結果を確認する

フォームビューに切り替える　1 [表示] をクリック

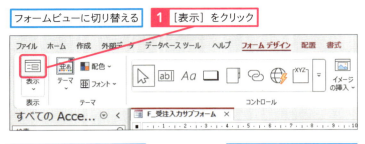

フォームビューが表示された　　通貨形式で表示されている

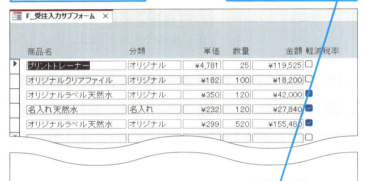

全レコードの合計が計算されている　　2 [上書き保存] をクリックして上書き保存する

フォームを閉じておく

メインフォームを確認する　3 [F_受注入力] をフォームビューで開く

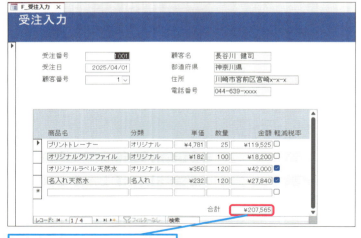

現在表示されているレコードだけの合計が表示される

使いこなしのヒント
全レコードの合計が表示される

Sum関数は、フォーム上に表示されているレコードを対象に合計を計算します。サブフォームのフォームビューでは [T_受注明細] テーブルの全レコードが表示されるので、全レコードの合計が計算されます。メインフォームを開いた場合は、メインフォームに表示されている受注番号の子レコードの合計が計算されます。

使いこなしのヒント
平均やデータの個数を求めるには

次表の関数を使うと、フォームやレポートに表示されているレコードの特定のフィールドの集計値を求めることができます。使い方はSum関数と同じで、引数にフィールド名を指定します。

●集計値を求める関数

関数	集計値
Sum([フィールド名])	合計
Avg([フィールド名])	平均
Max([フィールド名])	最大値
Min([フィールド名])	最小値
Count([フィールド名])	データの個数

使いこなしのヒント
スクロールバーが表示されることもある

レッスン60で調整したサブフォームのサイズや、このレッスンの手順1の操作2で広げたフォームフッターのサイズによっては、メインフォームの中のサブフォームに垂直スクロールバーが表示されることがありますが、そのまま進めて問題ありません。

スキルアップ

サブフォームに配置したコントロールの値をメインフォームに表示するには

サブフォームに配置したコントロールの値をメインフォームに表示するには、テキストボックスの［コントロールソース］プロパティに次の式を指定します。式の中にサブフォームのコントロール名を指定するので、あらかじめ分かりやすい名前を付けておきましょう。

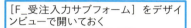

`=[ サブフォーム名 ].[Form]![ コントロール名 ]`

［F_受注入力サブフォーム］をデザインビューで開いておく

合計値のテキストボックスを選択してプロパティシートを表示しておく

1 ［その他］タブをクリック

2 ［名前］に「合計金額」と入力

3 Enter キーを押す

上書き保存してサブフォームを閉じておく

［F_受注入力］フォームをデザインビューで開いておく

レイアウトを調整してテキストボックスを追加しておく

4 ラベルに「請求金額」と入力

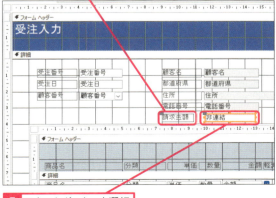

5 テキストボックスを選択

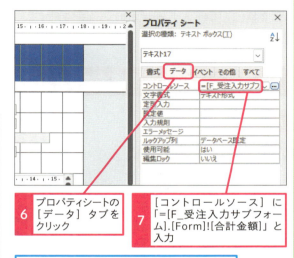

6 プロパティシートの［データ］タブをクリック

7 ［コントロールソース］に「=[F_受注入力サブフォーム].[Form]![合計金額]」と入力

257ページを参考に［書式］タブの［書式］で［通貨］を設定しておく

フォームビューに切り替える

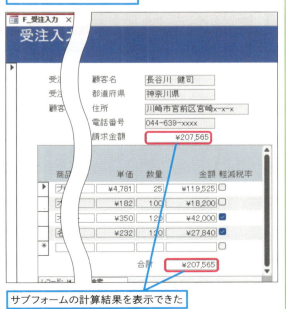

サブフォームの計算結果を表示できた

レッスン 63 テキストボックスに入力候補を表示するには

| コントロールの種類の変更 | 練習用ファイル | L063_種類変更.accdb |

サブフォームで［分類］フィールドを入力するときに、一覧リストから選択して入力できるようにします。テキストボックスをコンボボックスに変換し、リスト入力用のプロパティを設定する、という手順で操作を進めます。

キーワード

テーブル	P.458
フォーム	P.459
プロパティシート	P.459

活用編　第7章　入力しやすいフォームを作るには

入力候補をリストから選択できるようにする

［分類］の項目を複数の選択肢から選べるようにする

1 コンボボックスを設定する

レッスン61を参考に［F_受注入力サブフォーム］のデザインビューを表示する

テキストボックスの種類を変更する

1. ［分類］のテキストボックスを右クリック
2. ［コントロールの種類の変更］をクリック
3. ［コンボボックス］をクリック

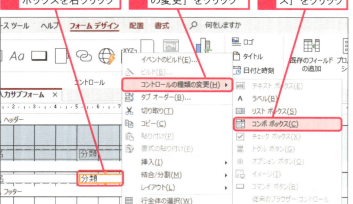

使いこなしのヒント
コントロールの種類を変更するには

［コントロールの種類の変更］を実行すると、テキストボックスを別のコントロールに変換できます。ここではコンボボックスに変換します。

用語解説
コンボボックス

「コンボボックス」は、テキストボックスと一覧リストを組み合わせた形状のコントロールです。テキストボックスに直接入力することも、リストから選択肢をクリックして入力することも可能です。

●[プロパティシート]を設定する

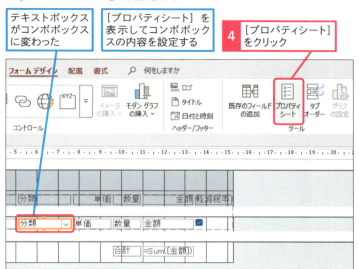

[プロパティシート]が表示された

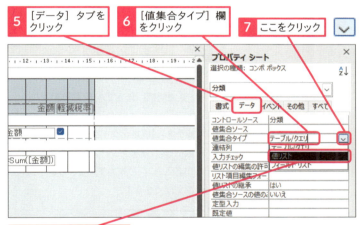

[値集合タイプ]が設定された

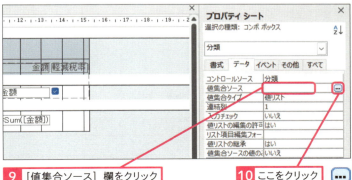

使いこなしのヒント
値集合タイプとは

[値集合タイプ]プロパティは、コンボボックスのリスト部分に表示する項目の種類を指定します。テーブルやクエリのデータを表示する場合は[テーブル／クエリ]を、表示する項目を自由に指定したい場合は[値リスト]を選択します。

使いこなしのヒント
値集合ソースに直接入力するには

[値集合ソース]プロパティでは、一覧リストに表示する項目の取得元を設定します。[値集合タイプ]で[値リスト]を選択した場合、表示項目をダブルクォーテーション「"」で囲み、セミコロン「;」で区切って指定します。

使いこなしのヒント
テーブルとフォームの設定の違いを確認しよう

レッスン56で紹介したように、テーブルのフィールドプロパティを使用してリスト入力を設定することもできます。テーブルで設定した場合、そのテーブルから作成したすべてのフォームでリスト入力を行えます。フォームで指定した場合はそのフォームだけでリスト入力を行えます。

次のページに続く➡

できる 261

●[リスト項目の編集] 画面で設定する

[リスト項目の編集] 画面が表示された

使いこなしのヒント
[リスト項目の編集] 画面で手軽に設定できる

[リスト項目の編集]画面を使用すると、[値集合ソース] プロパティを簡単に設定できます。1行に1項目ずつ入力すると、[値集合ソース] プロパティに「"項目1";"項目2";…」が設定されます。

コンボボックスに表示する項目を入力する

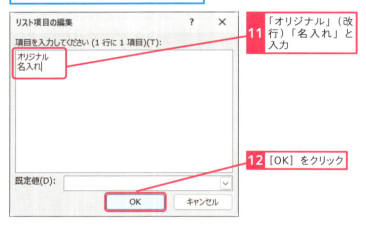

11 「オリジナル」（改行）「名入れ」と入力

12 [OK] をクリック

使いこなしのヒント
テーブルで指定するには

[T_受注明細] テーブルの [分類] フィールドで [表示コントロール] から [コンボボックス]、[値集合タイプ] から [値リスト] を選択し、[値集合ソース] に「"オリジナル";"名入れ"」と入力すると、リスト入力の設定ができます。

[値集合ソース]に「"オリジナル";"名入れ"」が設定された

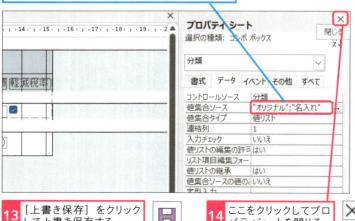

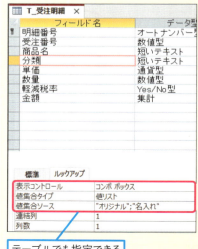

テーブルでも指定できる

13 [上書き保存] をクリックして上書き保存する

14 ここをクリックしてプロパティシートを閉じる

2 コンボボックスの表示を確認する

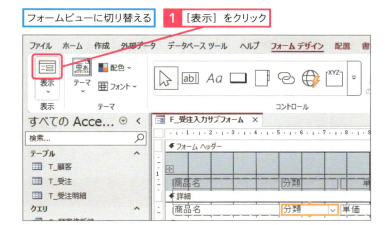

使いこなしのヒント
リストの下に表示される小さいボタンは何?

フォームビューでリストを開くと、その下に［リスト項目の編集］ボタン（ ）が表示されます。これをクリックすると、手順1の操作11のような［リスト項目の編集］画面が表示され、項目の編集を行えます。ユーザーに勝手にリスト項目を変えられると困る場合は、手順1の操作14の画面で［値リストの編集の許可］に［いいえ］を設定すると、［リスト項目の編集］ボタンを非表示にできます。

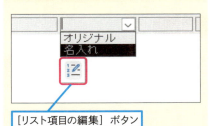

［リスト項目の編集］ボタン

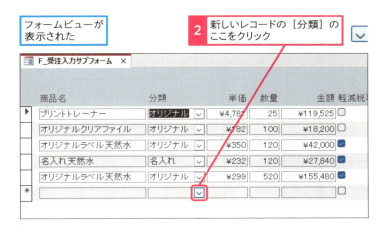

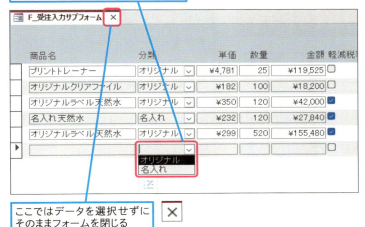

⚠ ここに注意
操作2でリストを表示したあと、項目をクリックして選択すると、新しいレコードが作成されてしまいます。その場合は、Escキーを押してレコードの作成をキャンセルしてください。

レッスン 64 入力時のカーソルの移動順を指定するには

タブオーダー、タブストップ　　練習用ファイル　L064_カーソル移動.accdb

フォームでデータを入力するときに Tab キーを押すと、次のコントロールにカーソルが移動します。この移動の順序は、[タブオーダー]画面で設定できます。上から下へ、左から右へと順序よく移動できるようにしましょう。

キーワード

テキストボックス	P.458
フォーム	P.459
プロパティシート	P.459

カーソルが表の左側から順に移動するようにする

サブフォームのカーソルが左側から順に移動するようになり、自動入力される項目にはカーソルが移動しないようにできる

カーソルが移動しない項目は背景をグレーにする

1 [タブオーダー]でタブの並び順を設定する

レッスン61を参考に[F_受注入力サブフォーム]のデザインビューを表示しておく

[タブオーダー]画面を表示する

用語解説

タブオーダー

「タブオーダー」とは、フォームビューで Tab キーや Enter キーを押したときのカーソルの移動の順序のことです。タブオーダーを順序よく設定することで、データを上から下へ、左から右へとスムーズに入力できます。

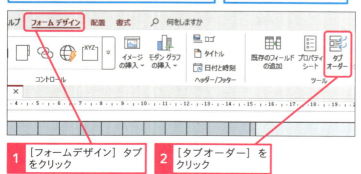

1 [フォームデザイン]タブをクリック

2 [タブオーダー]をクリック

●[タブオーダー]画面で操作する

[タブオーダー]画面が表示された

「分類、商品名、単価…」の順になっていることを確認

並び順をサブフォームの並び順に揃える

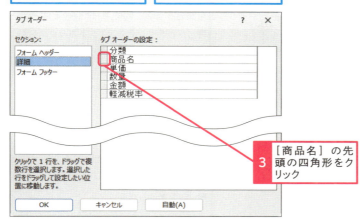

3 [商品名]の先頭の四角形をクリック

[商品名]が選択された

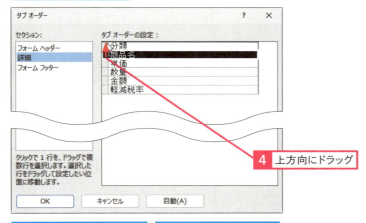

4 上方向にドラッグ

「商品名、分類、単価…」の順に並んだ

サブフォームの並び順に揃った

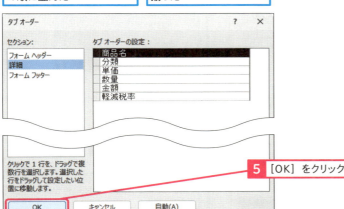

5 [OK]をクリック

使いこなしのヒント
タブオーダーはなぜ設定するの?

オートフォームやフォームウィザードでフォームを作成すると、タブオーダーは上から下へ、左から右へと自動で順序よく設定されます。この順序は、コントロールの移動や追加、変更などをしたときに、ばらばらになってしまうことがあります。サンプルではレッスン63でコントロールの種類を変えたタイミングで「分類、商品名、単価…」の順に変わってしまいました。このレッスンではその順序を「商品名、分類、単価…」に変更します。

●タブオーダー設定前の入力順

コントロールの種類を変えたため、カーソルの移動順がばらばらになっている

●タブオーダー設定後の入力順

カーソルの移動順を左から右に変更できた

時短ワザ
[自動]ボタンで設定できる

[タブオーダー]画面の下部にある[自動]ボタンをクリックすると、上から下、左から右の順になるように、タブオーダーが自動設定されます。

2 ［金額］にカーソルが移動しないようにする

［金額］は自動で計算される項目なのでカーソルが移動しないように設定したい

1 ［金額］のテキストボックスをクリック
2 ［フォームデザイン］タブをクリック
3 ［プロパティシート］をクリック

使いこなしのヒント
［タブストップ］でカーソルが移動しないように設定する

［タブストップ］プロパティに［いいえ］を設定すると、Tabキーや Enterキーを押したときに、そのテキストボックスを飛ばして、次のテキストボックスにカーソルが移動します。集計フィールドである［金額］欄は入力する必要がないので、カーソルが移動しないようにしました。

時短ワザ
ダブルクリックでプロパティ値を変更する

手順5～7の代わりに［タブストップ］欄をダブルクリックしても、設定を［いいえ］に変更できます。ダブルクリックするたびに［はい］と［いいえ］が入れ替わります。

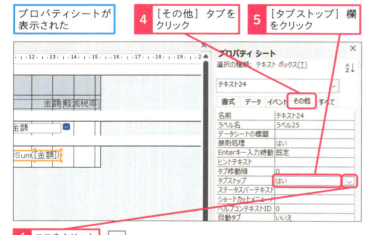

プロパティシートが表示された
4 ［その他］タブをクリック
5 ［タブストップ］欄をクリック
6 ここをクリック

使いこなしのヒント
テキストボックスの見た目に変化を付ける

次ページの操作9でテキストボックスに着色します。［金額］と［合計］のテキストボックスは、計算結果を表示する表示専用のテキストボックスのため、入力用のテキストボックスと区別できるようにグレーで着色しました。

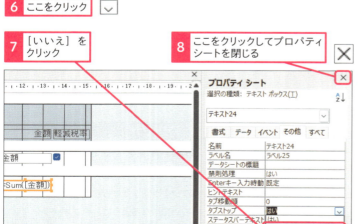

7 ［いいえ］をクリック
8 ここをクリックしてプロパティシートを閉じる

［白、背景1、黒+基本3 色5%］を設定する

● テキストボックスに着色する

[タブストップ]が設定された

9 レッスン39を参考に[金額]と[合計]のテキストボックスに色を付ける

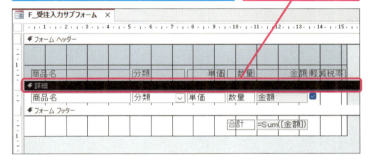

タブの移動しない[金額]のテキストボックスをより目立たせるために表の縞模様を解除する

10 [詳細]のセクションバーをクリック

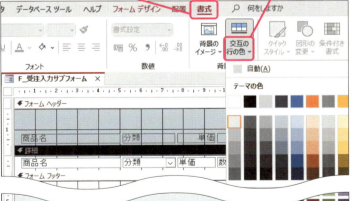

11 [書式]タブをクリック

12 [交互の行の色]のここをクリック

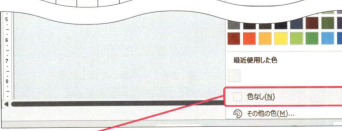

13 [色なし]をクリック　　表の縞模様が解除された

使いこなしのヒント
サブフォームを見やすく設定する

表形式のフォームには自動的に[交互の色の行]が設定され、縞模様になります。サブフォームを縞模様で表示すると、操作9で設定した色が分かりづらくなります。[交互の色の行]から[色なし]を選択すると、縞模様を解除できます。

● [交互の色の行] が設定されている

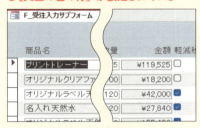

[内容]や[数量]の色を変更して[金額]などの色を目立たせたい

● [交互の色の行] を解除

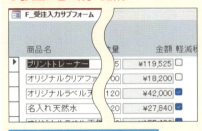

[商品名]や[数量]の色が[色なし]になり、[金額]の色が目立つようになった

使いこなしのヒント
フォームビューで設定結果を確認しよう

[交互の色の行]の設定を解除しても、デザインビューの見た目は変わりません。設定が解除された様子を確認するには、フォームビューに切り替えます。

3 カーソルの移動順を確認する

| フォームビューに切り替える | **1** [表示] をクリック |

| フォームビューで表示された | 縞模様が解除されている |

| [商品名] にカーソルがあることを確認 | **2** Tab キーを押す |

| [分類] にカーソルが移動した | **3** Tab キーを2回押す |

| [数量] にカーソルが移動した | **4** Tab キーを押す |

| [金額] を飛ばして [軽減税率] が選択された | フォームを閉じておく |

使いこなしのヒント

クリックすればカーソルを移動できる

[タブストップ] プロパティで [いいえ] を設定しても、フォームビューで [金額] のテキストボックスをクリックするとカーソルは移動します。そのため、テキストボックス内の金額を選択してコピーし、ほかで利用するなどの操作が可能です。

類	単価	数量	金額	軽減税
リジナル	¥4,781	25	¥119,525	□
リジナル	¥182	100	¥18,200	□
リジナル	¥350	120	¥42,000	☑
入れ	¥232	120	¥27,840	☑
リジナル	¥299	520	¥155,480	☑

項目をクリックしてカーソルを移動できる

使いこなしのヒント

計算結果のコントロールは編集できない

[金額] や [合計] のコントロールには数式が入っており、計算結果が表示されています。このため、テキストボックスをクリックして数値を編集しようとすると、ステータスバーに編集できない旨のメッセージが表示されます。

● [金額] を編集しようとした場合

● [合計] を編集しようとした場合

4 メインフォームのタブストップを設定する

[F_受注入力]をデザインビューで開く

[顧客名][都道府県][住所][電話番号]は自動で表示される項目なのでカーソルが移動しないように設定したい

1 [顧客名][都道府県][住所][電話番号]のテキストボックスをドラッグして選択

使いこなしのヒント
一側テーブルのデータにもカーソルが移動しないように設定する

メインフォームのフォームビューで[顧客番号]を入力すると、対応する[顧客名][都道府県][住所][電話番号]が[T_顧客]テーブルから自動表示されます。これらは入力の必要がないテキストボックスなので、カーソルが移動しないように[タブストップ]プロパティに[いいえ]を設定しました。

テキストボックスが選択された

2 [プロパティシート]をクリック

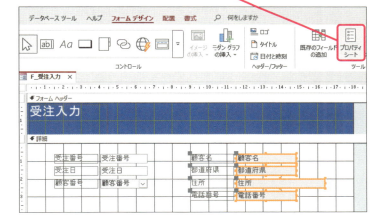

使いこなしのヒント
テキストボックスの編集を禁止するには

サブフォームの[金額]と[合計]のテキストボックスは、編集しようとしても編集できません。一方、メインフォームの[顧客名][都道府県][住所][電話番号]は、[タブストップ]プロパティを[いいえ]にしても、クリックして編集できます。編集結果は[T_顧客]テーブルに反映されます。編集できないようにする場合は、[編集ロック]プロパティに[はい]を設定します。そうすれば、誤って[T_顧客]テーブルのデータを書き換えてしまうことがなくなります。

3 手順2を参考に[タブストップ]プロパティで[いいえ]を設定

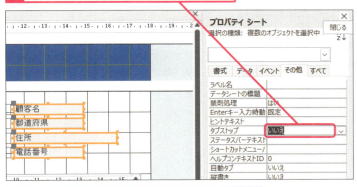

[上書き保存]をクリックして上書き保存しておく

フォームを閉じておく

テキストボックスを選択しておく

1 [データ]タブをクリック

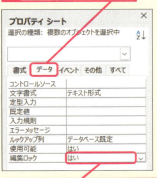

2 [編集ロック]で[はい]を設定

レッスン 65 メイン／サブフォームで入力するには

メイン／サブフォームでの入力 | **練習用ファイル** L065_2つのフォーム.accdb

この章で作成してきたメイン／サブフォームは、前レッスンでひと通り完成しました。ここでは完成したフォームに新規の受注データを入力します。リスト入力、タブオーダー、合計金額の計算などの設定効果を確認しながら入力しましょう。

キーワード

テーブル	P.458
メイン／サブフォーム	P.460
リレーションシップ	P.460

メイン／サブフォームの動作を確認しよう

Before: 空のレコードを確認する

After: データを入力しながらカーソルの移動やリストからの選択、計算結果などを確認する

1 メインフォームのデータを入力する

レッスン34を参考に［F_受注入力］をフォームビューで開く

メインフォームに新規レコードを入力する

1 ［新しい（空の）レコード］ボタンをクリック

使いこなしのヒント

移動ボタンは2つ表示される

メイン／サブフォームにはそれぞれに移動ボタンが表示されます。メインフォームのデータを切り替えるには、メインフォームの下端にある移動ボタンを使用します。

●新規レコードを入力する

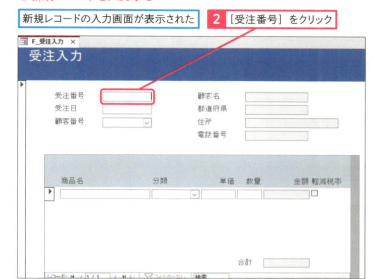

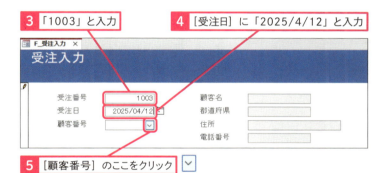

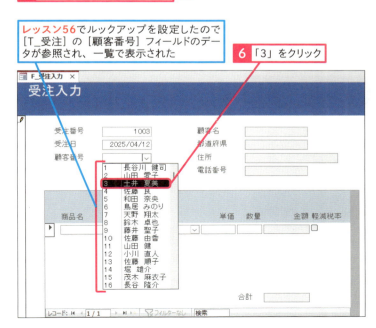

使いこなしのヒント
サブデータシートの入力と同じように入力する

レッスン55でサブデータシートを使用した受注データの入力を行いました。まず親レコードを入力し、次にサブデータシートで子レコードを入力しました。メイン/サブフォームでの入力の順序もそれと同じです。まず、メインフォームに親レコードを入力し、次にサブフォームで子レコードを入力してください。

使いこなしのヒント
テーブルの設定がフォームに継承する

レッスン56で[T_受注]テーブルの[顧客番号]フィールドにリスト入力を設定しました。その設定がフォームに引き継がれ、フォームでも顧客番号をリストから入力できます。

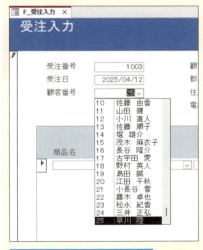

顧客番号に対応したリストを表示できる

● 自動表示された内容を確認する

顧客名、都道府県、住所、電話番号が自動表示された

[T_受注] の [顧客番号] フィールドのデータと一致している

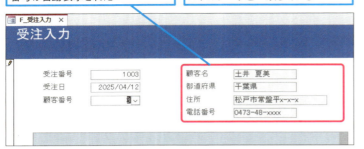

使いこなしのヒント
顧客情報が自動で表示される

[T_受注] テーブルと [T_顧客] テーブルにはリレーションシップが設定されています。そのため、フォームで [顧客番号] を入力すると、対応する [顧客名] [都道府県] [住所] [電話番号] が [T_顧客] テーブルから自動表示されます。

2 サブフォームのデータを入力する

続いてサブフォームにデータを入力する

1 [顧客番号] にカーソルがある状態で Tab キーを押す

サブフォームの [商品名] にカーソルが移動した

2 [商品名] [分類] [単価] [数量] を入力

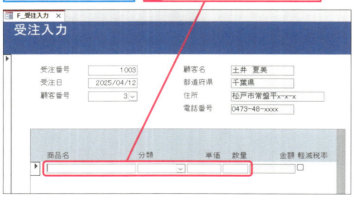

● 入力する内容

商品名	分類	単価	数量	軽減税率
プリントパーカー	オリジナル	6943	25	No

使いこなしのヒント
[タブオーダー] の設定内容を確認する

メインフォームをデザインビューで開き、[フォームデザイン]タブの[タブオーダー]をクリックすると、タブオーダーを確認できます。[タブストップ] を [いいえ] にした [顧客名] [都道府県] [住所] [電話番号] にはカーソルが移動しないので、[顧客番号] の入力後に Tab キーを押すと、カーソルはサブフォームに移動します。

受注番号、受注日、顧客番号の次に、カーソルがサブフォームに移動する

●金額を自動計算する

[商品名][分類][単価][数量]が入力された

3 Tab キーを押す

レッスン57で「単価×数量」の計算式を設定したので自動計算される

[軽減税率]が選択された

4 2行目と3行目のレコードを入力

●入力する内容

商品名	分類	単価	数量	軽減税率
名入れ天然水	名入れ	223	520	Yes
名入れメモ	名入れ	501	90	No

2行目と3行目のレコードが入力された

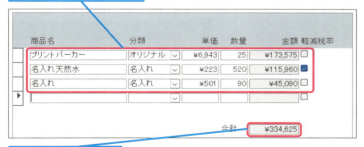

合計金額が計算された

レッスン62でSum関数を設定したので合計金額が自動計算される

フォームを閉じておく

⚠ ここに注意

メインフォームのレコードとサブフォームのレコードは、[受注番号]フィールドで結合します。サブフォームに[受注番号]を入力するコントロールはありませんが、メインフォームに入力した[受注番号]が自動で[T_受注明細]テーブルの[受注番号]フィールドに入力される仕組みになっています。サブフォームを先に入力してしまうと、[受注番号]フィールドが空になってしまうので、必ずメインフォームから入力してください。

⏱ 時短ワザ
Space キーでチェックを付ける

操作3でTabキーを押したあと、[軽減税率]が選択された状態でSpaceキーを押すと、チェックの有無を切り替えられます。キーボードから手を離すことなく素早く[軽減税率]を入力できるので便利です。

💡 使いこなしのヒント
合計が合わない場合は計算式を確認しよう

[金額]フィールドの合計の計算が合わない場合は、レッスン57で設定した[金額]フィールドの式（[単価]*[数量]）とレッスン62で設定した合計の式（=Sum([金額])）が正しく入力されているかどうか確認しましょう。

3 テーブルを確認する

入力した新規レコードの内容が[T_受注]に反映されているか確認する

レッスン11を参考に[T_受注]をデータシートビューで開いておく

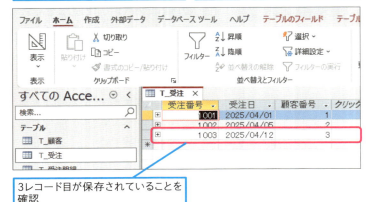

3レコード目が保存されていることを確認

1 3レコード目のここをクリック ➕

明細データが表示された

新規に3件追加されていることを確認

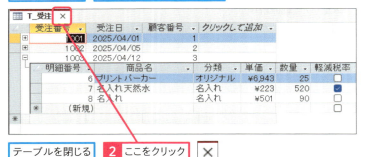

テーブルを閉じる **2** ここをクリック ✕

[T_受注]が閉じた

👍 スキルアップ
サブフォームの移動ボタンを非表示にするには

サブフォームのレコード数が増えると、自動で垂直スクロールバーが表示されます。スクロールバーを使えば隠れているレコードを表示できるので、移動ボタンがなくても差し支えありません。移動ボタンを非表示にしたい場合は、サブフォームのデザインビューを開きます。[フォームセレクター]をクリックしてフォーム全体を選択し、プロパティシートの[書式]タブの[移動ボタン]プロパティで[いいえ]を設定します。

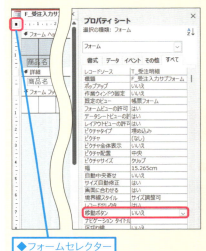

◆フォームセレクター

プロパティシートで移動ボタンを非表示にできる

💡 使いこなしのヒント
PDFを参考にレコードを入力しよう

第8章で使用する練習用サンプルには25件の受注データが入力されています。追加する受注データの内容は、練習用ファイルと一緒に提供されるPDFファイルに掲載しています。なお、[F_受注入力]フォームで受注データを入力したあとでフォームを開き直すと、レコードが受注番号順に表示されないことがあります。この不具合は、レッスン74で修正します。

👍 スキルアップ
オブジェクト同士の関係を調べるには

オブジェクト同士は、リレーションシップやフォーム／サブフォームなど、互いにさまざまな関係にあります。このため、オブジェクトを不用意に削除すると、ほかのオブジェクトに支障が出る場合があります。［オブジェクトの依存関係］という機能を使用すると、指定したオブジェクトに関係するオブジェクトを事前に確認できます。

●［T_顧客］に依存するオブジェクトを調べる

1 ［T_顧客］をクリック

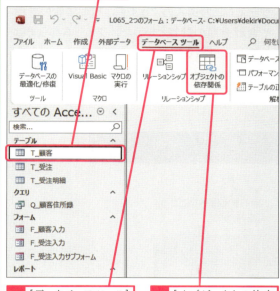

2 ［データベースツール］タブをクリック

3 ［オブジェクトの依存関係］をクリック

［このオブジェクトに依存するオブジェクト］が選択されていることを確認

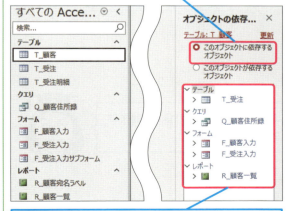

［T_顧客］テーブルから作成したオブジェクトやリレーションシップで結合するオブジェクトが一覧表示された

4 ［×］をクリックして閉じる

●［F_受注入力］が依存するオブジェクトを調べる

1 ［F_受注入力］をクリック

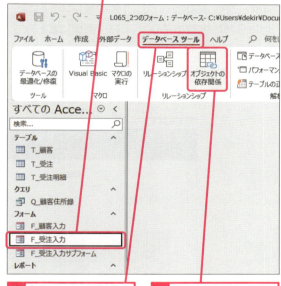

2 ［データベースツール］タブをクリック

3 ［オブジェクトの依存関係］をクリック

4 ［このオブジェクトが依存するオブジェクト］をクリック

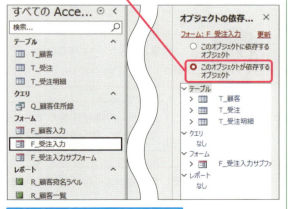

［F_受注入力］フォームの元になるオブジェクトなどが一覧表示された

5 ［×］をクリックして閉じる

この章のまとめ

入力ミスを減らせる工夫をしよう

データを複数のテーブルで管理するリレーショナルデータベースにおいて、1件の親レコードに紐付けられた複数の子レコードを1画面にまとめて表示する「メイン／サブフォーム」は、欠かせない入力画面です。一般的な受注伝票と同じ体裁なので、リレーションシップや親レコード／子レコードといった難しい概念を知らないユーザーでも迷わず入力できます。顧客情報の表示や合計金額の計算といった、フォームならではの機能も付けられます。ユーザーにとって見やすく使いやすい入力画面を作成できるのです。

この章は盛りだくさんでした…。
頭がパンクしちゃうかも。

フォームの機能は多彩ですからね。ひとつひとつはそれほど複雑ではないので、使いながら覚えていきましょう。

使いやすいフォームが完成して感動しました！

入力する人の立場で考えて、分かりやすくて間違いにくいフォームを作りましょう。色の使い方もポイントです！

活用編

第8章

複雑な条件のクエリを使いこなすには

クエリの機能は、第3章で紹介した抽出、並べ替え、計算にとどまりません。複数のテーブルのデータを1つの表にまとめたり、売上を年月ごとに集計したり、テーブルのデータを更新したりと多彩です。この章では、そのようなさまざまなクエリを紹介します。

66	用途に応じてクエリを使い分けよう	278
67	複数のテーブルのデータを一覧表示するには	280
68	受注ごとに合計金額を求めるには	286
69	特定のレコードを抽出して集計するには	292
70	年月ごとに金額を集計するには	296
71	年月ごと分類ごとの集計表を作成するには	300
72	取引実績のない顧客を抽出するには	306
73	テーブルのデータをまとめて更新するには	312
74	フォームの元になるクエリを修正するには	318

レッスン 66

Introduction この章で学ぶこと

用途に応じてクエリを使い分けよう

クエリには第3章で紹介した選択クエリのほかに、グループ集計を行う集計クエリ、二次元の集計表を作成するクロス集計クエリ、テーブルのデータをまとめて書き換える更新クエリなどがあります。この章では、実践で役立つさまざまなクエリを紹介します。

自由自在にデータを抽出しよう

リレーションシップは便利なんですけど…
今度はテーブルが複雑になってきました。

そんなときはクエリ！ 第3章で基本的な使い方を紹介しましたけど、この章ではクエリの真の実力を見せますよ！

グループごとに集計できる

クエリはリレーションシップに対応していて、複数のテーブルのレコードをまとめて表示できます。さらに、同じ内容のレコードをグループ化して集計できるんです♪

合計した内容をフィールドに表示できるんですね。
計算し直さなくていいから、すごく便利！

受注番号	受注日	顧客番号	顧客名	合計金額
1001	2025/04/01	1	長谷川 健司	¥207,565
1002	2025/04/05	2	山田 愛子	¥155,480
1003	2025/04/12	3	土井 夏美	¥334,625
1004	2025/04/22	4	佐藤 良	¥239,400
1005	2025/05/07	6	鳥居 みのり	¥137,725
1006	2025/05/10	1	長谷川 健司	¥61,475
1007	2025/05/10	7	天野 翔太	¥204,520
1008	2025/05/19	8	鈴木 卓也	¥453,600
1009	2025/05/23	4	佐藤 良	¥42,000
1010	2025/06/01	9	藤井 聖子	¥61,475
1011	2025/06/03	11	山田 健	¥120,000
1012	2025/06/09	1	長谷川 健司	¥159,700
1013	2025/06/13	12	小川 直人	¥82,075
1014	2025/06/25	13	佐藤 順子	¥645,120
1015	2025/07/01	14	堀 雄介	¥27,840
1016	2025/07/01	15	茂木 麻衣子	¥191,520

[受注番号][受注日][顧客番号][顧客名]が同じレコードの金額を合計して表示できる

クロス集計で見やすく表示！

さらに、クエリを使って「クロス集計」の表を作ることもできます。少し手間はかかりますけど、データがぐっと見やすくなりますよ。

これ、Excelでよく作るやつですね！データがきれいに並んでいて分かりやすいです！

年月	オリジナル	名入れ
2025/04	¥508,780	¥428,290
2025/05	¥694,800	¥204,520
2025/06	¥948,370	¥120,000
2025/07	¥1,093,375	¥177,300
2025/08	¥535,675	¥512,060

データをまとめて更新できる

そして、仕事に役立つ強力なテクニックも紹介します。「更新クエリ」を使って、テーブルのデータをまるっと全部、更新しちゃいましょう！

すごい、クエリで一括で更新できるんですね！使い方マスターしたいです！

明細番号	受注番号	商品名	分類	単価	数量	軽減税率	金額
11	1005	オリジナルクリアファイル	オリジナル	¥182	100	☐	¥18,200
12	1006	オリジナルフェイスタオル	オリジナル	¥2,459	25	☐	¥61,475
13	1007	名入れメモ	名入れ	¥397	360	☐	¥142,920
14	1007	名入れボールペン	名入れ	¥308	200	☐	¥61,600
15	1008	プリントTシャツ	オリジナル	¥1,512	300	☐	¥453,600
16	1009	オリジナルラベル天然水	オリジナル	¥350	120	☑	¥42,000
17	1010	オリジナルフェイスタオル	オリジナル	¥2,459	25	☐	¥61,475
24	1015	名入れ天然水	名入れ	¥262	120	☑	¥31,440
25	1016	オリジナルフェイスタオル	オリジナル	¥2,394	80	☐	¥191,520
26	1017	プリントパーカー	オリジナル	¥6,643	100	☐	¥664,300
27	1017	名入れボールペン	名入れ	¥335	100	☐	¥33,500
28	1018	オリジナルラベル天然水	オリジナル	¥329	520	☑	¥171,080
29	1019	オリジナルマフラータオル	オリジナル	¥3,283	25	☐	¥82,075
30	1020	名入れ天然水	名入れ	¥253	520	☑	¥131,560
31	1021	名入れ天然水	名入れ	¥253	520	☑	¥131,560
32	1021	名入れボールペン	名入れ	¥308	200	☐	¥61,600
33	1022	名入れボールペン	名入れ	¥308	200	☐	¥61,600
34	1023	プリントTシャツ	オリジナル	¥1,512	300	☐	¥453,600
35	1024	名入れボールペン	名入れ	¥335	100	☐	¥33,500

レッスン 67 複数のテーブルのデータを一覧表示するには

| リレーションシップの利用 | 練習用ファイル | L067_リレーションシップ.accdb |

クエリを使用すると、複数のテーブルのデータを1つの表にまとめて表示できます。ここでは［T_顧客］テーブル、［T_受注］テーブル、［T_受注明細］テーブルの3つのテーブルのデータを一覧表示するクエリを作成します。

キーワード

クエリ	P.457
テーブル	P.458
リレーションシップ	P.460

活用編 第8章 複雑な条件のクエリを使いこなすには

3つのテーブルのフィールドを組み合わせた表を作成する

3つのテーブルからフィールドを選んで組み合わせ、受注明細の一覧が表示できるクエリが作成された

1 複数のテーブルからクエリを作成する

ここでは3つのテーブル［T_顧客］［T_受注］［T_受注明細］からクエリを作成する

1 ［作成］タブをクリック
2 ［クエリデザイン］をクリック

使いこなしのヒント
テーブルの数が変わっても作成方法は同じ

クエリの作成方法は、テーブルが1つの場合も複数の場合も同じです。クエリのデザインビューにテーブルを追加し、追加したテーブルからフィールドを追加します。

●テーブルを追加する

| 新しいクエリが作成され、クエリの
デザインビューが表示された | [テーブルの追加]作業ウィンドウ
が表示された |

[テーブルの追加]作業ウィンドウから
フィールドを追加するテーブルを選択する

3 [T_顧客]をクリック

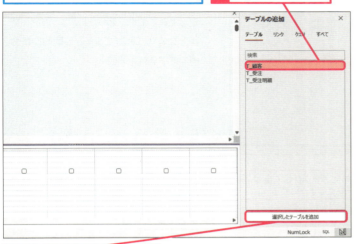

4 [選択したテーブルを追加]
をクリック

| クエリに[T_顧客]が
追加された | 同様の手順で[T_受注]と
[T_受注明細]を追加する |

 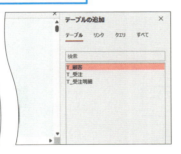

| クエリに[T_受注][T_受注明細]
が追加された | 作業ウィンドウを
閉じる |

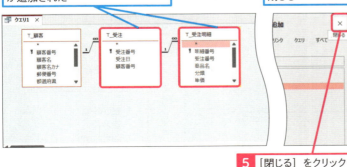

5 [閉じる]をクリック

時短ワザ
ダブルクリックでテーブルを追加できる

[テーブルの追加]作業ウィンドウでテーブルをダブルクリックする方法でも、クエリにテーブルを追加できます。

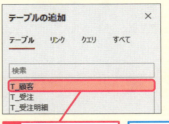

1 [T_顧客]をダブルクリック　　テーブルが追加される

使いこなしのヒント
複数テーブルを追加するには

複数のテーブルを選択して[選択したテーブルを追加]をクリックすると、まとめて追加できます。離れた位置にあるテーブルを選択する場合は、1つ目のテーブルをクリックし、Ctrlキーを押しながら別のテーブルを順にクリックします。連続する位置にあるテーブルを選択する場合は、先頭のテーブルをクリックし、Shiftキーを押しながら最後のテーブルをクリックします。

使いこなしのヒント
クエリからクエリを作成できる

クエリを元に新しいクエリを作成することもできます。[テーブルの追加]作業ウィンドウで[クエリ]をクリックしてクエリの一覧を表示し、新規のクエリに追加します。

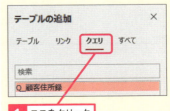

1 ここをクリック

● 表示を調整する

作業ウィンドウが閉じた

3つのテーブルがリレーションシップの結合線で結ばれている

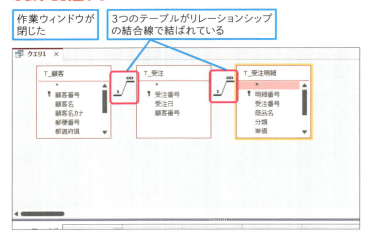

使いこなしのヒント
テーブルをクエリに追加すると結合線が表示される

[T_顧客]、[T_受注]、[T_受注明細]の3つのテーブルにはリレーションシップが設定してあります。そのため、3つのテーブルをクエリに追加すると、自動的に結合線が表示されます。

6 フィールドリストの下端にマウスポインターを合わせる

7 下方向にドラッグして全フィールドが見えるようにする

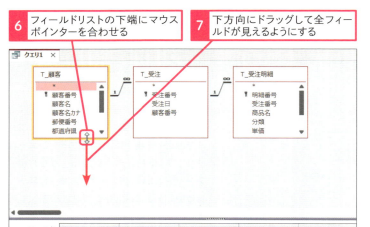

使いこなしのヒント
テーブルを間違って追加したときは

フィールドリストをクリックして選択し、Deleteキーを押すと、クエリからフィールドリストを削除できます。

同様に[T_受注明細]も全フィールドが見えるようにする

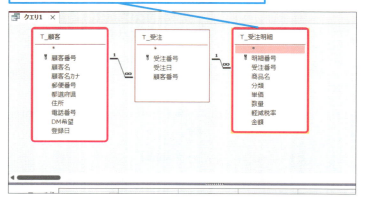

使いこなしのヒント
フィールドリストを移動するには

フィールドリストのタイトルバーをドラッグすると、フィールドリストを好きな位置に移動できます。

1 ここをドラッグ

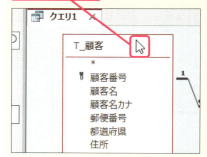

2 クエリに表示するフィールドを指定する

[T_受注]の[受注番号]フィールドを追加する

1 [受注番号]にマウスポインターを合わせる
2 [フィールド]欄にドラッグ

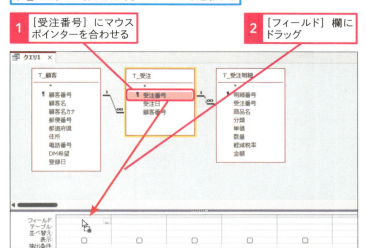

[受注番号]フィールドが追加された

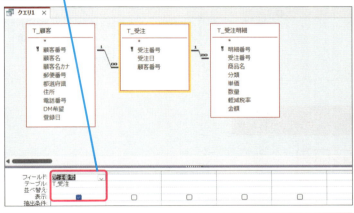

3 同様に[T_受注]から[受注日][顧客番号]、[T_顧客]から[顧客名]、[T_受注明細]から[商品名][単価][数量][金額][軽減税率]を追加する

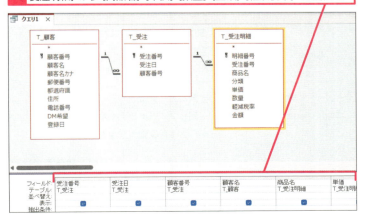

使いこなしのヒント

クエリに追加するフィールドを確認しよう

操作1〜3では、下表のフィールドを設定します。

テーブル	フィールド	並べ替え
T_受注	受注番号	昇順
T_受注	受注日	
T_受注	顧客番号	
T_顧客	顧客名	
T_受注明細	商品名	
T_受注明細	単価	
T_受注明細	数量	
T_受注明細	金額	
T_受注明細	軽減税率	

時短ワザ

テーブルの全フィールドをまとめて追加するには

フィールドリストのタイトル部分をダブルクリックすると、全フィールドが選択されます。その状態で[フィールド]欄までドラッグすると、全フィールドをまとめて追加できます。

1 ここをダブルクリック

ドラッグすると全フィールドをまとめて追加できる

●フィールドの並べ替えを設定する

4 [受注番号] の [並べ替え] 欄をクリック
5 ここをクリック

6 [昇順] をクリック

[受注番号] の [並べ替え] に [昇順] が設定された

3 クエリを実行して保存する

クエリを実行してフィールドの表示を確認する
1 [クエリデザイン] タブをクリック

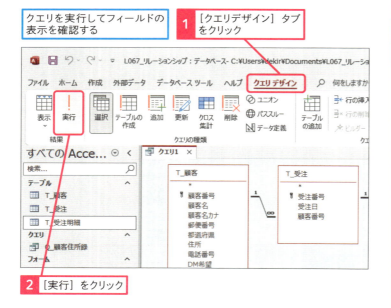

2 [実行] をクリック

使いこなしのヒント

先頭に表示される「*」は何?

フィールドリストの先頭にある [*] を [フィールド] 欄に追加すると、テーブルの全フィールドをデータシートビューに表示できます。抽出や並べ替えのフィールドは別途追加し、非表示にしておきます。

1 [*] を [フィールド] にドラッグ

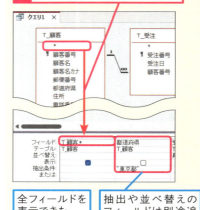

全フィールドを表示できた | 抽出や並べ替えのフィールドは別途追加して非表示にする

用語解説

自動結合

テーブル間にリレーションシップが設定されていない場合でも、次の条件を満たせば、クエリにテーブルを追加したときに自動的に結合線で結ばれます。この機能を「自動結合」と呼びます。

・同じフィールド名
・同じデータ型
・同じフィールドサイズ (数値型の場合)
・一方または両方が主キー

なお、オートナンバー型と数値型では、フィールドサイズが同じ長整数型の場合に自動結合されます。

● 実行結果を確認する

| データシートビューが表示され、クエリの実行結果が表示された | 3つのテーブルから指定したフィールドが表示された |

| 名前を付けて保存する | 4 [上書き保存]をクリック |

[名前を付けて保存]画面が表示された

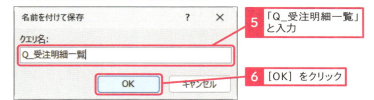

| 5 「Q_受注明細一覧」と入力 |
| 6 [OK]をクリック |

| クエリが保存された | タブにクエリ名が表示された |

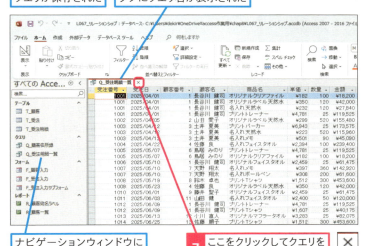

| ナビゲーションウィンドウにクエリ名が表示された | 7 ここをクリックしてクエリを閉じる |

使いこなしのヒント

1つのレコードとして表示される

リレーションシップを設定した複数のテーブルを元にクエリを作成すると、各テーブルから結合フィールドの値が同じレコード同士が結合して、1つのレコードとして表示されます。

スキルアップ

クエリのデザインビューでテーブルを結合するには

クエリに複数のテーブルを追加したときに自動結合しない場合は、結合フィールドをドラッグすると結合できます。以下の例では、[T_顧客]テーブルと[T_都道府県]テーブルを[都道府県]フィールドで結合しています。2つの[都道府県]フィールドはどちらも主キーではないので、フィールド名は同じですが自動結合しません。

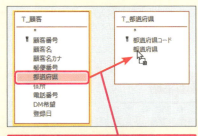

1 [T_顧客]の[都道府県]を[T_都道府県]の[都道府県]までドラッグ

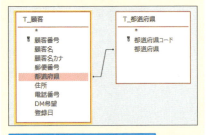

2つのテーブルが[都道府県]フィールドで結合した

67 リレーションシップの利用

レッスン 68 受注ごとに合計金額を求めるには

グループ集計　　　**練習用ファイル** L068_グループ集計.accdb

クエリでは「グループ集計」も行えます。グループ集計のポイントは、グループ化するフィールドと集計するフィールドを設定することです。ここでは［受注番号］や［顧客名］をグループ化し、［金額］を集計して、受注ごとの合計金額を求めます。

キーワード

グループ集計	P.457
選択クエリ	P.458
フィールド	P.459

活用編　第8章　複雑な条件のクエリを使いこなすには

受注番号ごとに金額を合計する

Before

同じ受注番号、受注日、顧客番号、顧客名のレコードが複数件ずつ表示されている

After

同じ受注番号、受注日、顧客番号、顧客名のレコードを1つにまとめて金額を合計できた

1 表示するフィールドを指定する

レッスン67を参考に新しいクエリを作成し、[T_顧客] [T_受注] [T_受注明細] テーブルを追加しておく

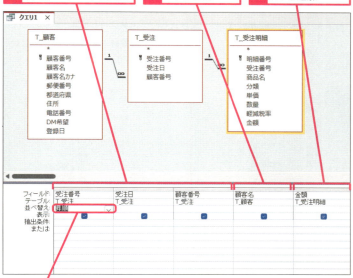

1 [T_受注] から [受注番号] [受注日] [顧客番号] フィールドを追加
2 [T_顧客] から [顧客名] フィールドを追加
3 [T_受注明細] から [金額] フィールドを追加
4 [受注番号] の [並べ替え] 欄で [昇順] を選択

クエリの実行結果を確認する

5 [クエリデザイン] タブをクリック

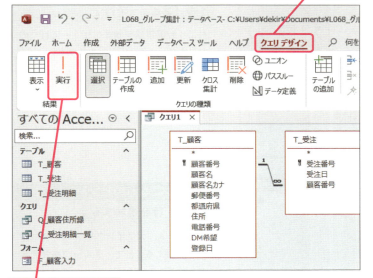

6 [実行] をクリック

使いこなしのヒント
クエリに追加するフィールドを確認しよう

操作1〜4では、下表のフィールドを設定します。

テーブル	フィールド	並べ替え
T_受注	受注番号	昇順
T_受注	受注日	
T_受注	顧客番号	
T_顧客	顧客名	
T_受注明細	金額	

用語解説
集計クエリ

特定のグループごとに集計を行うクエリを「集計クエリ」と呼びます。クエリにはさまざまな種類がありますが、集計クエリは選択クエリの一種です。

用語解説
グループ集計

「グループ集計」とは、特定のフィールドをグループ化して、別のフィールドを集計することです。また、「グループ化」とは、同じデータを1つにまとめることです。グループ化するフィールドや集計するフィールドはそれぞれ複数指定できます。下図では [ID] と [顧客名] をグループ化して [金額] を合計しています。

ID	顧客名	金額
1	佐藤	100
1	佐藤	50
2	五十嵐	400
3	松	200
3	松	100
3	松	70

↓ グループ化する

ID	顧客名	金額
1	佐藤	150
2	五十嵐	400
3	松	370

● 実行結果を確認する

| データシートビューが表示され、クエリの実行結果が表示された |

| 同じ受注番号のレコードが複数ずつ存在している | 同じ受注番号のレコードは金額を合計してまとめられるようにクエリを修正する |

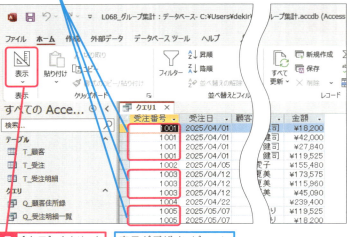

7 [表示] をクリック　　表示がデザインビューに戻る

使いこなしのヒント
集計前の状態を確認する

慣れないうちは、集計の設定を行う前にデータシートビューに切り替えて、集計前のデータを確認しておくといいでしょう。グループ化するフィールドと集計するフィールドのイメージをつかめます。慣れてきたら、データシートビューに切り替えずに、そのまま集計の設定をしてもかまいません。

グループ化するフィールド　　集計するフィールド

2 集計の設定を行う

1 [クエリデザイン] タブをクリック　　**2** [集計] をクリック

| デザイングリッドに [集計] 行が追加された | 最初は全フィールドに [グループ化] と表示されている |

3 [金額] の [集計] 欄をクリック

使いこなしのヒント
クエリの編集はデザインビューで行う

クエリの編集はデザインビューで行うので [表示] をクリックしてデザインビューに切り替えます。

使いこなしのヒント
[集計] 行を追加する

クエリでは、デザイングリッドに [集計] 行を追加することで、グループ集計の設定を行えます。[集計] 行の初期値は [グループ化] です。

● [集計] に [合計] を設定する

ここでは受注番号ごとに金額の合計を求める

4 ここをクリック

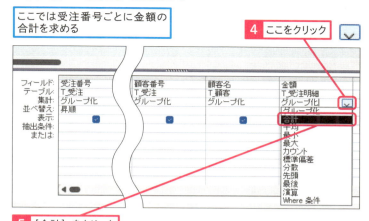

5 [合計] をクリック

[金額] の [集計] 欄に [合計] が設定された

フィールド名を変える

6 [フィールド] 欄の「金額」をクリック

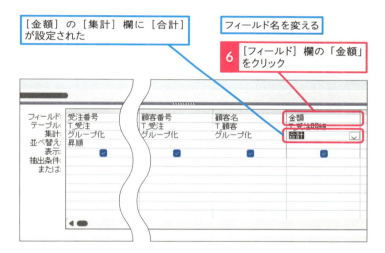

7 「金額」の前に「合計金額:」と入力

フィールド名が「合計金額: 金額」となった

使いこなしのヒント
[集計] の種類を確認しよう

[集計] 行の一覧から [合計] [平均] [最小] [最大] [カウント] などの集計の種類を選ぶと、集計が行えます。なお、一覧の末尾にある [演算] は、Sum関数などを使用した演算フィールドを設定するときに使用します。また、[Where条件] の使い方はレッスン69で解説します。

使いこなしのヒント
集計するフィールドのフィールド名を変更するには

[金額] フィールドにフィールド名を付けずにクエリを実行すると、「金額の合計」のようなフィールド名が自動設定されます。別名を付けたい場合は、操作7のように「別名:フィールド名」の形で設定してください。コロン「:」は半角です。

使いこなしのヒント
クエリの種類を確認するには

作成しているクエリの種類は、[クエリデザイン] タブの [クエリの種類] 欄で確認できます。集計クエリは選択クエリの仲間なので、[選択] がオンになります。

オンの状態になっている

3 集計クエリの実行結果を確認する

集計クエリが正しく実行されるか確認する

1 [クエリデザイン] タブをクリック

2 [実行] をクリック

データシートビューが表示され、クエリの実行結果が表示された

受注番号ごとに金額が合計された

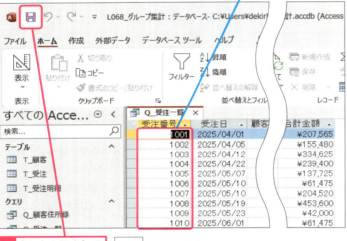

3 [上書き保存] をクリック

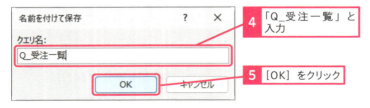

4 「Q_受注一覧」と入力

5 [OK] をクリック

クエリが保存された

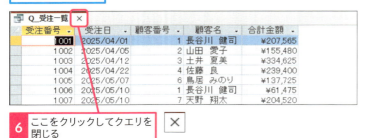

6 ここをクリックしてクエリを閉じる

使いこなしのヒント
集計を解除するには

集計を解除して286ページのBeforeの状態に戻すには、デザインビューで [クエリデザイン] タブの [集計] をクリックして [集計] 行を非表示にします。

ここに注意

一般的な選択クエリは、データシートビューでデータの編集が可能です。しかし集計クエリはデータの編集を行えません。新しいレコードを追加したり、レコードを削除したりすることもできません。

使いこなしのヒント
段階別にグループ集計できる

グループ化する複数のフィールドにそれぞれ異なるデータが入力されている場合、段階別の集計になります。例えば、[地区] と [支店] をグループ化して集計する場合、地区別支店別という段階別の集計になります。

地区	支店	売上
東日本	東京	200
西日本	大阪	100
東日本	仙台	120
東日本	東京	220
西日本	福岡	150
西日本	大阪	200

↓ グループ集計すると地区別支店別に集計される

地区	支店	売上
東日本	東京	420
東日本	仙台	120
西日本	大阪	300
西日本	福岡	150

使いこなしのヒント
演算フィールドで集計するには

集計クエリでは、式に対して［合計］を設定することもできます。以下では、［分類］フィールドごとに「単価×数量」を合計しています。本書では「単価×数量」をテーブル内で計算しましたが、［単価］と［数量］が別テーブルにある場合、このように掛け算と集計をまとめて指定できるので便利です。なお、このクエリを保存して開き直すと、式が自動で「合計金額: Sum([単価]*[数量])」に変わり、［集計］行が［合計］から［演算］に変わります。

●新規クエリを作成する

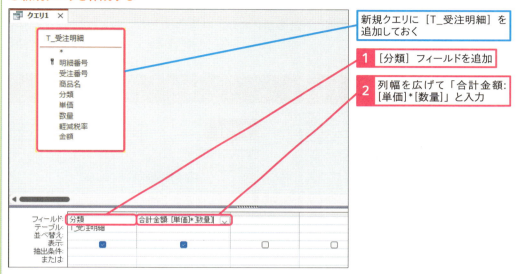

新規クエリに［T_受注明細］を追加しておく

1 ［分類］フィールドを追加

2 列幅を広げて「合計金額: [単価]*[数量]」と入力

●［集計］行を追加する

［クエリデザイン］タブの［集計］をクリックして［集計］行を追加しておく

3 ［合計金額］フィールドで［合計］を選択

●クエリを実行する

4 ［クエリデザイン］タブの［実行］をクリック

分類ごとの合計金額を求められた

クエリを保存して開き直しておく

Sum関数が設定された

［演算］に変わった

レッスン 69 特定のレコードを抽出して集計するには

Where条件　　練習用ファイル　L069_特定レコード抽出.accdb

集計クエリで［Where条件］を指定すると、特定の条件に合致するレコードを抽出し、その抽出結果を対象に集計を行えます。ここでは4月から6月までのレコードを抽出して顧客別に合計金額を求めます。

キーワード
Between And演算子	P.456
Where条件	P.456
選択クエリ	P.458

必要なデータを抽出してから集計する

Before：［受注日］が「2025/4/1 ～ 2025/6/30」の受注データが抽出されている

After：抽出したレコードを集計できた

1 選択クエリを作成する

レッスン67を参考に新しいクエリを作成し、［T_顧客］［T_受注］［T_受注明細］テーブルを追加しておく

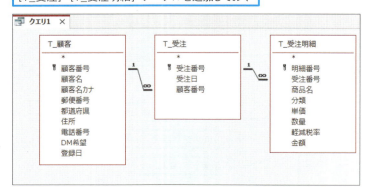

使いこなしのヒント
クエリに追加するフィールドを確認しよう

操作1～4では、下表のフィールドを設定します。

テーブル	フィールド	並べ替え
T_顧客	顧客番号	昇順
T_顧客	顧客名	
T_受注明細	金額	
T_受注	受注日	

● クエリにフィールドを追加する

フィールドを追加する

1 [T_顧客] から [顧客番号] [顧客名] フィールドを追加
2 [T_受注明細] から [金額] フィールドを追加
3 [T_受注] から [受注日] フィールドを追加

4 [顧客番号] の [並べ替え] 欄で [昇順] を選択

レッスン25を参考に [受注日] フィールドの幅を広げておく

ここでは [受注日] フィールドに「2025/4/1 〜 2025/6/30」が入力されているレコードを抽出する

5 [受注日] フィールドの [抽出条件] に「Between 2025/4/1 And 2025/6/30」と入力
6 Enter キーを押す

抽出条件が設定された

2 選択クエリの実行結果を確認する

クエリの実行結果を確認する

1 [クエリデザイン] タブをクリック

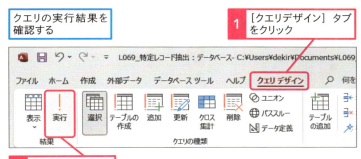

2 [実行] をクリック

用語解説

Between And演算子

Between And演算子は、「○○から△△まで」という条件を表します。[抽出条件] 欄に「Between 2025/4/1 And 2025/6/30」と入力してEnterキーを押すと、自動で「Between #2025/04/01# And #2025/06/30#」に変わります。入力するときは列幅を広げてください。

使いこなしのヒント

長い抽出条件を見やすく入力するには

長い抽出条件を入力するときは、[ズーム] 画面を使用すると便利です。[抽出条件] 欄をクリックして Shift + F2 キーを押すと [ズーム] 画面が開き、広い画面で入力できます。[フォント] ボタンをクリックして、フォントサイズを変更することも可能です。

1 抽出条件を入力

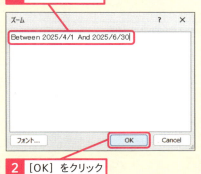

2 [OK] をクリック

●実行結果を確認する

| データシートビューでクエリの実行結果が表示された |
| [受注日] が「2025/4/1 ～ 2025/6/30」の受注データが抽出された |

同じ顧客番号のレコードに異なる金額、受注日が表示されている

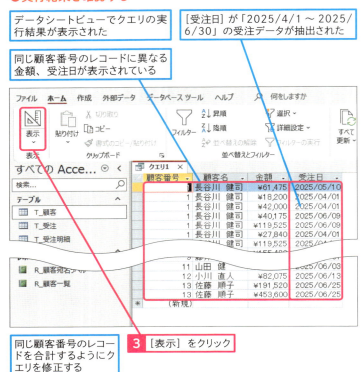

同じ顧客番号のレコードを合計するようにクエリを修正する

3 [表示] をクリック

3 集計の設定を行う

| デザインビューが表示された |
| **1** [クエリデザイン] タブをクリック |
| **2** [集計] をクリック |

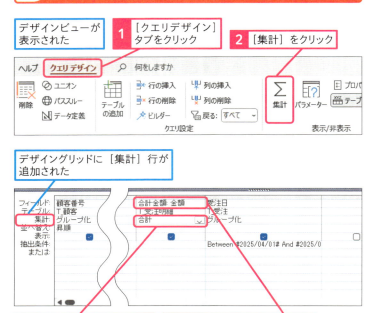

デザイングリッドに [集計] 行が追加された

3 ここをクリックして [合計] を選択

4 レッスン68を参考に「合計金額: 金額」とする

使いこなしのヒント

[受注日] のフィールドは抽出にのみ使う

このレッスンのグループ集計では、[顧客番号] と [顧客名] が同じ値のレコードをグループ化して、グループごとに [金額] フィールドを合計します。[受注日] は抽出対象としてだけに使用するフィールドで、グループ化や集計の対象ではありません。このことを確認しておきましょう。

| グループ化するフィールド | 集計するフィールド | 抽出対象のフィールド |

使いこなしのヒント

グループ化や集計の列に抽出条件を指定するには

グループ化や集計を行うフィールド自体に抽出条件を設定する場合は、単純にそのフィールドの [抽出条件] 行に条件を入力します。以下では、金額の合計が20万円以上のレコードを抽出します。

1 [金額] フィールドの [集計] 行で [合計] を選択

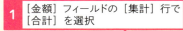

2 [抽出条件] 行に「>=200000」と入力

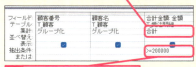

20万円以上のレコードのみが表示された

●Where条件を指定する

［集計］の条件を設定する

5 ［受注日］フィールドの［集計］欄をクリックして［Where条件］を選択

［集計］に［Where条件］が設定された

自動で［表示］のチェックが外れる

4 集計クエリの実行結果を確認する

集計クエリが正しく実行されるか確認する

1 ［クエリデザイン］タブをクリック

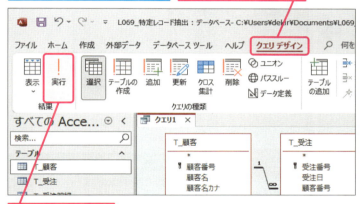

2 ［実行］をクリック

データシートビューが表示され、クエリの実行結果が表示された

顧客ごとに金額が合計された

［受注日］が非表示になった

レッスン21を参考に「Q_金額集計_顧客別_4-6月」の名前でクエリを保存して閉じておく

用語解説

Where条件

「Where条件」は、グループ化や集計を行う以外のフィールドに抽出条件を設定するための項目です。集計対象のレコードを抽出するために使用します。［集計］行で［Where条件］を設定すると、自動的に［表示］のチェックマークが外れます。そのため［Where条件］を設定したフィールドは、データシートビューに表示されません。

スキルアップ

顧客名と金額だけ表示するクエリを作成するには

［顧客名］を含む［T_顧客］テーブルと［金額］を含む［T_受注明細］テーブルは、直接結ばれません。［顧客名］と［金額］の2フィールドからクエリを作成したいときは、［T_受注］テーブルを追加してリレーションシップでつなげます。

［T_顧客］と［T_受注明細］は直接結合できない

［T_受注］を追加して2つのテーブルをつなぐ

レッスン 70 年月ごとに金額を集計するには

日付のグループ化　　練習用ファイル　L070_年月集計.accdb

[受注日] フィールドを「年月」単位でグループ化して集計しましょう。「Format関数」を使用すると、日付から特定の要素を取り出せます。年月単位のほかにも、年単位、四半期単位、月単位と、さまざまな集計が可能です。

🔍 キーワード

関数	P.457
選択クエリ	P.458
抽出	P.458

受注日を同じ年月でグループ化して集計する

Before：4月から8月までの日付のレコードが表示されている
After：年月ごとに金額が合計された

1 選択クエリを作成する

レッスン67を参考に新しいクエリを作成し、[T_受注][T_受注明細] テーブルを追加しておく

① [T_受注] から [受注日] フィールドを追加

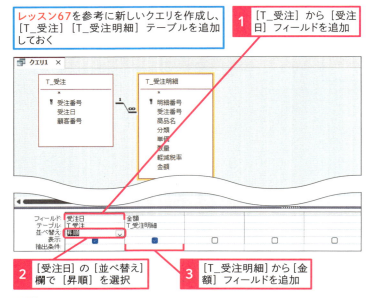

② [受注日] の [並べ替え] 欄で [昇順] を選択

③ [T_受注明細] から [金額] フィールドを追加

💡 使いこなしのヒント

[受注日] フィールドは関数の式に置き換える

操作1ではクエリに [受注日] フィールドを追加していますが、このフィールドは手順2でFormat関数の式に書き換えます。Format関数は、ここでは [受注日] フィールドから年月のデータを取り出すために使用します。詳しい書式は298ページを参照してください。

●実行結果を確認する

クエリの実行結果を確認する

4 ［クエリデザイン］タブをクリック

5 ［実行］をクリック

データシートビューが表示され、クエリの実行結果が表示された

同じ年月の異なる日付のレコードが表示されている

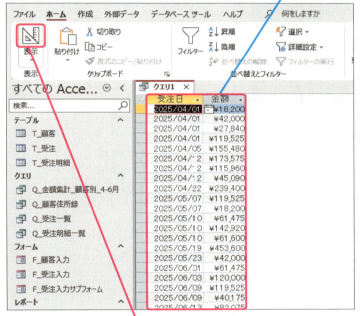

表示されたレコードをグループ化できるようにクエリを修正する

6 ［表示］をクリック

2 集計の設定を行う

デザインビューが表示される

1 ［クエリデザイン］タブをクリック

2 ［集計］をクリック

使いこなしのヒント
リボンを折り畳むには

［ファイル］タブ以外の任意のタブをダブルクリックすると、リボンが折り畳まれます。ボタンが非表示になり、より多くのレコードを表示できます。タブを再度ダブルクリックすれば、折り畳みを解除できます。

1 ［ホーム］タブをダブルクリック

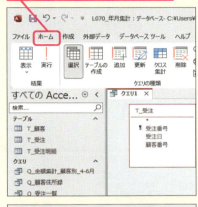

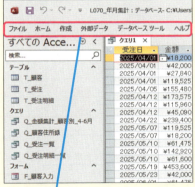

リボンが折り畳まれた

タブを再度ダブルクリックすると折り畳みを解除できる

次のページに続く

●フィールドの幅を広げる

| デザイングリッドに［集計］行が追加された | 関数を入力できるようにフィールドの幅を広げる |

3 ［受注日］のフィールドの境界線を右にドラッグ

列幅が広がった

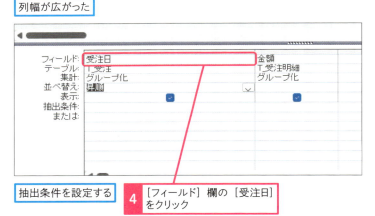

抽出条件を設定する

4 ［フィールド］欄の［受注日］をクリック

ここでは［受注日］フィールドの年月ごとに金額の合計を求める

Format関数を設定する

5 「年月: Format([受注日],"yyyy/mm")」と入力

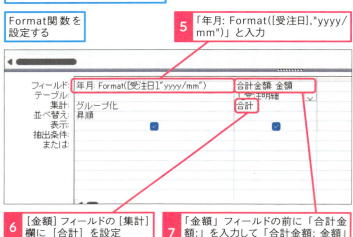

6 ［金額］フィールドの［集計］欄に［合計］を設定

7 「金額」フィールドの前に「合計金額:」を入力して「合計金額: 金額」とする

用語解説

Format関数

Format関数は、データに書式を適用した文字列を返す関数です。引数［データ］にフィールドを指定する場合は、フィールド名を半角の角カッコ「[ ]」で囲んで指定します。引数［書式］には、下表の記号をダブルクォーテーション「"」で囲んで指定します。記号は組み合わせて指定することも可能です。

指定された書式に変換する
Format(データ,書式)

記号	説明
yyyy	西暦4桁
yy	西暦2桁
ggg	年号（令和、平成）
gg	年号（令、平）
g	年号（R、H）
ee	和暦2桁
e	和暦1桁
mm	月2桁（01～12）
m	月1桁（1～12）
dd	日2桁（01～31）
d	日1桁（1～31）
ww	週（1～54）
aaa	曜日（日～土）

使いこなしのヒント

「yyyy/mm」で年月を取り出す

Format関数の引数［書式］に「"yyyy/mm"」を指定すると、日付から年月を取り出せます。例えば日付が「2025/04/01」の場合、「2025/04」が取り出されます。

3 集計クエリの実行結果を確認する

集計クエリの実行結果を確認する

1 [クエリデザイン] タブをクリック

2 [実行] をクリック

データシートビューが表示され、クエリの実行結果が表示された

年月ごとに金額が合計された

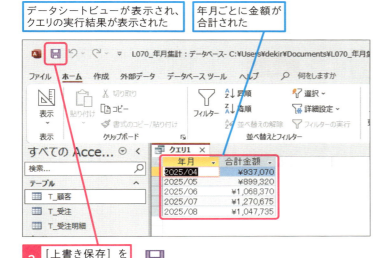

3 [上書き保存] をクリック

4 「Q_金額集計_年月別」と入力

5 [OK] をクリック

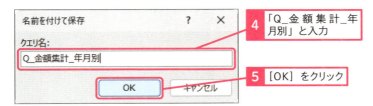

クエリが保存された

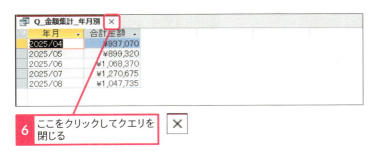

6 ここをクリックしてクエリを閉じる

⚠ ここに注意

Format関数の引数[書式]に「"yyyy/m"」のように「m」を1桁で指定した場合、「2025/4」のように1桁の月が1桁で取り出されます。テーブルに1月～12月のデータが含まれている状態で並べ替えを実行すると、「2025/1、2025/10、2025/11、2025/12、2025/2、2025/3…」のようにおかしな並び順になります。正しく並ぶようにするには、必ず2桁の「mm」を使用してください。

👍 スキルアップ

数値や文字列の書式も変えられる

Format関数では、下表の記号を使用して数値や文字列の書式を指定することもできます。例えば、クエリの[フィールド]欄に「Format([顧客番号],"0000")」と入力すると、[顧客番号]を「0001、0002、0003…」と表示できます。

●数値の記号

記号	説明
0	数値の桁を表す。対応する位置に値がない場合、ゼロ「0」が表示される
#	数値の桁を表す。対応する位置に値がない場合は何も表示されない
¥	円記号「¥」の次の文字をそのまま表示する
""	ダブルクォーテーション「""」で囲まれた文字をそのまま表示する

●文字列の記号

記号	説明
@	文字を表す。文字列より「@」の数が多い場合、先頭に空白を付けて表示される
&	文字を表す。文字列より「&」の数が多い場合、文字列だけが左揃えで表示される
<	アルファベットを小文字にする
>	アルファベットを大文字にする

70 日付のグループ化

レッスン 71 年月ごと分類ごとの集計表を作成するには

クロス集計クエリ　　練習用ファイル　L071_クロス集計.accdb

「年月別分類別」のように2項目で段階的に集計する場合、クロス集計クエリに変換すると、集計結果を見やすく表示できます。ここでは、年月を行見出し、分類を列見出しに並べたクロス集計クエリを作成します。

キーワード

関数	P.457
クロス集計	P.457
クロス集計クエリ	P.457

行見出しに年月、列見出しに分類を配置して集計する

1 集計クエリを作成する

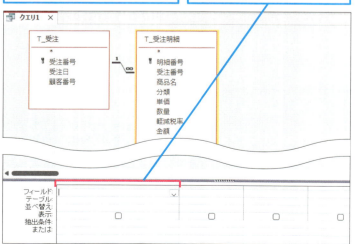

用語解説

クロス集計

2つのフィールドをグループ化して、一方を縦軸に、もう一方を横軸に配置して集計を行うことを「クロス集計」と呼びます。

使いこなしのヒント

Format関数で年月を取り出す

Format関数は、フィールドの値に書式を適用した文字列を返す関数です。引数[書式]に「"yyyy/mm"」を指定すると、日付から「2025/04」の形式で年月を取り出せます。詳しい使い方はレッスン70を参照してください。

● フィールドを追加する

Format関数を使用して[受注日]フィールドから「年」と「月」の部分だけ抽出する

1 「年月: Format([受注日],"yyyy/mm")」と入力

2 [並べ替え]に[昇順]を設定

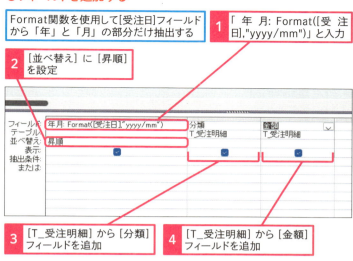

3 [T_受注明細]から[分類]フィールドを追加

4 [T_受注明細]から[金額]フィールドを追加

5 [集計]をクリック

デザイングリッドに[集計]行が追加された

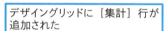

6 [金額]フィールドの[集計]欄に[合計]を設定

7 「金額」の前に「合計金額:」を入力

2 集計クエリの実行結果を確認する

集計クエリが正しく実行されるか確認する

1 [クエリデザイン]タブをクリック

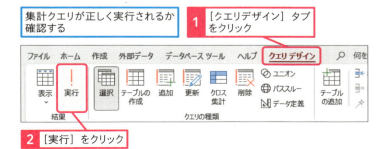

2 [実行]をクリック

使いこなしのヒント
関数の構文を調べるには

関数を入力したいフィールドをクリックしてから[クエリデザイン]タブの[ビルダー]をクリックすると、[式ビルダー]画面が開きます。関数の構文を調べながら、広い画面で式を入力できます。

1 [関数]をクリック

2 [組み込み関数]をクリック

3 [<すべて>]をクリック

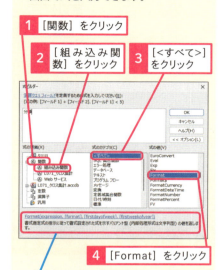

4 [Format]をクリック

関数の説明が表示された

ショートカットキー
式ビルダーの表示　　Ctrl + F2

● 実行結果を確認する

| データシートビューが表示され、クエリの実行結果が表示された | レコードの年月ごと分類ごとに金額が合計された |

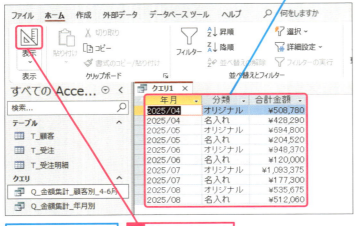

クエリを修正して［年月］フィールドを行見出し、［分類］フィールドを列見出しとして表示する

３　［表示］をクリック

3 クロス集計の設定を行う

デザインビューが表示された

複数のフィールドで集計できるようにクロス集計の機能を使用する

1　［クエリデザイン］タブをクリック

2　［クロス集計］をクリック

| デザイングリッドに［行列の入れ替え］行が追加された | ［年月］フィールドを行見出しに設定する |

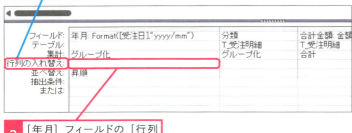

3　［年月］フィールドの［行列の入れ替え］欄をクリック

使いこなしのヒント
段階的にグループ化される

集計クエリで［年月］と［分類］の2種類のグループ化を行うと、「年月別分類別」の2段階のグループ集計になります。［年月］［分類］［合計金額］のデータは、それぞれ縦1列に並びます。手順3で、これをクロス集計表に組み替えます。

●2段階の集計クエリ

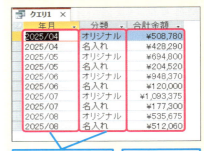

| 2段階でグループ化される | 3フィールドが縦1列に並ぶ |

使いこなしのヒント
クロス集計に変換すると行が追加される

［クエリデザイン］タブの［クロス集計］をクリックすると、クエリの種類がクロス集計に変わり、デザイングリッドに［行列の入れ替え］行が追加されます。

●行列の入れ替えを行う

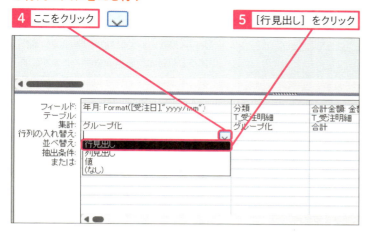

4 ここをクリック

5 [行見出し] をクリック

[年月] フィールドに [行見出し] が設定された

[分類] フィールドを列見出しに設定する

6 [分類] フィールドの [行列の入れ替え] 欄をクリック

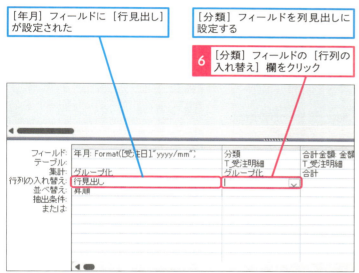

7 ここをクリック

8 [列見出し] をクリック

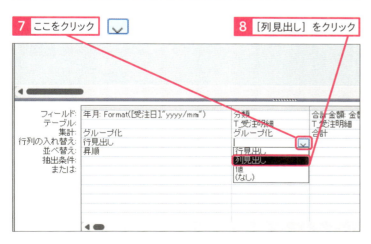

使いこなしのヒント

[行列の入れ替え] でフィールドを指定する

クロス集計クエリでは、[行列の入れ替え] 行で [行見出し] [列見出し] [値] を最低1フィールドずつ指定する必要があります。[行見出し] は複数のフィールドに設定できますが、[列見出し] と [値] は単一のフィールドにしか設定できません。

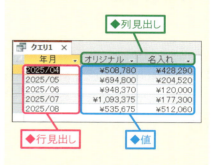

使いこなしのヒント

条件に一致したデータをクロス集計するには

レッスン69を参考にWhere条件を設定すると、抽出したレコードからクロス集計クエリを作成できます。ただし、クロス集計クエリは一般の選択クエリに比べてさまざまな制約があるので、条件が複雑だとエラーになる場合があります。そのようなときは、レコードを抽出するためのクエリを作成し、そのクエリからクロス集計クエリを作成するといいでしょう。

● 集計を行うフィールドを設定する

[分類] フィールドに [列見出し] が設定された

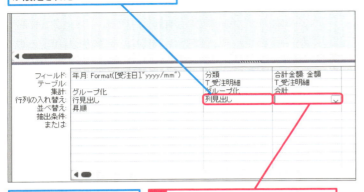

[合計金額] フィールドに集計を表示する

9 [合計金額] フィールドの [行列の入れ替え] 欄をクリック

10 ここをクリック

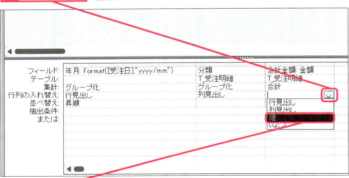

11 [値] をクリック

[合計金額] フィールドに [値] が設定された

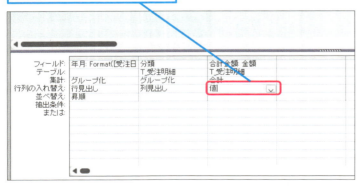

使いこなしのヒント

行ごとに集計値を表示するには

クロス集計クエリでは、以下のように操作すると行ごとに合計を表示できます。表示される位置は、行見出しと値の間の列です。表の左端に移動したい場合は、データシートビューでフィールドセレクターをドラッグします。

1 [金額] のフィールドを追加

2 [集計] 行で [合計] を選択

3 [行列の入れ替え] 行で [行見出し] を選択

4 [実行] をクリック

行ごとの合計が表示された

5 ドラッグ

表の左端に移動した

4 クロス集計クエリの実行結果を確認する

集計クエリの実行結果を確認する

1 [クエリデザイン] タブをクリック

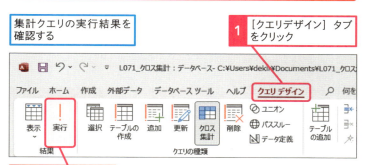

2 [実行] をクリック

データシートビューが表示され、クエリの実行結果が表示された

年月が行見出し、分類が列見出しに表示されるクロス集計表が作成された

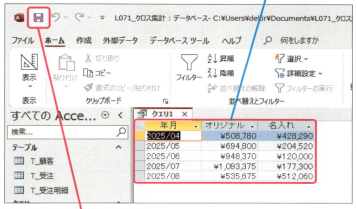

3 [上書き保存] をクリック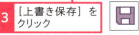

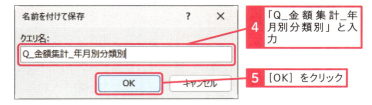

4 「Q_金額集計_年月別分類別」と入力

5 [OK] をクリック

クエリが保存された

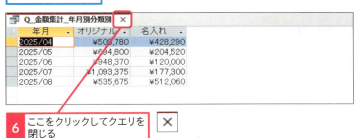

6 ここをクリックしてクエリを閉じる

使いこなしのヒント
クロス集計を解除するには

デザインビューで [クエリデザイン] タブの [選択クエリ] をクリックすると、デザイングリッドから [行列の入れ替え] 行が非表示になり、クロス集計クエリが単純な集計クエリに戻ります。

[選択] をクリックするとクロス集計が解除される

使いこなしのヒント
クエリの種類を見分けるには

クエリの種類は、ナビゲーションウィンドウのアイコンで見分けられます。

クロス集計クエリ

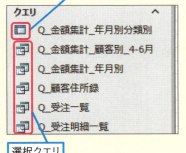

選択クエリ

71 クロス集計クエリ

レッスン 72 取引実績のない顧客を抽出するには

外部結合　練習用ファイル　L072_外部結合.accdb

クエリでテーブルを結合するときに「外部結合」を使用すると、一方のテーブルにあってもう一方のテーブルにはないデータを洗い出せます。ここでは、[T_顧客]にあって[T_受注]にないデータ（顧客登録しただけで取引実績のない顧客）を調べます。

キーワード	
結合線	P.457
テーブル	P.458
フィールド	P.459

[T_顧客]にあって[T_受注]にない顧客データを抽出する

1 内部結合と外部結合を理解する

リレーションシップの結合の種類には、「内部結合」と「外部結合」があります。実際の操作に入る前に、内部結合と外部結合の違いを頭に入れておきましょう。ここでは、次の[役職テーブル]と[社員テーブル]から[社員名]と[役職名]を表示するクエリを例に解説します。2つのテーブルの結合フィールドは[役職ID]です。

◆役職テーブル

役職ID	役職名
T1	部長
T2	課長
T3	係長
T4	主任

結合フィールド

◆社員テーブル

社員ID	社員名	役職ID
1001	一ノ瀬	T1
1002	二宮	T2
1003	三田	
1004	四谷	T3
1005	五十嵐	T3
1006	六車	

結合フィールド

●内部結合

内部結合は、リレーションシップの初期設定の結合方法です。内部結合のクエリでは、結合フィールドである［役職ID］の値が一致するレコードだけが表示されます。空席の役職（主任）や、役職についていない社員（三田、六車）は表示されません。

●外部結合

外部結合のクエリでは、一方のテーブルのすべてのレコードと、それと結合するもう一方のレコードが取り出されます。どちらのテーブルのレコードを優先するかに応じて、2種類のクエリができます。

◆外部結合のクエリ①
［役職テーブル］の全レコードを表示する場合

社員名	役職名
一ノ瀬	部長
二宮	課長
四谷	係長
五十嵐	係長
	主任

空席の役職も表示される

◆外部結合のクエリ②
［社員テーブル］の全レコードを表示する場合

社員名	役職名
一ノ瀬	部長
二宮	課長
三田	
四谷	係長
五十嵐	
六車	係長

役職のない社員も表示される

> **使いこなしのヒント**
>
> **外部結合のクエリから空欄を抽出するには**
>
> 上記のリレーションシップの場合、例えば、空席の役職を調べるには、「外部結合のクエリ①」の［社員名］フィールドが空欄のレコードを抽出します。また、役職のない社員を調べるには、「外部結合のクエリ②」の［役職名］フィールドが空欄のレコードを抽出します。具体的な操作方法は、次ページ以降で紹介します。

> **使いこなしのヒント**
>
> **結合の種類はどこで設定するの？**
>
> このレッスンでは、クエリ上で結合の種類を外部結合に変更する方法を紹介します。クエリ上で変更した場合、外部結合はそのクエリでのみ有効になります。なお、特定のテーブル間の結合を常に外部結合としたい場合は、リレーションシップウィンドウで［リレーションシップ］画面を開いて設定します。設定方法は、310ページのスキルアップを参照してください。

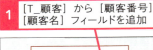
2 外部結合の設定を行う

レッスン67を参考に新しいクエリを作成し、[T_顧客][T_受注] テーブルを追加しておく

1 [T_顧客] から [顧客番号] [顧客名] フィールドを追加

2 [T_受注] から [顧客番号] フィールドを追加

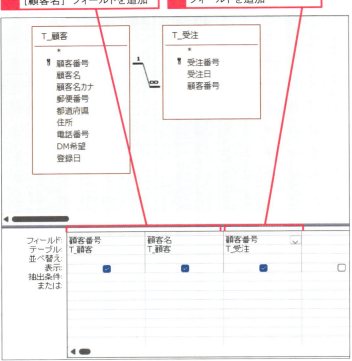

外部結合を設定するために [結合プロパティ] 画面を表示する

3 [T_顧客] と [T_受注] の結合線をダブルクリック

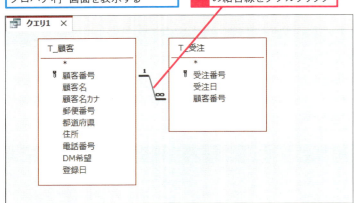

使いこなしのヒント
同じフィールド名を追加した場合は

操作1〜2では、[T_顧客] テーブルと [T_受注] テーブルの両方から [顧客番号] を追加しています。クエリ内に同じ名前のフィールドが2つある場合、「T_顧客.顧客番号」「T_受注.顧客番号」のようにフィールド名がテーブル名付きで表示されます。

テーブル名付きで表示される

使いこなしのヒント
結合線の斜めの部分をダブルクリックする

操作3で結合線をダブルクリックするときは、斜めの部分をダブルクリックしてください。操作しづらい場合は、斜めの部分を右クリックして、[結合プロパティ] をクリックしてもいいでしょう。

1 結合線を右クリック

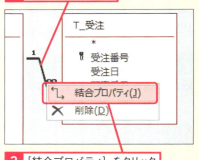

2 [結合プロパティ] をクリック

●テーブルの結合の種類を変える

[結合プロパティ]画面が表示された

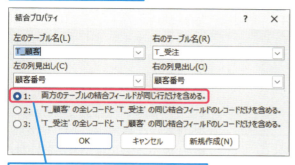

[1：両方のテーブルの結合フィールドが同じ行だけを含める。]が選択されている

[T_顧客]に含まれるすべての顧客を表示する設定に変える

4 [2：'T_顧客'の全レコードと'T_受注'の同じ結合フィールドのレコードだけを含める]をクリック

5 [OK]をクリック

結合線が[T_顧客]から[T_受注]に向かう矢印に変わった

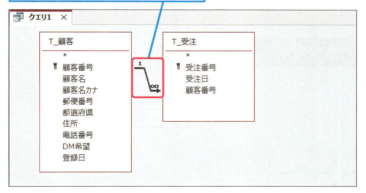

使いこなしのヒント

結合の種類を変えられる

[結合プロパティ]画面では結合の種類を設定できます。初期設定の[1:両方のテーブルの結合フィールドが同じ行だけを含める]は、内部結合を意味します。ほかの2つが外部結合の選択肢で、どちらのテーブルから全レコードを表示するのかに応じて外部結合の種類を選択します。

使いこなしのヒント

外部結合は矢印で表示される

結合の種類を外部結合に変えると、結合線に矢印が表示されます。外部結合の種類によって、矢印の向きが変わります。

●内部結合

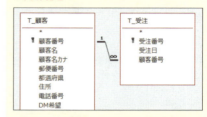

●外部結合

[T_顧客]の全レコードを表示する場合は右向きになる

[T_受注]の全レコードを表示する場合は左向きになる

72 外部結合

次のページに続く→

●選択クエリを実行する

| 選択クエリの実行結果を確認する | 6 [クエリデザイン] タブをクリック |

7 [実行] をクリック

| すべての顧客が表示された | [顧客番号] が「5」や「10」のレコードは [T_受注] に存在しないことから取引実績がないと判断できる |

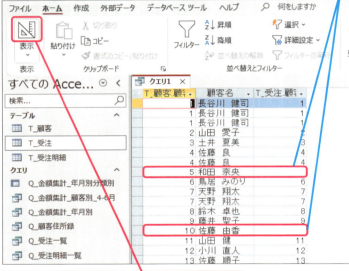

| 取引実績のない顧客のみを抽出できるようにクエリを修正する | 8 [表示] をクリック |

3 空白のレコードを抽出する条件を設定する

デザインビューが表示された

1 [T_受注] の [顧客番号] フィールドの [抽出条件] 欄をクリック

使いこなしのヒント

[顧客番号] の空欄から取引実績を調べる

操作8のデータシートビューを見ると、「和田奈央」と「佐藤由香」の[T_受注]側の[顧客番号]が空欄になっています。このことから、「和田奈央」と「佐藤由香」のレコードは[T_受注]テーブルに含まれていないことが分かります。つまり、この2人は取引実績のない顧客です。一方、「長谷川健司」の[T_受注]側の[顧客番号]は空欄がないので、取引実績があると判断できます。

「長谷川健司」は入力されているので取引実績がある

スキルアップ

[リレーションシップ] 画面で結合の種類を変更するには

[リレーションシップ] 画面で特定のテーブル間の結合の種類を外部結合に変えると、そのテーブルから作成するクエリでは、外部結合が既定値となります。

218ページのヒントを参考に [リレーションシップ] 画面を表示しておく

1 [結合の種類] をクリック

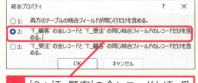

2 [2: 'T_顧客'の全レコードと'T_受注'の同じ結合フィールドのレコードだけを含める。] をクリック

●抽出条件を設定する

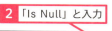

| 2 | 「Is Null」と入力 |
| 3 | ここをクリックして [表示] をオフにする |

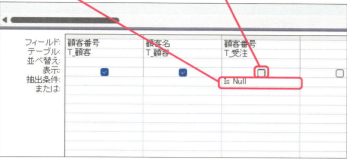

Null値（空白のデータ）を抽出できるようになった

4 選択クエリの実行結果を確認する

集計クエリの実行結果を確認する

| 1 | [クエリデザイン] タブをクリック |

| 2 | [実行] をクリック |

データシートビューが表示され、クエリの実行結果が表示された

取引実績のない顧客のみを抽出できた

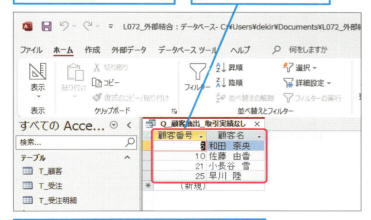

レッスン21を参考に「Q_顧客抽出_取引実績なし」の名前でクエリを保存して閉じておく

使いこなしのヒント
空欄の [顧客番号] を抽出する

手順3では取引実績のない顧客を抽出するように設定します。[T_受注] テーブルの [顧客番号] フィールドが空欄のレコードが、取引実績のないデータです。

用語解説
Null（ヌル）値

データが存在しない状態のことを「Null（ヌル）」と表現します。また、データが入力されていないフィールドの値を「Null値」と呼びます。

使いこなしのヒント
何も入力されていないフィールドを抽出するには

[抽出条件] として「Is Null」を設定すると、フィールドに何も入力されていないレコードが抽出されます。ちなみに何らかの入力があるレコードを抽出したい場合は「Is Not Null」という抽出条件を設定します。

使いこなしのヒント
長さ0の文字列を抽出するには

テーブルのセルが空欄のように見えても、実際には「""」（ダブルクォーテーション2つ）やスペース（空白文字）が入力されている場合があります。「""」を「長さ0の文字列」と呼びます。「Is Null」の抽出条件で空欄を抽出できない場合は、抽出条件を変えてみましょう。[抽出条件] 欄に「""」と入力すると長さ0の文字列を、「"　"」や「" "」と入力すると全角や半角の空白文字を抽出できます。

72 外部結合

311

レッスン 73 テーブルのデータをまとめて更新するには

更新クエリ 　　練習用ファイル　L073_更新クエリ.accdb

「更新クエリ」を使用すると、指定した条件に合致するデータを指定した値に自動更新できます。ここでは受注番号が「1015」以降の受注明細データの「○○天然水」の単価を一律30円アップした金額に書き換えます。

キーワード	
アクションクエリ	P.456
更新クエリ	P.457
選択クエリ	P.458

条件に合致するデータを指定した値に自動更新する

Before

After

受注番号が「1015」以降の商品名に「天然水」を含む商品の単価を更新できた

1 選択クエリを作成する

レッスン67を参考に新しいクエリを作成し、[T_受注明細] テーブルを追加しておく

1 [受注番号][商品名][単価] フィールドを追加

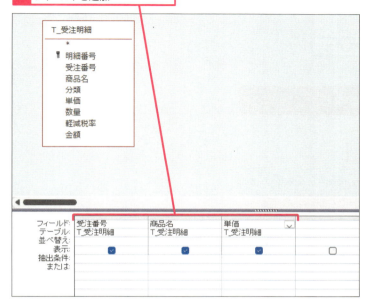

値上げした新単価を表示するフィールドを作成する

2 「新単価:[単価]+30」と入力

[受注番号] フィールドに「1015以降」という抽出条件を追加する

3 [受注番号] の [抽出条件] 欄に「>=1015」と入力

4 レッスン25を参考に [商品名] の幅を広げる

5 [抽出条件] 欄に「*天然水」と入力

6 Enter キーを押す

用語解説
更新クエリ

「更新クエリ」は、テーブルのデータを一括更新する機能を持つ、アクションクエリの1つです。指定した条件に合致するデータを変更したいときに使用します。

用語解説
アクションクエリ

「アクションクエリ」は、テーブルのデータを一括変更するクエリの総称です。更新クエリ以外に、テーブル作成クエリ、追加クエリ、削除クエリがあります。本書では更新クエリのみを紹介します。

使いこなしのヒント
更新するデータを確認するための選択クエリを作成する

更新クエリはテーブルのデータを書き換えるクエリなので、慎重に作成する必要があります。対象外のデータを書き換えてしまったり、間違った値で更新してしまうことがないように、事前に確認しておきましょう。手順1では、更新対象のレコードを抜き出して、更新の前後の [単価] を表示するクエリを作成します。

使いこなしのヒント
抽出条件の意味を確認しよう

「>=1015」は、「1015以上」という意味の抽出条件です。また、「Like *天然水」は、「天然水」で終わる文字列を表す抽出条件です。「Like」や「*」についてはレッスン26を参照してください。

●抽出条件を確認する

「Like *天然水"」と表示された ／ 抽出条件が設定された

2 選択クエリの実行結果を確認する

クエリの実行結果を確認する

1 [クエリデザイン] タブをクリック

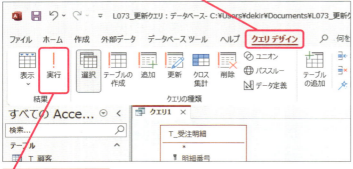

2 [実行] をクリック

データシートビューが表示され、クエリの実行結果が表示された

[受注番号]が「1015」以降の「天然水」を含む商品のデータが表示された

[新単価]フィールドには30円値上げ後の数値が表示された

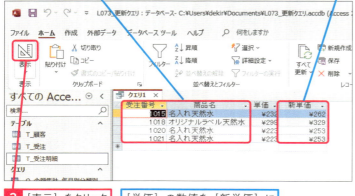

3 [表示] をクリック

[単価]の数値を[新単価]に書き換えるようにクエリを更新クエリに変換する

使いこなしのヒント
更新するデータを確かめる

手順2では、意図したレコードが抽出されているか、更新後の値が間違っていないかを確認します。

使いこなしのヒント
クエリの実行前にバックアップをとる

更新クエリを実行すると、テーブルが書き換わります。更新クエリの実行前に、念のためバックアップとしてデータベースファイルをコピーしておきましょう。エクスプローラーで保存先のフォルダーを開き、Ctrlキーを押しながらファイルアイコンをフォルダー内でドラッグすると、ファイルをコピーできます。

3 更新クエリを設定する

デザインビューが表示された

1 [クエリデザイン] タブをクリック

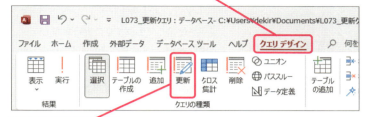

2 [更新] をクリック

デザイングリッドに [レコードの更新] 行が追加された

3 [単価] フィールドの [レコードの更新] 欄をクリック

4 「[単価]+30」と入力

5 「新単価: [単価]+30」をドラッグして選択

6 Delete キーを押す

「新単価: [単価]+30」が消えた

[単価] の数値が [新単価] の数値に書き換えられた

使いこなしのヒント
更新クエリに変換する

更新クエリは、選択クエリを元に作成します。[クエリデザイン] タブの [更新] をクリックすると更新クエリに変わり、デザイングリッドに [レコードの更新] 行が追加されます。

使いこなしのヒント
[レコードの更新] 行に式を指定する

[レコードの更新] 行には、更新後の値を求めるための式を指定します。[単価] フィールドの [レコードの更新] 行に「[単価]+30」を入力すると、[単価] フィールドの値が30円アップします。

使いこなしのヒント
コピー&ペーストしてもいい

操作6の画面の [フィールド] 欄に入力されている「[単価]+30」の部分をドラッグして選択し、Ctrl+Cキーを押してコピーします。[単価] フィールドの [レコードの更新] 行をクリックし、Ctrl+Vキーを押すと、コピーした式を貼り付けられます。

4 更新クエリを実行する

更新したクエリを実行して確認する

1 [クエリデザイン] タブをクリック

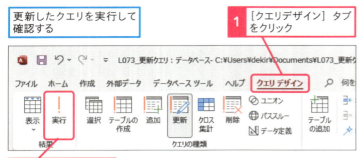

2 [実行] をクリック

更新の実行を確認する画面が表示された

3 [はい] をクリック

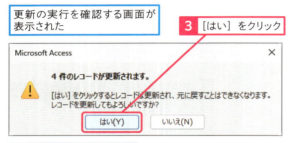

クエリの更新が実行された

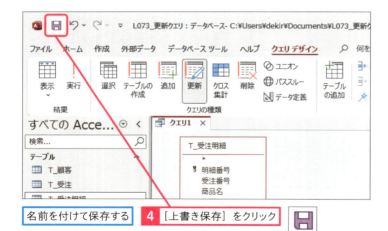

名前を付けて保存する

4 [上書き保存] をクリック

[名前を付けて保存] 画面が表示された

5 「Q_単価更新」と入力

6 [OK] をクリック

使いこなしのヒント
更新クエリを実行するには

[クエリデザイン] タブに [表示] と [実行] の2つのボタンがあります。選択クエリやクロス集計クエリでは、どちらのボタンを使用してもクエリの実行結果がデータシートビューに表示されます。一方、更新クエリでは、[表示] をクリックすると対象のデータがデータシートビューに表示され、[実行] をクリックするとテーブルのデータが書き換えられます。

使いこなしのヒント
更新クエリのアイコンを確認しよう

更新クエリは、選択クエリやクロス集計クエリとは異なるアイコンでナビゲーションウィンドウに表示されます。

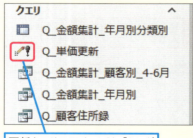

更新クエリのアイコンは「!」が付いたデザインで表示される

時短ワザ
ナビゲーションウィンドウからも更新クエリを実行できる

ナビゲーションウィンドウで更新クエリをダブルクリックすると、更新クエリが実行されます。不用意にダブルクリックすると、意図せず実行されてしまうので注意してください。

5 テーブルのデータを確認する

| テーブルのデータが更新されていることを確認する | テーブルのデータを表示する |

1 [T_受注明細] をダブルクリック

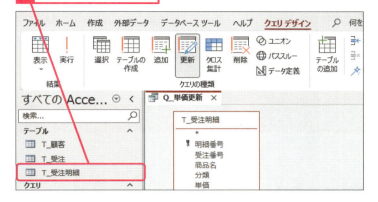

[T_受注明細] が表示された　　**2** ドラッグして下にスクロール

[受注番号] が「1015」以降の「○○天然水」の単価が更新されている　　ここをクリックしてテーブルを閉じておく

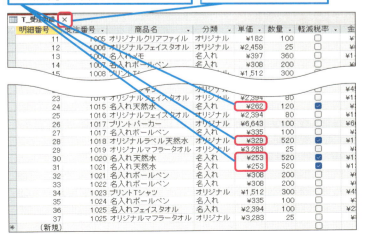

⚠ ここに注意

更新クエリを何度も実行すると、そのたびにデータが更新されます。意図しない更新が実行されないように、注意してください。誤って実行した場合は、手順4の操作3の画面で［いいえ］をクリックします。誤操作を防ぐためにも、今後使用しない更新クエリは、削除しておくことをお勧めします。

💡 使いこなしのヒント
更新クエリを編集するには

ナビゲーションウィンドウで更新クエリをダブルクリックすると、更新クエリが実行されます。更新クエリを編集したいときは、右クリックして［デザインビュー］をクリックします。

⚠ ここに注意

アクションクエリを含むファイルを開くと、「このファイル内のアクティブなコンテンツはブロックされています。」というメッセージが表示され、［OK］をクリックするとメッセージバーに［セキュリティの警告］が表示されることがあります。［コンテンツの有効化］をクリックせずにそのまま使用した場合、更新クエリを含むアクションクエリは実行できません。

なお、付録1を参考に［信頼できる場所］にファイルを保存しておくと、これらのメッセージを非表示にできます。

レッスン 74 フォームの元になるクエリを修正するには

レコードソース　　　　　　　　　　　**練習用ファイル** L074_クエリビルダー.accdb

第7章でフォームウィザードを使用して［F_受注入力］フォームを作成しました。フォームウィザードではレコードの並べ替えの設定ができないので、レコードが意図しない順序で表示されることがあります。ここではその修正方法を紹介します。

キーワード
プロパティシート	P.459
レコード	P.460
レコードソース	P.460

フォームに表示されるレコードの並び順を修正する

After

［次のレコード］をクリックしてレコードを切り替えたときに受注番号順に表示できる

1 クエリビルダーを起動して並べ替えを設定する

レッスン38を参考に［F_受注入力］をデザインビューで開いておく

使いこなしのヒント
フォームセレクターの利用

フォームセレクターをクリックすると、中に小さい四角形が表示され、フォームが選択されます。

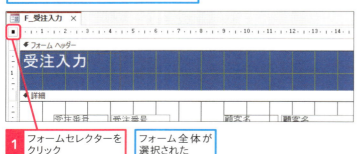

1　フォームセレクターをクリック

フォーム全体が選択された

318

●[プロパティシート]を表示する

2 [フォームデザイン]タブをクリック

3 [プロパティシート]をクリック

[プロパティシート]が表示された

4 [データ]タブをクリック

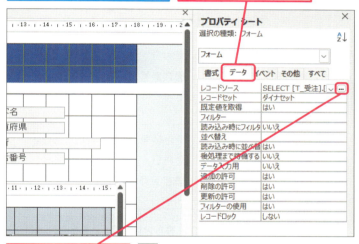

5 [レコードソース]のここをクリック

クエリビルダーが起動した

フォームの元となるクエリのデザインビューが表示された

用語解説
レコードソース

[レコードソース]プロパティは、フォームに表示するレコードの取得元を設定するプロパティです。例えば、オートフォームで作成したフォームの場合、[レコードソース]プロパティにテーブル名やクエリ名が設定されます。フォームウィザードで作成したフォームの場合は、「SELECT ……」のような文字列が表示されることがあります。これは、クエリの定義を文字列で表したもので、「SQLステートメント」と呼ばれます。

用語解説
SQLステートメント

「SQLステートメント」は、リレーショナルデータベースを操作するためのプログラミング言語です。一般的なリレーショナルデータベースでは、SQLステートメントでクエリを定義します。AccessではSQLの知識がなくてもクエリを定義できるように、デザインビューが用意されています。デザインビューでクエリを定義すると、内部でSQLステートメントが自動作成される仕組みになっています。

用語解説
クエリビルダー

クエリビルダーは、レコードソースを編集するための画面です。フォームを作成するときにフォームに表示するテーブルやフィールドをフォームウィザードで指定しますが、その指定に基づいて作成されたクエリがクエリビルダーに表示されます。クエリビルダーでクエリを編集すると、フォームのレコードソースに反映されます。

● 並べ替えの設定をする

フォームのレコードの表示順を変えるため並べ替えの設定をする

6 [受注番号] フィールドの [並べ替え] をクリック

7 ここをクリック

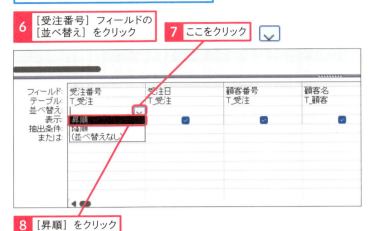

8 [昇順] をクリック

[並べ替え] に [昇順] が設定された

9 [閉じる] をクリック

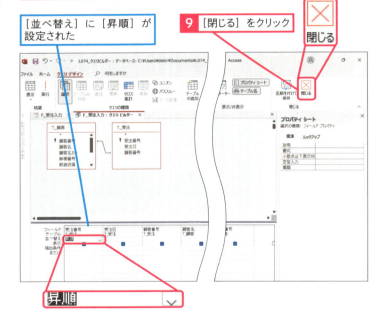

保存と設定の更新の実行を確認する画面が表示される

10 [はい] をクリック

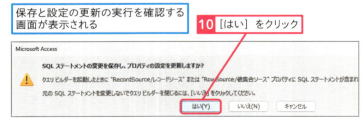

プロパティの設定が更新された

使いこなしのヒント

受注番号順に並べ替える

クエリビルダーでは、通常のクエリと同様に編集できます。ここでは、フォームのレコードを受注番号順に表示したいので、[受注番号] フィールドの [並べ替え] 欄で [昇順] を設定しました。

[次のレコード] をクリックしたときに、受注番号の順に表示されるように変更する

ここに注意

クエリビルダーでフィールドを削除するなどの操作をすると、フォームにエラーが出る可能性があります。並べ替えの設定をしたら、すみやかにクエリビルダーを閉じましょう。

2 レコードの並び順が変わったことを確認する

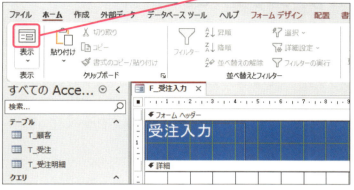

フォームのデザインビューに戻った
フォームビューに切り替える
1 [表示]をクリック

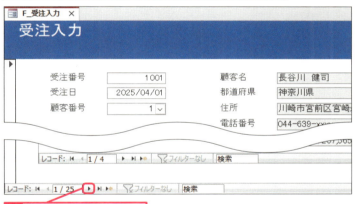

フォームビューが表示された
レコードの並び順を確認する
2 [次のレコード]をクリック

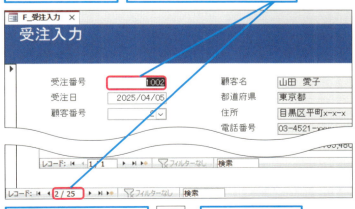

レコードが切り替わった
レコードが受注番号順に表示された

[上書き保存]をクリックして上書き保存しておく
フォームを閉じておく

👍 スキルアップ

SQLステートメントとSQLビュー

クエリのビューの1つに「SQLビュー」があります。SQLビューに切り替えると、そのクエリの定義を表すSQLステートメントが表示されます。誤ってSQLステートメントを編集してしまうとクエリが壊れる原因になるので、確認するだけにしてください。

SQLステートメントを確認したいクエリを開いておく

1 [ホーム]タブをクリック
2 [表示]のここをクリック

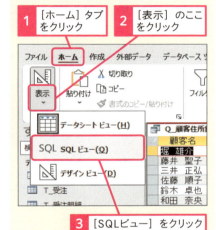

3 [SQLビュー]をクリック

SQLビューが表示された

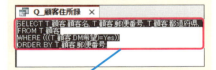

SQLステートメントが表示された

[ホーム]タブの[表示]をクリックするとデータシートビューに戻れる

この章のまとめ

繰り返し使って覚えよう

クエリは、データの活用に欠かせないオブジェクトです。クエリを使えば、リレーションシップで関連付けたテーブルを組み合わせて、1つの表として表示できます。また、テーブルに蓄積したデータを集計してデータ分析に役立てたり、テーブルから条件に合うデータを探して更新したりと、クエリでできることは多岐にわたります。いずれのクエリも選択クエリを変換して作成するので、まずは選択クエリの基本操作を身に付け、徐々に使えるクエリの種類を増やしていきましょう。

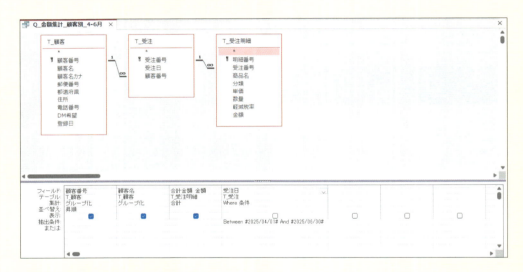

クエリっていろいろできるんですね！多彩な機能にびっくりしました。

クエリはデータをいろいろな形に変えられるんです。使い方を覚えるとヤミツキになりますよー♪

仕組みは分かったんだけど、使いこなせるかな…。

抽出結果をイメージしてから、クエリを組み合わせていくといいと思います。繰り返し使って、コツをつかみましょう！

活用編

第 9 章

レポートを見やすく
レイアウトするには

この章では、「請求書」を印刷するためのレポートを作成します。
[T_受注][T_顧客][T_受注明細]の3テーブルのデータを、
受注番号ごとに1枚の用紙に印刷するレポートです。「グループ
化」というレポート特有の機能を使用すると、内部に明細表のあ
るレポートを作成できます。

75	複数のテーブルのデータを印刷するには	324
76	受注番号でグループ化して印刷するには	326
77	明細書のセクションを整えるには	332
78	明細書ごとにページを分けて印刷するには	338
79	用紙の幅に合わせて配置を整えるには	340
80	レポートに自由に文字を入力するには	344
81	コントロールの表示内容を編集するには	346
82	表に罫線を付けるには	350
83	データの表示方法を設定するには	354
84	金額を消費税率別に振り分けるには	358
85	合計金額や消費税を求めるには	362

レッスン 75

Introduction この章で学ぶこと

複数のテーブルのデータを印刷するには

レポートでは単純な一覧表だけでなく、宛名と明細表を組み合わせた帳票の作成も可能です。レポートウィザードを使用して文書の骨格を作成し、デザインを手直しして仕上げます。見積書や請求書など、さまざまな帳票に応用できるので、作成方法をマスターしましょう。

活用編 第9章 レポートを見やすくレイアウトするには

レポートは見た目が大事!

この章は…レポートですね。
ちょっとニガテなんですよねー

Accessはデータの抽出・分析が得意ですが、その結果を活かすには見やすいレイアウトが必須です。レポート、がんばってマスターしましょう!

受注番号ごとに請求書を出力できる

第5章では1つのテーブルの印刷方法を紹介しましたが、ここでは複数のテーブルから関連するデータをまとめて印刷する方法を紹介します。これを「グループ化」といいます。

レポートウィザード、ここでも使えるんですね!
操作がしやすくて助かっていますー♪

テーブルから関連するデータを選んで、まとめて印刷することができる

見やすい請求書が手軽に作成できる

レポートの原型を作ったら、手作業でコントロールをささっと並べ替えましょう。改ページなども調整すれば、請求書のできあがりです♪

これ、仕事ですぐに使えそうですね！
操作方法、がんばって覚えます！

レイアウトの変更や文字の追加を行ってレポートの内容を調整できる

レポートの内容をさらに整える

仕上げにもうひと手間。文字の書式を整えたり、罫線を追加したりしてさらに見やすくしちゃいましょう！

全部のデータをこの形で出力できるんですね。
作業時間を大幅に短縮できそうです！

書式を整えてすぐに使える内容にできる

75 この章で学ぶこと

レッスン 76 受注番号でグループ化して印刷するには

グループ化 ／ **練習用ファイル** L076_グループ化.accdb

受注番号ごとの請求書を印刷するには、[受注番号]フィールドでグループ化したレポートを作成します。[レポートウィザード]を使用すれば、グループ化や合計計算の設定を行いながらレポートを作成できます。

キーワード
ウィザード	P.456
フィールド	P.459
レポート	P.460

活用編 第9章 レポートを見やすくレイアウトするには

受注番号でグループ化したレポートを作成する

After

ここでは[レポートウィザード]を使用してレポートを作成する

1 [レポートウィザード]を起動する

[レポートウィザード]を起動する

1 [作成]タブをクリック

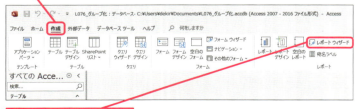

2 [レポートウィザード]をクリック

用語解説
グループ化

レポートの機能を使って、関連するデータごとに印刷することを「グループ化」と呼びます。レポートウィザードでは、テーブルやクエリ単位でグループ化する設定と、フィールド単位でグループ化する設定の2種類の設定を行えます。

2 レポートに表示するフィールドを指定する

[レポートウィザード] が起動した

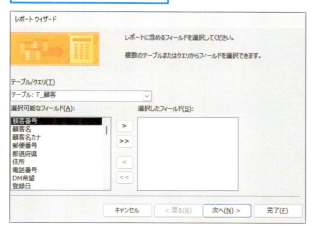

| | レポートに表示するフィールドを設定する | 1 | レッスン59を参考に [テーブル/クエリ] から [T_顧客] を選択する |

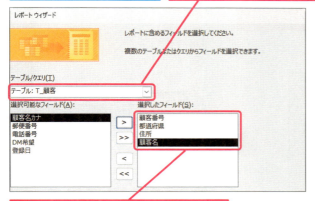

2 [顧客番号] [都道府県] [住所] [顧客名] の順に右のボックスに移動する

| テーブルを替えてさらにフィールドを追加する | 3 | [テーブル/クエリ] から [T_受注] を選択する |

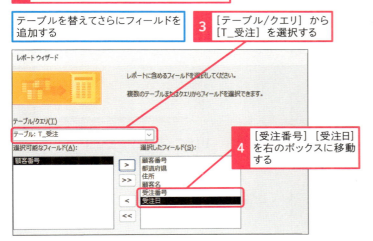

4 [受注番号] [受注日] を右のボックスに移動する

使いこなしのヒント
完成イメージ通りにフィールドを配置しよう

[レポートウィザード] でフィールドを選択するときは、レポート上のデータの位置を意識しながら順序よく選択しましょう。顧客データは [郵便番号] [都道府県] [住所] [顧客名] の順に選択しておくと、あとで宛名の体裁にレイアウトしやすくなります。

●完成イメージ

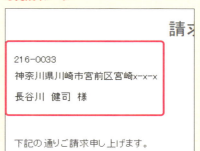

使いこなしのヒント
フィールドの追加する順番を間違えたときは

[T_顧客] テーブルの [顧客名] は左のボックスの上のほうにありますが、下にある [郵便番号] [都道府県] [住所] を先に追加します。このように、[選択可能なフィールド] の順序と、追加する順番は異なる場合があります。追加する順序を間違えたときは右のボックスでフィールド名をクリックで選択して [<] をクリックすると、左のボックスに戻せます。

●フィールドを追加する

| テーブルを替えてさらにフィールドを追加する | 5 [テーブル/クエリ]から[T_受注明細]を選択 |

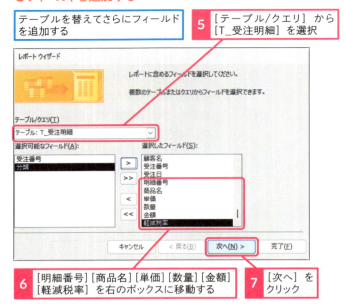

| 6 [明細番号][商品名][単価][数量][金額][軽減税率]を右のボックスに移動する | 7 [次へ]をクリック |

3 グループ化と金額を合計する設定を行う

| データの表示方法を設定する | 1 [T_受注]をクリック |

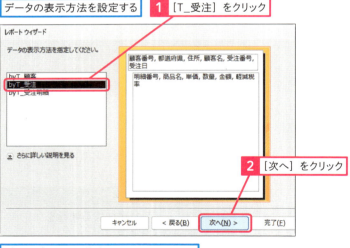

2 [次へ]をクリック

| グループレベルの指定はここでは行わない |

3 [次へ]をクリック

使いこなしのヒント

テーブル単位でグループ化を行う

手順3の操作1の画面では、テーブル単位のグループ化を設定します。親レコード側のテーブルを指定するとグループ化が行われ、子レコード側のテーブルを指定するとグループ化は行われません。プレビューを見ながら目的に合わせて選択できます。なお、この画面は手順2で選択したテーブルが1つだけの場合は表示されません。

●byT_顧客をクリックした場合

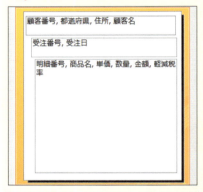

[T_顧客] → [T_受注] → [T_受注明細]の順にグループ化される

●byT_受注明細をクリックした場合

グループ化は行われない

●金額を合計する設定を行う

| 並べ替えのフィールドと並び順を指定する | **4** [明細番号]を選択 | ここは[昇順]のままでよい |

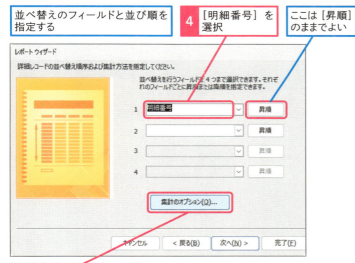

5 [集計のオプション]をクリック

[集計のオプション]画面が表示された

6 [金額]の[合計]にチェックを付ける

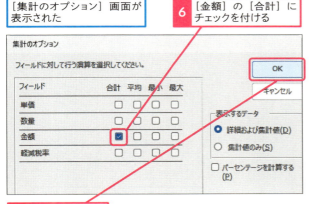

7 [OK]をクリック

前の画面に戻った

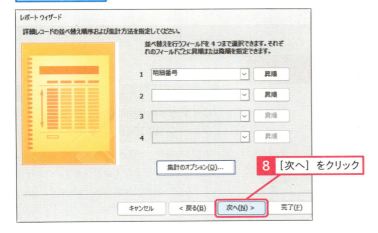

8 [次へ]をクリック

使いこなしのヒント
グループレベルの指定とは

手順3の操作3の画面でグループレベルを設定すると、単一のフィールドでグループ化できます。例えば、操作2の画面で[byT_受注明細]を選択し、操作3の画面で[受注日]を選択すると、月や四半期などでグループ化したレポートを作成できます。

グループレベルを指定するとフィールド単位でグループ化できる

使いこなしのヒント
並べ替えの順序を指定する

操作4では、子レコード側のデータ（受注明細データ）の並べ替えの順序を指定します。

使いこなしのヒント
グループごとに合計できる

操作6の画面で[金額]の[合計]にチェックマークを付けると、グループごと（受注番号ごと）に[金額]の合計が求められます。

4 印刷形式を設定する

レイアウトと印刷の向きを設定する

1 [アウトライン] をクリック

2 [縦] をクリック

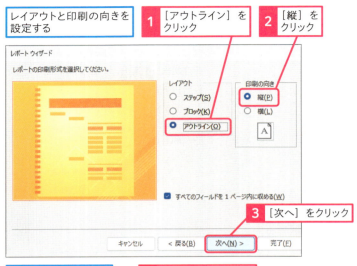

3 [次へ] をクリック

レポート名を設定する

4 「R_請求書」と入力

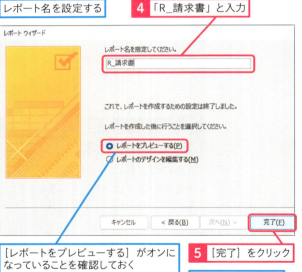

[レポートをプレビューする] がオンになっていることを確認しておく

5 [完了] をクリック

レポートが完成した

5 レポートの表示を確認する

レポートの印刷プレビューが表示された

全体を確認する

1 [1ページ] をクリック

💡 使いこなしのヒント
レイアウトの3つの選択肢

手順4の操作1の[レイアウト]欄には、3つの選択肢があります。[ステップ]と[ブロック]では、すべてのフィールドが表形式で表示されます。[アウトライン]では、親レコードが単票形式、子レコードが表形式で表示されます。

●レイアウト[ステップ]の場合

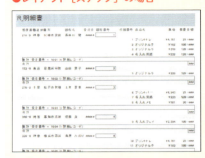

●レイアウト[ブロック]の場合

すべてのフィールドが表形式で表示される

💡 使いこなしのヒント
レイアウトの選択肢は
グループ化の設定で変わる

手順4の操作1の選択肢は、グループ化の設定をしたかどうかで変わります。グループ化しない場合、[単票形式][表形式][帳票形式]が表示されます。

● 全体の表示を確認する

ページ全体が表示された

複数の請求書が同じページに印刷されることを確認しておく

1件目の請求書

2件目の請求書

3件目の請求書

4件目の請求書

請求書の交互に色が付いていることを確認しておく

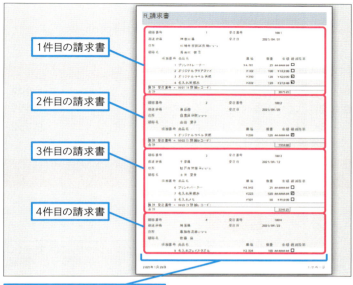

使いこなしのヒント

レイアウトの調整や改ページの設定が必要

作成したレポートは、レイアウトの調整、交互の行の色の解除、改ページの設定などの改良が必要です。レッスン77～83で改良していきます。

スキルアップ

主キーのレコードを元にヘッダーとフッターが追加される

レポートウィザードでグループ化の単位として［T_受注］テーブルを選択すると、レポートが［T_受注］テーブルの主キーである［受注番号］フィールドでグループ化されます。レポートには［受注番号ヘッダー］と［受注番号フッター］というグループセクションが追加されます。［受注番号ヘッダー］はグループの先頭に印刷されるセクションで、［受注番号フッター］はグループの最後に印刷されるセクションです。

◆［受注番号ヘッダー］セクション
受注番号や顧客名、明細表の見出しが配置される

◆［受注番号フッター］セクション
［金額］フィールドの合計が配置される

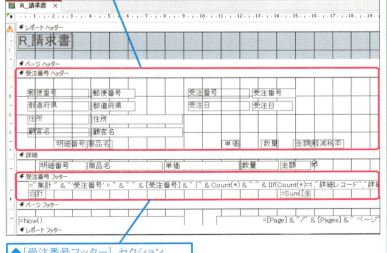

76 グループ化

できる 331

レッスン 77 明細書のセクションを整えるには

グループヘッダー

練習用ファイル L077_レイアウト.accdb

前レッスンで作成した［R_請求書］レポートのセクションの設定を整えましょう。どの請求書も同じ体裁になるように、不要なセクションを削除します。また、1件おきに色が付く状態も解除します。改ページは次レッスンで設定します。

キーワード
セクション	P.458
フッター	P.459
ヘッダー	P.460

活用編　第9章　レポートを見やすくレイアウトするには

すべての請求書が同じ体裁で印刷されるようにする

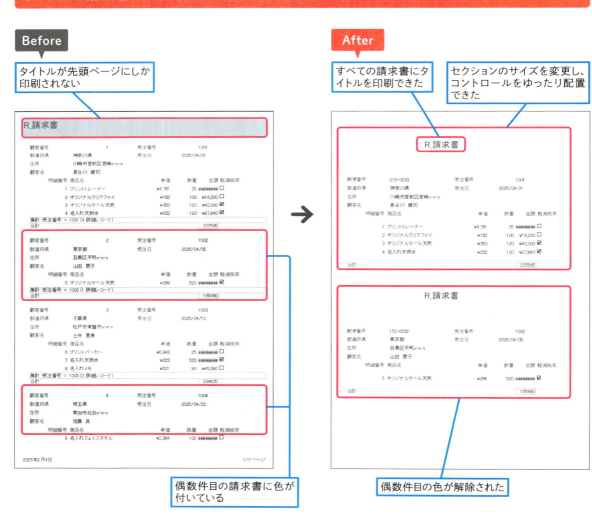

Before
- タイトルが先頭ページにしか印刷されない
- 偶数件目の請求書に色が付いている

After
- すべての請求書にタイトルを印刷できた
- セクションのサイズを変更し、コントロールをゆったり配置できた
- 偶数件目の色が解除された

1 メインフォームの位置とサイズを調整する

レッスン38を参考に［R_請求書］を
デザインビューで表示しておく

コントロールの表示を
調整する

1 ［受注番号フッター］セクションに
あるテキストボックスをクリック

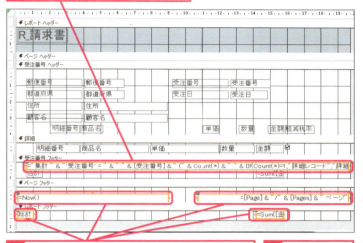

2 Ctrlキーを押しながら［ページフッター］セクショ
ンと［レポートフッター］セクションにあるテキス
トボックスをクリック

3 Deleteキーを
押す

選択したコントロールが
削除された

［受注番号ヘッダー］セクションにラベルを移
動させるためのスペースを作る

4 ［受注番号ヘッダー］セクションの下端に
マウスポインターを合わせる

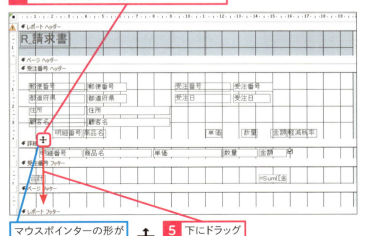

マウスポインターの形が
変わった

5 下にドラッグ

［受注番号ヘッダー］セクションが広がった

使いこなしのヒント
不要なコントロールは削除する

レポートウィザードで作成したレポート
には、ページ番号や印刷日など、不要な
要素が複数あるので削除します。［受注番
号］フッターにある合計のラベルとテキ
ストボックスはこのあと使用するので削除し
ないでください。

使いこなしのヒント
各ページの印刷内容を確認しよう

［R_請求書］レポートには［レポートヘッ
ダー］［受注番号ヘッダー］［詳細］［受注
番号フッター］［ページフッター］［レポー
トフッター］の6セクションが表示されて
います。各セクションは以下の順序で印
刷されます。

●先頭ページ

●最終ページ

●コントロールを移動する

| 6 | ここをドラッグして [受注番号ヘッダー] の全コントロールを選択 |
| 7 | 下にドラッグ |

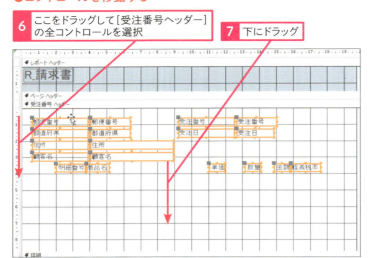

| コントロールが移動した |
| 8 | タイトルのラベルをクリック |
| 9 | [受注番号ヘッダー] までドラッグ |

| タイトルが [受注番号ヘッダー] に移動した |

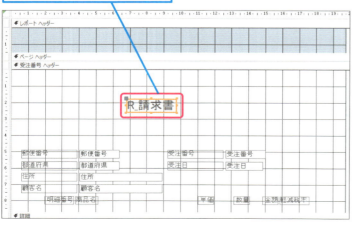

使いこなしのヒント
正確に垂直移動するには

コントロールを選択して↓キーを押すと、垂直方向に移動できます。初期設定では、矢印キーを1回押すごとに1mm移動します。矢印キーを押し続ければ、素早く移動します。

ここに注意

コントロールを選択しそびれて一部しか移動できなかった場合や、思い通りの位置に移動できなかった場合は、操作を元に戻しましょう。クイックアクセスツールバーの [元に戻す] ボタンをクリックするか、Ctrlキーを押しながらZキーを押すと元に戻せます。

ショートカットキー
操作を元に戻す　　Ctrl + Z

使いこなしのヒント
セクション間の移動もドラッグで行える

コントロールをセクション内で移動する場合も、セクションをまたいで移動する場合も、ドラッグで移動できます。

2 不要なセクションを非表示にする

不要なセクションは表示しないようにする

1 [レポートヘッダー] セクションのエリアを右クリック

2 [レポートヘッダー／フッター] をクリック

[レポートヘッダー] セクションと [レポートフッター] セクションが非表示になった

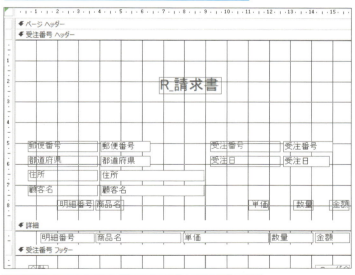

同様に [ページヘッダー] セクションと [ページフッター] セクションを非表示にしておく

使いこなしのヒント
調整後の印刷内容を確認しよう

レポートヘッダー／フッターとページヘッダー／フッターを削除すると、レポートに [受注番号ヘッダー] [詳細] [受注番号フッター] の3セクションが残ります。印刷すると、この3つのセクションが繰り返し印刷されます。セクションのサイズを広げたので、1ページあたり2つのグループが印刷されます。

すべてのページに3つのセクションが2グループずつ印刷される

使いこなしのヒント
レポートウィザードの設定が反映される

レッスン76のレポートウィザードの中で、[T_受注] テーブル単位でグループ化を行いました。その結果、[T_受注] テーブルのレコードと同じ数のグループが印刷されます。

3 交互の行の色を解除する

一色だけのシンプルな表示にする

1 ［受注番号ヘッダー］セクションのセクションバーをクリック

2 ［書式］タブをクリック

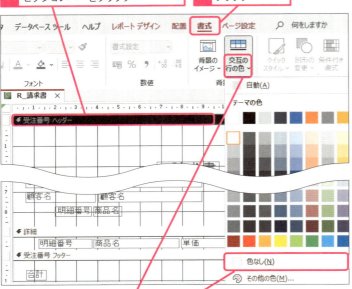

3 ［交互の行の色］のここをクリック

4 ［色なし］をクリック

［受注番号ヘッダー］セクションの交互の行の色が解除された

5 同様に［詳細］セクション、［受注番号フッター］セクションも［交互の行の色］を［色なし］にしておく

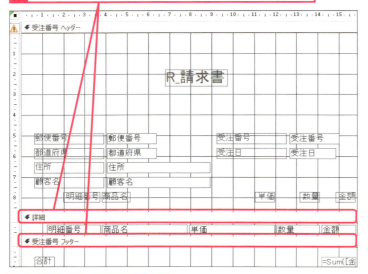

［上書き保存］をクリックしておく

使いこなしのヒント
続けて同じ色に設定できる

操作5では、［交互の行の色］ボタンの上側をクリックするだけで、操作4で選択したのと同じ［色なし］を設定できます。

1 ここをクリック

直前に設定した色と同じ色に設定できる

使いこなしのヒント
色を解除した行を確認しよう

手順3では、［受注番号ヘッダー］［詳細］［受注番号フッター］の3セクションの［交互の行の色］を解除しました。解除の結果は、印刷プレビューで確認してください。

［詳細］の色を解除する

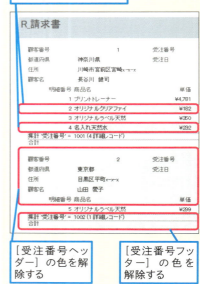

［受注番号ヘッダー］の色を解除する

［受注番号フッター］の色を解除する

スキルアップ
データベースにパスワードを設定するには

データを第三者に見られたくない場合は、データベースファイルにパスワードを設定しましょう。ファイルを開くときに、パスワードの入力を求められるようになります。パスワードを設定するには、ファイルを「排他モード」（他の人が同時に同じファイルを開くことができない状態）で開く必要があります。

●ファイルを開く

レッスン09を参考に［ファイルを開く］画面を表示して、ファイルを選択しておく

1 ここをクリック

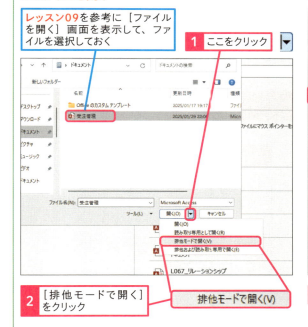

2 ［排他モードで開く］をクリック

●［情報］の画面を表示する

3 ［ファイル］タブをクリック

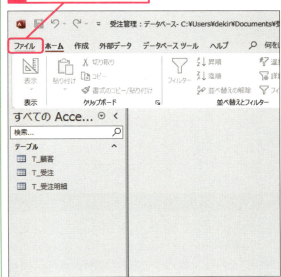

●暗号化を行う

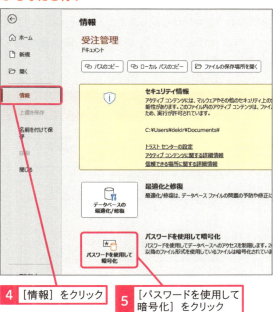

4 ［情報］をクリック

5 ［パスワードを使用して暗号化］をクリック

●パスワードを設定する

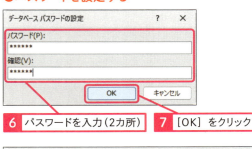

6 パスワードを入力（2カ所）

7 ［OK］をクリック

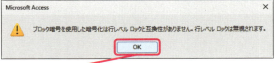

8 ［OK］をクリック

ファイルにパスワードが設定された

パスワードを解除するには、ファイルを排他モードで開き、操作4の画面を表示して［データベースの解読］をクリックする

レッスン 78 明細書ごとにページを分けて印刷するには

改ページ　　　練習用ファイル　L078_改ページ.accdb

1件分の請求書は［受注番号ヘッダー］［詳細］［受注番号フッター］の3つのセクションから成ります。このレッスンでは［受注番号フッター］の最後に改ページを設定して、請求書が1件ずつ別の用紙に印刷されるようにします。

キーワード	
セクション	P.458
プロパティシート	P.459

活用編　第9章　レポートを見やすくレイアウトするには

請求書ごとに改ページして印刷する

Before 1枚に複数の請求書が印刷される

After 1枚に1件分の請求書が印刷された

使いこなしのヒント

改ページの設定を変える

レポートの各セクションは、受注番号ヘッダー、詳細、受注番号フッター、受注番号ヘッダー、詳細、……と繰り返し印刷され、用紙の下部に次のセクションが収まらなくなったところで自動的に改ページされます。このレッスンでは、［受注番号フッター］セクションの末尾で強制的に改ページされるように設定します。

1 ［プロパティシート］を表示する

レッスン44を参考に［R_請求書］をデザインビューで表示しておく

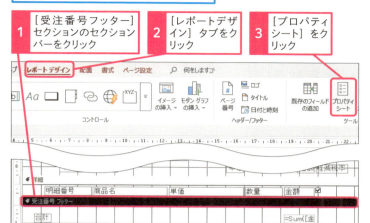

使いこなしのヒント
セクションごとに改ページを設定できる

グループヘッダー、詳細、グループフッターには、［改ページ］プロパティが用意されており、セクションの前か後ろで強制的に改ページできます。なお手順2の操作4の選択肢に出てくる「カレントセクション」とは、現在選択されているセクションのことを指します。

2 改ページを設定する

使いこなしのヒント
受注番号フッターの後ろで強制的に改ページする

［R_請求書］レポートでは、1件分の請求書が［受注番号ヘッダー］［詳細］［受注番号フッター］の3つのセクションから構成されます。したがって［受注番号フッター］の後ろに改ページを入れると、請求書を1件ずつ別の用紙に印刷できます。

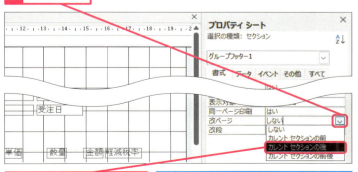

使いこなしのヒント
印刷プレビューを確認するには

どの位置で改ページされるかを確認するには、**レッスン48**を参考に印刷プレビューに切り替えてください。

レッスン 79 用紙の幅に合わせて配置を整えるには

レポートの幅

練習用ファイル L079_レポートの配置.accdb

請求書の左右のバランスを調整しましょう。用紙サイズと余白サイズが決まると、印刷領域のサイズが決まります。印刷領域の幅に対してコントロールをバランスよく配置すると、レポートをバランスよく印刷できます。

キーワード

コントロール	P.457
ルーラー	P.460

活用編 第9章 レポートを見やすくレイアウトするには

用紙に収まるようにコントロールをレイアウトする

Before

R_請求書

コントロールが偏って配置されている

郵便番号	216-0033	受注番号		1001
都道府県	神奈川県	受注日		2025/04/01
住所	川崎市宮前区宮崎x-x-x			
顧客名	長谷川 健司			

明細番号	商品名	単価	数量	金額	軽減税率
1	プリントトレーナー	¥4,781	25	########	☐
2	オリジナルクリアファイ	¥182	100	¥18,200	☐
3	オリジナルラベル天然	¥350	120	¥42,000	☑
4	名入れ天然水	¥232	120	¥27,840	☑

合計 207565

コントロールが整理され、用紙の左右中央にバランスよく収まった

After

受注番 1001
2025/04/01

R_請求書

216-0033
神奈川県
川崎市宮前区宮崎x-x-x
長谷川 健司

商品名	単価	数量	金額	軽減税率
プリントトレーナー	¥4,781	25	¥119,525	☐
オリジナルクリアファイル	¥182	100	¥18,200	☐
オリジナルラベル天然水	¥350	120	¥42,000	☑
名入れ天然水	¥232	120	¥27,840	☑

使いこなしのヒント

上下のサイズは明細行数によって変わる

レポートの横のサイズは設計段階で決まりますが、縦のサイズはデータ数によって変わります。受注明細データの数が多い場合、明細表の行数が増えます。このレッスンの操作後の請求書の場合、1件あたりの受注明細データが22件程度あると明細表が2ページ目にまたがります。

1 用紙の余白を設定する

レッスン44を参考に［R_請求書］を
デザインビューで表示しておく

用紙の余白とレポートの
幅を設定する

1 ［ページ設定］タブをクリック

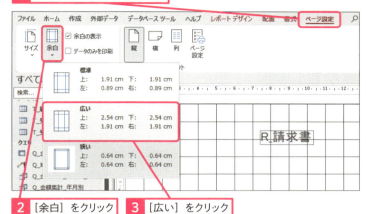

2 ［余白］をクリック　　3 ［広い］をクリック

使いこなしのヒント
余白のサイズを自由に設定するには

操作3の［余白］のメニューでは、［標準］［広い］［狭い］の3つから選択します。自由なサイズを設定したい場合は、［ページ設定］タブの［ページ設定］をクリックします。すると［ページ設定］画面が表示され、上下左右の余白のサイズをそれぞれmm単位で入力できます。

2 レイアウトを調整する

コントロールのレイアウトを調整する　不要なコントロールを削除する

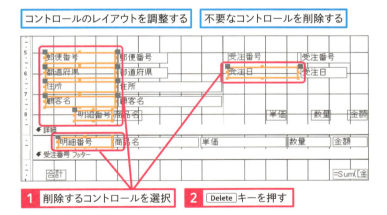

1 削除するコントロールを選択　2 Delete キーを押す

選択したコントロールが削除された

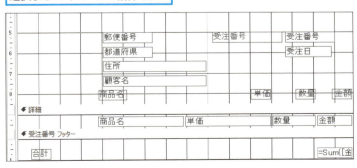

使いこなしのヒント
削除するコントロールを確認しよう

手順2では［受注番号ヘッダー］セクションの［郵便番号］［都道府県］［住所］［顧客名］［受注日］［明細番号］のラベル、［詳細］セクションの［明細番号］のテキストボックスを削除します。画面の左側にあるコントロールはドラッグで選択し、［受注日］は Ctrl キーを押しながらクリックして選択しましょう。

使いこなしのヒント
ルーラーを目安にコントロールを配置しよう

A4用紙の横幅が21cm、手順1の操作3で選択した左右の余白がそれぞれ1.91cmなので、差し引き約17cmが印刷領域の幅になります。ルーラーの17cmの位置を目安に、コントロールをバランスよく配置しましょう。

次のページに続く→

●コントロールの位置やサイズを調整する

| 全体の配置を整える | **3** | レッスン60を参考に各コントロールのサイズや位置を図のように調整する |

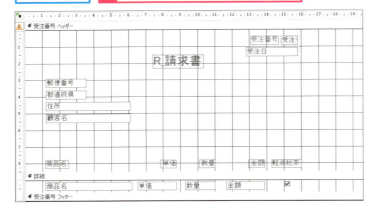

●レポートの幅を調整する

| レポートセレクターにエラーインジケーターが表示されている | | **4** | ［受注番号ヘッダー］セクション領域の右端にマウスポインターを合わせる |

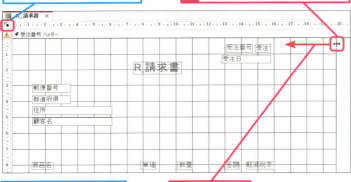

| マウスポインターの形が変わった | | **5** | 左にドラッグ |

| レポートの幅が印刷に適した値になったのでエラーインジケーターが消えた |

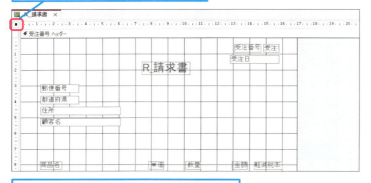

［上書き保存］をクリックして上書き保存しておく

用語解説

レポートセレクター

レポートセレクターとは、レポートのデザインビューの左上に表示される四角い領域です。ここをクリックすると中に小さい四角形が表示され、レポートが選択されます。

用語解説

エラーインジケーター

レポートセレクターの左上に表示される緑色の三角形を「エラーインジケーター」と呼びます。レポートの幅が用紙の印刷領域を超えている場合など、何らかの不具合がある場合に表示されます。

使いこなしのヒント

エラーの情報を確認するには

レポートセレクターの下に表示される⚠をクリックすると、エラーの内容の確認や対処方法の実行、ヘルプの表示などを行えます。ここではレポートの幅を17cm弱にしてエラーを解消しました。

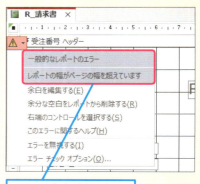

エラーの内容が表示される

活用編 第9章 レポートを見やすくレイアウトするには

👍 スキルアップ
表形式のレイアウトのずれを調整するには

コントロールに表形式レイアウトを設定したときに、ラベルとテキストボックスの対応が正しく認識されず、ずれてしまうことがあります。そのようなときは、ラベルの下の空白セルまで、テキストボックスをドラッグします。あまった空白セルは削除します。なお、表形式レイアウトを適用したときに、ページヘッダー／フッターが表示されることがありますが、不要な場合は非表示にしましょう。

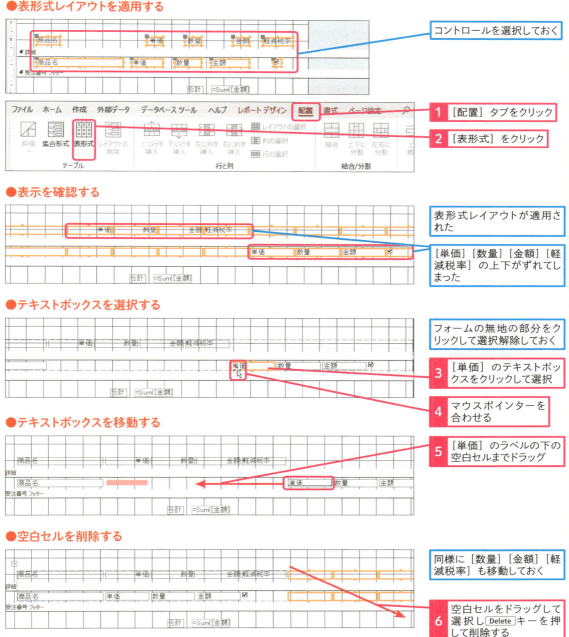

レッスン 80 レポートに自由に文字を入力するには

ラベルの追加 | 練習用ファイル　L080_ラベル追加.accdb

レポートの自由な位置に文字を入力して印刷したい場合は、コントロールの一覧からラベルを追加します。ここでは、請求書にラベルを追加して、発行者の情報を記載します。合わせて、タイトルの文字も「請求書」に変更します。

🔍 キーワード

コントロール	P.457
ラベル	P.460

活用編　第9章　レポートを見やすくレイアウトするには

ラベルを追加して差出人情報を印刷する

Before レポートに差出人情報も含めたい

After 差出人情報などを記したラベルを追加した

1 ラベルを追加する

レッスン44を参考に［R_請求書］をデザインビューで表示しておく

1　「R_請求書」のラベルをクリック

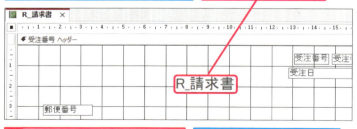

2　マウスカーソルを「R_」の後ろに移動して Back space キーを2回押す

ラベルの文字が「請求書」に変更された

3　［レポートデザイン］タブをクリック

4　［ラベル］をクリック

💡 使いこなしのヒント

ラベルの文字を編集するには

ラベルをクリックして選択したあと、もう一度クリックするとラベルの文字が編集可能になります。ラベル内にカーソルが表示されるので、文字を編集して Enter キーで確定します。

ラベルを2回クリックすると編集が可能になる

マウスポインターの形が変わった

5 ドラッグしてラベルを作成

ラベルが追加された

> **使いこなしのヒント**
> **ラベルの入力中に改行するには**
>
> ラベルの入力中に改行するときは、[Ctrl]キーを押しながら[Enter]キーを押します。単に[Enter]キーを押すと、編集の確定になってしまうので注意してください。

2 ラベルに文字を入力する

1 右の文字を入力する

改行するには[Ctrl]+[Enter]を押す

●入力する文字

101-0051
東京都千代田区神田神保町x-x-x

株式会社できるグッズ企画

登録番号：TXXXXXXXXXXXXX
振込先：できる銀行XXXXXXXX

ラベルを追加し、「下記の通りご請求申し上げます。」と入力しておく

入力が終わったらレッスン48を参考に印刷プレビューを確認する

内容を確認して上書き保存しておく

> **使いこなしのヒント**
> **独自のページ番号を挿入するには**
>
> オートレポートやレポートウィザードで自動挿入されたページ番号を削除して、独自のページ番号を挿入することができます。[レポートデザイン]タブの[ページ番号]ボタンをクリックすると、[ページ番号]画面が開きます。偶数ページと奇数ページでページ番号の位置を変えたり、表紙のページ番号を非表示にしたりと、目的に合わせて設定できます。
>
>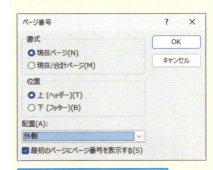
>
> [ページ番号]画面で任意のページ番号を作成できる

レッスン 81 コントロールの表示内容を編集するには

コントロールソース、名前 | **練習用ファイル** L081_コントロールソース編集.accdb

ここでは［都道府県］のテキストボックスに［住所］フィールドのデータを含めて表示します。また、［顧客名］を敬称付きで表示します。テキストボックスの［コントロールソース］プロパティと［名前］プロパティを使用して設定します。

🔍 キーワード

演算子	P.457
コントロールソース	P.458
プロパティシート	P.459

宛先と宛名の体裁を整える

都道府県と住所が連結し、顧客名に「様」が付いた

1 都道府県と住所を連結して表示する

レッスン44を参考に［R_請求書］をデザインビューで表示しておく

［住所］のテキストボックスを削除しておく

［都道府県］のテキストボックスの幅を広げておく

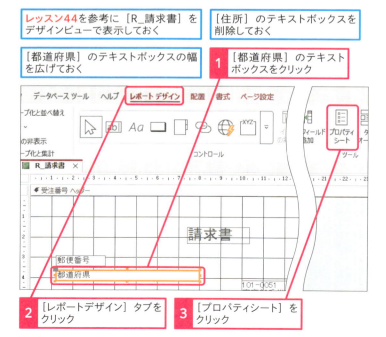

1. ［都道府県］のテキストボックスをクリック
2. ［レポートデザイン］タブをクリック
3. ［プロパティシート］をクリック

💡 使いこなしのヒント

1つのテキストボックスに住所をまとめる

練習用ファイルを開いた状態では、レポートに［都道府県］と［住所］の2つのテキストボックスが配置されています。ここでは、［都道府県］のテキストボックスを広げて都道府県と住所を連結したデータを表示させます。［住所］のテキストボックスは不要になるので削除します。

［都道府県］のテキストボックスの幅を広げる

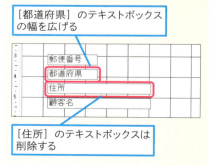

［住所］のテキストボックスは削除する

346 できる

第9章 活用編 レポートを見やすくレイアウトするには

● [プロパティシート] で設定を行う

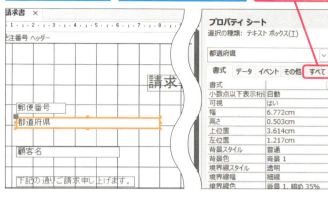

| [プロパティシート]が表示された | [都道府県]のコントロールソースを編集する | 4 [すべて] タブをクリック |

5 [名前] に「宛先」と入力

6 [コントロールソース] 欄をクリック

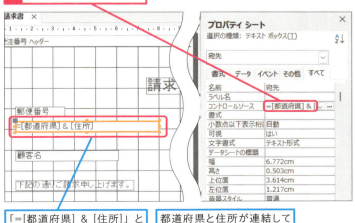

7 「=[都道府県]＆[住所]」と入力

| 「=[都道府県]＆[住所]」と表示された | 都道府県と住所が連結して表示されるようになった |

使いこなしのヒント

[すべて] タブでまとめて設定できる

プロパティシートの [すべて] タブには、[書式][データ][イベント][その他] の4つのタブに含まれるプロパティがすべて表示されます。[名前]は[その他]タブ、[コントロールソース]は[データ]タブに含まれるプロパティですが、[すべて]タブでまとめて設定できます。

使いこなしのヒント

[名前] プロパティで名前を設定する

[名前] プロパティでは、コントロールの名前を設定します。レポートウィザードで作成したレポートでは、テキストボックスにフィールド名と同じ名前が設定されています。操作5では、[都道府県]のテキストボックスの名前を「都道府県」から「宛先」に変更します。

用語解説

＆演算子

「＆」は、文字列を連結する働きをする演算子です。[コントロールソース] プロパティに「=[都道府県]＆[住所]」を設定すると、都道府県と住所を連結した文字列を表示できます。

2 顧客名に「様」を付ける

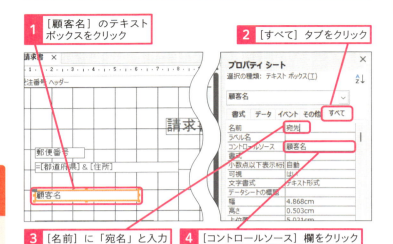

1. [顧客名]のテキストボックスをクリック
2. [すべて]タブをクリック
3. [名前]に「宛名」と入力
4. [コントロールソース]欄をクリック

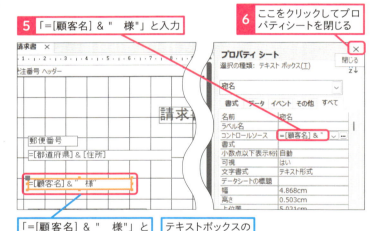

5. 「=[顧客名] & " 様"」と入力
6. ここをクリックしてプロパティシートを閉じる

「=[顧客名] & " 様"」と表示された

テキストボックスの配置を整えておく

7. レッスン48を参考に印刷プレビューを確認する

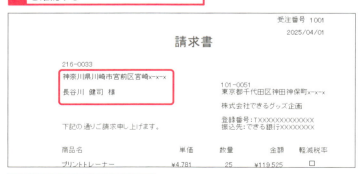

[上書き保存]をクリックして上書き保存しておく

使いこなしのヒント
プロパティシートを切り替えるには

レポート上で別のコントロールを選択すると、プロパティシートの設定対象が切り換わります。プロパティシートの上部にある一覧から設定対象を切り替えることもできます。

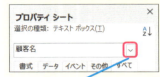

ここをクリックして一覧から設定対象のコントロールを選択できる

使いこなしのヒント
どうして名前を変更するの?

手順1でテキストボックスの名前が「都道府県」のまま[コントロールソース]プロパティに「=[都道府県] & [住所]」を設定すると、循環参照というエラーが発生します。式に出てくる「都道府県」が自分自身の名前と重複してしまうからです。あとから[コントロールソース]を変えるときは、トラブルを避けるために[名前]もセットで変えましょう。

使いこなしのヒント
フィールド名とコントロール名どちらも使える

四則演算や文字列連結では、フィールド名とコントロール名のどちらも使えます。例えば、[在庫数]フィールドを表示する「テキスト1」という名前のテキストボックスがある場合、「[在庫数]+100」と「[テキスト1]+100」は同じ計算を行います。関数の場合も、ほとんどの関数がフィールド名とコントロール名のどちらも引数に指定できますが、Sum関数の引数にはフィールド名しか使えません。

スキルアップ

レポートで消費税を計算するには

この章では複数税率対応の請求書を作成しますが、扱う商品の消費税率がすべて10%ということもあるでしょう。ここでは単一税率の請求書で消費税を計算する方法を紹介します。[受注ID]フッターにテキストボックスを2つ配置し、消費税と税込金額を求めます。なお、手順の中で使用しているFix関数は、小数点以下の数値を取り除く関数です。

●テキストボックスを配置する

レッスン62を参考にテキストボックスを2つ配置しておく

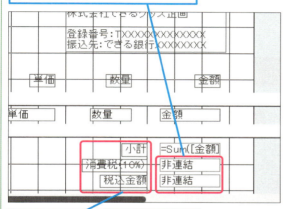

ラベルの文字を「小計」「消費税（10%）」「税込金額」に変更しておく

●小計のテキストボックスを編集する

プロパティシートを表示しておく

1 小計のテキストボックスをクリック

2 ［すべて］タブをクリック

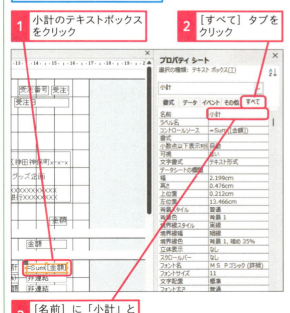

3 ［名前］に「小計」と入力

●消費税のテキストボックスを編集する

4 消費税のテキストボックスをクリック

5 ［すべて］タブをクリック

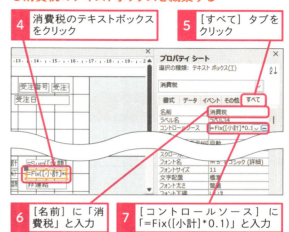

6 ［名前］に「消費税」と入力

7 ［コントロールソース］に「=Fix([小計]*0.1)」と入力

●合計のテキストボックスを編集する

8 税込金額のテキストボックスを選択

9 ［すべて］タブをクリック

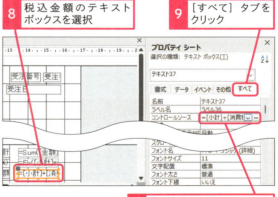

10 ［コントロールソース］に「=[小計]+[消費税]」と入力

●表示を確認する

印刷プレビューを確認

単価	数量	金額
¥4,781	25	¥119,525
¥182	100	¥18,200
	小計	137725
	消費税(10%)	13772
	税込金額	151497

消費税と税込金額を計算できた

計算結果を通貨形式で表示する方法はレッスン83を参照

レッスン 82 表に罫線を付けるには

線を引く | **練習用ファイル** L082_罫線.accdb

表に罫線を入れるとデータの区切りが明確になり、メリハリのある表になります。このレッスンでは「線」というコントロールを使用して、[受注番号ヘッダー] セクションの下端と [詳細] セクションの下端に線を引きます。

キーワード

コントロール	P.457
セクション	P.458
テキストボックス	P.458

明細表に罫線を表示する

Before 要素がばらばらに並んでいて読みにくい
After 要素を整理して罫線を加え、見やすくなった

1 罫線を設定する

レッスン44を参考に [R_請求書] をデザインビューで表示しておく

1. [レポートデザイン] タブをクリック
2. [コントロール] をクリック

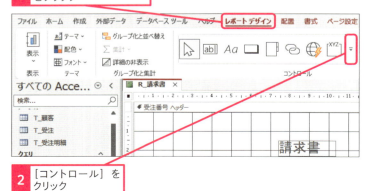

使いこなしのヒント
線を引く場所を確認しておこう

このレッスンでは、明細表の各行の下に線を引きます。表が何行ある場合でも、下線を引く場所は [受注番号ヘッダー] セクションの下端と [詳細] セクションの下端の2カ所です。

● 罫線を引く

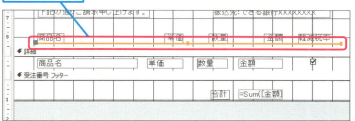

使いこなしのヒント
水平線を引くには

線を引く際に、[Shift]キーを押しながら横方向にドラッグを開始すると、水平線を引けます。既存の水平線のサイズを変更する場合も、[Shift]キーを押しながらドラッグを開始すると、水平線を保てます。

使いこなしのヒント
線は↓キーで移動できる

セクションの下端に水平線を引くのが難しい場合は、[受注番号ヘッダー]セクションの空きスペースに水平線を引き、↓キーで下に移動するといいでしょう。↓キーを繰り返し押せば、[詳細]セクションに線を移動することも可能です。

使いこなしのヒント
コピー&ペーストで線を複製できる

[受注番号ヘッダー]セクションに引いた線を選択し、[ホーム]タブの[コピー]をクリックしてコピーします。[詳細]セクションのセクションバーをクリックし、[ホーム]タブの[貼り付け]をクリックすると、[詳細]セクションの先頭に貼り付けられます。↓キーや→キーで位置を調整すると、簡単に同じ長さの線を作成できます。

次のページに続く→

できる　351

2 テキストボックスの枠線を透明にする

合計金額のテキストボックスの枠線を透明にする

1 [合計] のテキストボックスをクリック　**2** [書式] タブをクリック

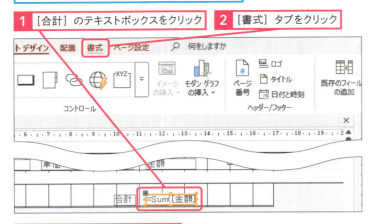

3 [図形の枠線] のここをクリック

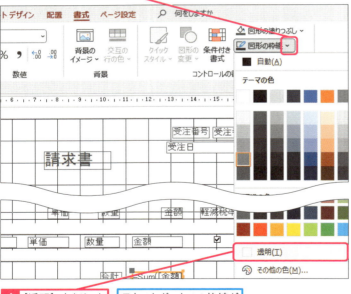

4 [透明] をクリック　テキストボックスの枠線が透明になった

5 レッスン48を参考に印刷プレビューを確認する　[上書き保存] をクリックして上書き保存しておく

使いこなしのヒント
線の配置を簡単に揃えるには

[配置] タブにある [配置] ボタンを使用すると、2本の線の配置を簡単に揃えられます。

1 ドラッグして2本の線を選択

2 [配置] タブをクリック

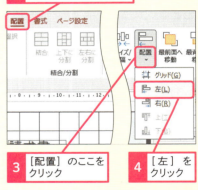

3 [配置] のここをクリック　**4** [左] をクリック

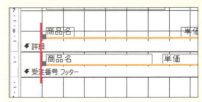

2本の線の左の位置が揃った

使いこなしのヒント
印刷プレビューで確認する

デザインビューでは、テキストボックスに必ず境界線が表示されます。枠線が透明になっているかどうかを確認したいときは、印刷プレビューに切り替えましょう。

👍 スキルアップ
［枠線］機能で罫線を簡単に設定するには

コントロールにコントロールレイアウトが適用されている場合、［枠線］機能で簡単に罫線を設定できます。下図では、表形式レイアウトの各行に下罫線を設定しています。操作3のメニューからも［色］［幅］を設定できます。

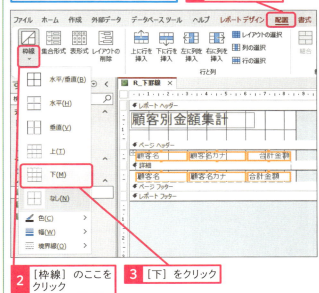

👍 スキルアップ
コントロールの上下の文字配置を調整するには

ラベルやテキストボックス内の文字は、上揃えで表示されます。文字の上下の位置を変更したいときは、［上余白］プロパティにコントロールの上端から文字の上端までの長さを指定します。［上余白］の初期値は「0cm」です。

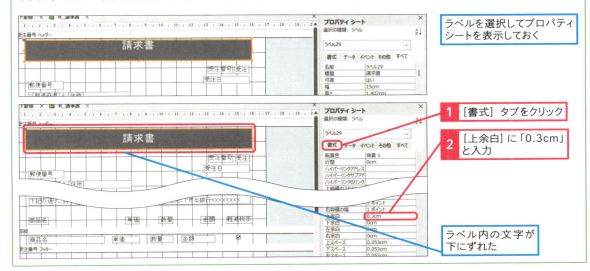

レッスン 83 データの表示方法を設定するには

書式の設定　　　　　　　　　　**練習用ファイル** L083_書式.accdb

テキストボックスに表示されるデータは、[書式] プロパティを使用して表示形式を変更できます。請求書の日付を「○年○月○日」形式で、郵便番号を「123-4567」形式で、数値を通貨形式で表示してみましょう。

キーワード
テキストボックス	P.458
プロパティシート	P.459

データに書式を設定して見栄えを整える

宛名の郵便番号や日付、合計金額の表示を変えたい

書式が整って見やすくなった

1 日付を「○年○月○日」の形式で表示する

レッスン44を参考に [R_請求書] をデザインビューで表示しておく

[受注日] に表示される日付の表示形式を「○年○月○日」にする

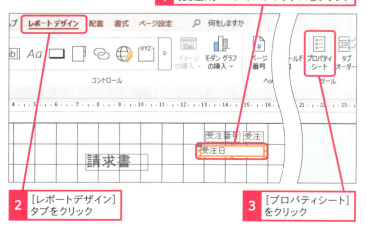

1. [受注日] のテキストボックスをクリック
2. [レポートデザイン] タブをクリック
3. [プロパティシート] をクリック

使いこなしのヒント
プロパティシートを自由な位置とサイズで表示するには

プロパティシートのタイトル部分にマウスポインターを合わせて、形が ✣ になったらクリックして左方向にドラッグすると、Accessのウィンドウから切り離して、自由な位置とサイズで表示できます。タイトル部分を右方向にウィンドウの外側までゆっくりドラッグすると、元の位置に固定できます。

プロパティシートは自由な位置に配置できる

● [プロパティシート] で設定を行う

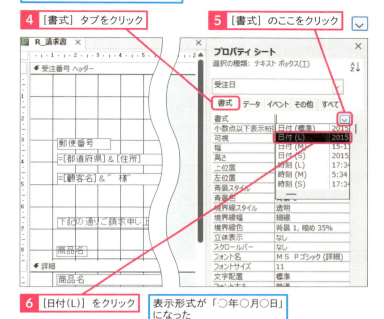

2 郵便番号を「123-4567」の形式で表示する

[郵便番号] に表示される数値の表示形式を「123-4567」にする

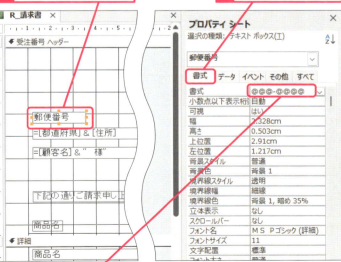

使いこなしのヒント
日付の書式を確認しておこう

日付データの [書式] プロパティの選択肢には下表の種類があります。表示例は、Windowsの標準設定の場合の例です。

選択肢	表示例
日付（標準）	2025/04/01
日付（L）	2025年4月1日
日付（M）	25-04-01
日付（S）	2025/04/01

使いこなしのヒント
日付の書式指定文字を設定するには

[書式] プロパティでは、「書式指定文字」という記号を使用してオリジナルの表示形式を定義できます。日付を和暦で表示したり、曜日付きで表示したりといった自由な設定を行えます。なお、下表の設定例を [書式] プロパティに入力すると、自動で「.」「年」などの文字の前に円記号「¥」が付きます。

設定例	表示例
ge.m.d	R7.4.1
ggge年m月d日	令和7年4月1日
yyyy/m/d(aaa)	2025/4/1(火)

使いこなしのヒント
「@」で文字を指定する

半角の「@」は、文字を表す書式指定文字です。郵便番号データの [書式] プロパティに「@@@-@@@@」と指定すると、3文字目と4文字目の間にハイフンが表示されます。

3 数値を通貨の形式で表示する

[合計]に表示される数値の表示形式を通貨形式にする

1 [合計]のテキストボックスをクリック
2 [書式]タブをクリック
3 [書式]のここをクリック

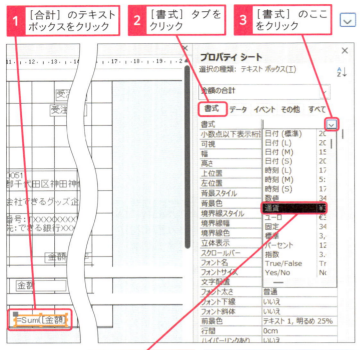

4 [通貨]をクリック

レッスン62を参考にプロパティシートを閉じておく

5 レッスン48を参考に印刷プレビューを確認する

[上書き保存]をクリックして上書き保存しておく

使いこなしのヒント

ダブルクリックで印刷プレビューを開くには

レポートが完成したら、ナビゲーションウィンドウから直接印刷プレビューが表示されるようにしておくと便利です。[既定のビュー]プロパティに[印刷プレビュー]を設定すると、ナビゲーションウィンドウでレポートをダブルクリックしたときに印刷プレビューが開きます。

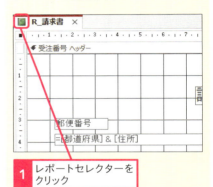

1 レポートセレクターをクリック

プロパティシートを表示しておく

2 [書式]タブをクリック

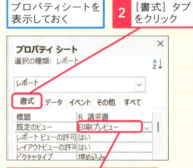

3 [既定のビュー]で[印刷プレビュー]を選択

スキルアップ
レポートをPDF形式で保存するには

作成したレポートの印刷イメージは、PDF形式で保存できます。PDFとは、OSやアプリに依存せずにさまざまな環境で表示できる電子文書のファイル形式です。PDF形式で保存すれば、メールに添付するなどしてレポートをやり取りできます。

なお、以下の手順で操作すると、レポートのすべてのページが1つのPDFファイルに保存されます。特定のページだけをPDFファイルに保存したいときは、操作3の画面で［オプション］をクリックし、保存するページ番号を指定してください。

●［PDFまたはXPS形式で発行］画面を表示する

レッスン48を参考に印刷プレビューで表示しておく

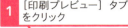 1 ［印刷プレビュー］タブをクリック

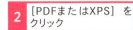 2 ［PDFまたはXPS］をクリック

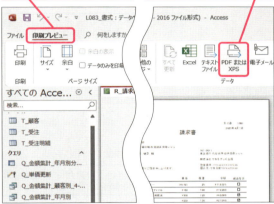

●表示を確認する

PDF表示用のアプリが起動してPDFが表示される

初期状態ではMicrosoft Edgeで表示される

6 内容を確認したらここをクリックして閉じる

●PDF表示用のアプリを起動する

［PDFまたはXPS形式で発行］画面が表示される

3 保存先をクリック

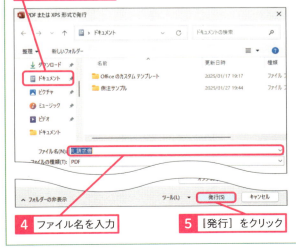

4 ファイル名を入力　　5 ［発行］をクリック

［エクスポート操作の保存］画面が表示される

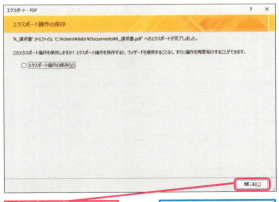

7 ［閉じる］をクリック

レポートがPDF形式で保存された

レッスン 84 金額を消費税率別に振り分けるには

IIf関数　　練習用ファイル L084_IIf関数.accdb

インボイス制度における請求書では、消費税率ごとに各商品の金額を合計して消費税を求めるのが決まりです。ここではその計算の準備として、各商品の金額を「標準税率の商品の金額」「軽減税率の商品の金額」の2種類に振り分けます。

キーワード
フィールド	P.459
レコードソース	P.460
レポート	P.460

レコードソースに［標準金額］［軽減金額］フィールドを作成する

After

軽減税率が「No」の場合は［標準金額］フィールドに金額を表示する

軽減税率が「Yes」の場合は［軽減金額］フィールドに金額を表示する

1 クエリビルダーを起動してフィールドを作成する

レッスン44を参考に［R_請求書］をデザインビューで表示しておく

プロパティシートを表示する

1 レポートセレクターをクリック
2 ［レポートデザイン］タブをクリック
3 ［プロパティシート］をクリック

使いこなしのヒント
消費税計算の準備をする

次のレッスンで、レポートをインボイス制度対応の請求書として仕上げます。このレッスンではその準備としてレポートのレコードソースを調整します。

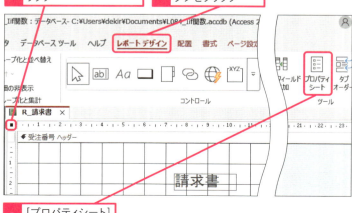

プロパティシートが表示された

クエリビルダーを起動する　　４ ［データ］タブをクリック

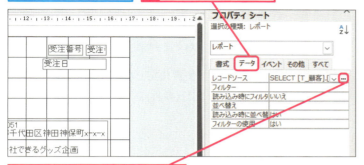

５ ［レコードソース］のここをクリック

クエリビルダーが起動した　　レポートの元になるクエリのデザインビューが表示された

新しいフィールドを表示する　　６ ここをドラッグ

レッスン25を参考に新しいフィールドの幅を広げておく　　［軽減税率］フィールドが「No」の商品の金額を表示する

７ 「標準金額: IIf([軽減税率],0,[金額])」と入力

使いこなしのヒント
レコードソースとクエリビルダー

レポートウィザードで作成した初期状態のレポートで使用できるのは、ウィザードの中で指定したフィールドだけです。使用するフィールドの追加や編集を行うには、［レコードソース］プロパティからクエリビルダーを起動します。

使いこなしのヒント
レポートウィザードの設定が反映されている

レッスン76のレポートウィザードで、［T_顧客］［T_受注］［T_受注明細］の3つのテーブルからフィールドを指定しました。それらのテーブルやフィールドがクエリビルダーに表示されます。

レポートウィザードで指定したテーブルが表示される

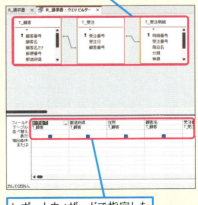

レポートウィザードで指定したフィールドが表示される

| レッスン25を参考に新しい | [軽減税率] フィールドが「Yes」の |
| フィールドの幅を広げておく | 商品の金額を表示する |

💡 使いこなしのヒント

IIf関数

IIf関数は、[条件] が真（Yes）の場合に [真の場合]、偽（No）の場合に [偽の場合] の値を返す関数です。

条件に応じて値を振り分ける
IIf(条件,真の場合,偽の場合)

8 「軽減金額: IIf([軽減税率],[金額],0)」と入力

2 新規フィールドの値を確認する

作成したフィールドの値を確認する

1 [クエリデザイン] タブをクリック

2 [表示] をクリック

データシートビューが表示された

新しいフィールドが見えるようにスクロールしておく

💡 使いこなしのヒント

IIf関数で金額を振り分ける

IIf関数で金額を振り分ける

・[標準金額] フィールド

標準金額: IIf([軽減税率],0,[金額])

[軽減税率] フィールドが「Yes」の場合に「0」、「No」の場合に [金額] を表示する

・[軽減金額] フィールド

軽減金額: IIf([軽減税率],[金額],0)

[軽減税率] フィールドが「Yes」の場合に [金額]、「No」の場合に「0」を表示する

[金額] フィールドの値が消費税率ごとに [標準金額] フィールドと [軽減金額] フィールドに振り分けられた

3 レポートのデザインビューに戻る

クエリビルダーを閉じる　　1　［閉じる］をクリック

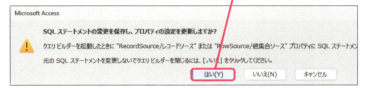

クエリビルダーでの設定の保存確認の画面が表示された　　2　［はい］をクリック

［レコードソース］プロパティの設定が更新された

レポートのデザインビューに戻った　　3　［上書き保存］をクリック

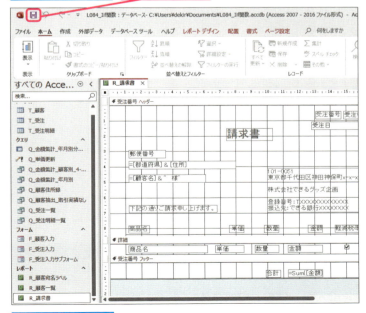

フォームを閉じておく

使いこなしのヒント
消費税率ごとの合計が容易になる

［標準金額］フィールドには、標準税率対象商品の［金額］だけが表示されます。反対に［軽減税率］フィールドには、軽減税率対象商品の［金額］だけが表示されます。各フィールドを単純合計すれば、消費税率ごとの［金額］の合計を簡単に求められます。

このフィールドを合計すれば、消費税が10％の商品の売上合計が求められる

軽減税率	標準金額	軽減金額
☐	¥119,525	¥0
☐	¥18,200	¥0
☑	¥0	¥42,000
☑	¥0	¥27,840
☑	¥0	¥155,480
☐	¥173,575	¥0
☑	¥0	¥115,960
☐	¥45,090	¥0
☐	¥239,400	¥0

このフィールドを合計すれば、消費税が8％の商品の売上合計が求められる

使いこなしのヒント
レポートの見た目は変わらない

このレッスンではレコードソースに2つのフィールドを追加しました。ただし、追加したフィールドは自動でレポートに配置されるわけではありません。レポートで使用できるようスタンバイした状態になります。この時点ではレポートの見た目に変化はありません。

レッスン 85 合計金額や消費税を求めるには

コントロールの計算 | **練習用ファイル** L085_計算.accdb

インボイス制度に対応した請求書を「適格請求書（インボイス）」と呼びます。このレッスンでは、適格請求書の要件に沿う計算方法で請求金額を計算し、請求書を仕上げます。

キーワード
コントロールソース	P.458
フィールド	P.459
レポート	P.460

活用編 第9章 レポートを見やすくレイアウトするには

インボイス制度対応の請求書に仕上げる

After

消費税率ごとに［金額］を合計して、それぞれの消費税を求める

用語解説

インボイス制度

インボイス制度とは、複数税率に対応した消費税の仕入税額控除の方式として導入された仕組みです。課税事業者は、仕入れの際に取引先に支払った消費税を納税額から控除する際に、複数の消費税率を正確に記載した「適格請求書」を必要とします。このため、課税事業者は取引先に適格請求書の発行を求める場合があります。

1 消費税用のテキストボックスを配置する

レッスン44を参考に［R_請求書］をデザインビューで表示しておく

［受注番号フッター］の高さを広げる

1 ［受注番号フッター］の下端にマウスポインターを合わせる

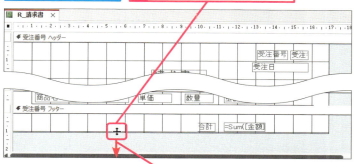

マウスポインターの形が変わった

2 下方向にドラッグ

［受注番号フッター］の高さが変わった

コントロールを移動する

3 ラベルをクリック

4 Ctrlキーを押しながらテキストボックスをクリック

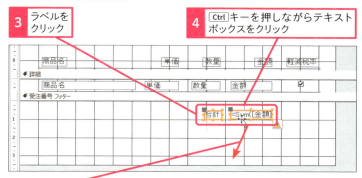

5 下方向にドラッグ

ラベルとテキストボックスが移動した

新しいテキストボックスを配置する

6 ［レポートデザイン］タブをクリック

レッスン37を参考に［コントロールウィザードの使用をオフにしておく

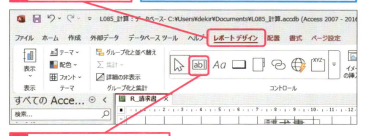

7 ［テキストボックス］をクリック

🔍 用語解説
適格請求書（インボイス）

適格請求書とは、インボイス制度で定められている方式の請求書で、「インボイス」とも呼ばれます。適格請求書を発行できるのは、税務署から適格請求書発行事業者として登録を受けた課税事業者に限られます。

💡 使いこなしのヒント
適格請求書への記載項目

適格請求書には、下記の項目を記載する必要があります。

❶発行者名と登録番号
❷取引年月日
❸取引内容、軽減税率の対象
❹税率ごとの合計金額及び適用税率
❺税率ごとの消費税額
❻受領者名

8 ［受注番号フッター］領域をクリック

使いこなしのヒント
コントロールの配置のコツ

コントロールを最初からきれいに配置するのは困難です。テキストボックスを適当な位置に4つ配置し、配置後に位置とサイズを揃えるようにしましょう。その際、256ページの「使いこなしのヒント」を参考に［配置］タブにある［サイズ／間隔］ボタンや［配置］ボタンを使用すると、複数のコントロールのサイズと位置をきれいに揃えることができます。

ラベルとテキストボックスが配置された

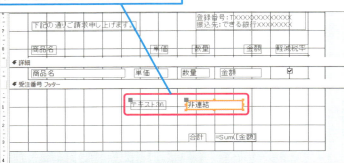

同様に新しいラベルとテキストボックスを3組配置しておく

［受注番号フッター］のコントロールの位置とサイズを調整しておく

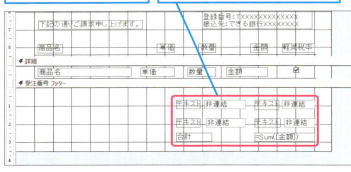

使いこなしのヒント
コピーを利用して配置する

複数のコントロールを選択してコピーし、選択を解除せずにそのまま貼り付けを実行すると、コピー元のコントロールのすぐ下に貼り付けられます。これを利用すると、コントロールを効率よくきれいに配置できます。

ラベルとテキストボックスの位置とサイズを整えて選択しておく

1 選択　**2** ［ホーム］タブの［コピー］をクリック

3 操作1の選択を解除せずに［ホーム］タブの［貼り付け］をクリック

元のコントロールのすぐ下に貼り付けられた

ラベルの文字を「10%対象」「8%対象」に変更しておく

ラベルの文字を「消費税」に変更しておく

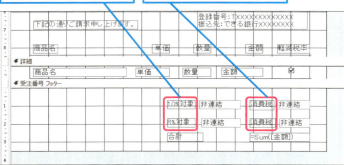

2 消費税率別に合計と消費税を計算する

テキストボックスに名前や計算式を設定する

1 [10%対象]のテキストボックスをクリック

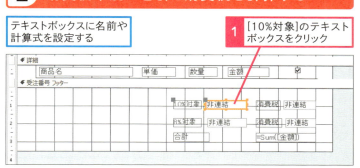

2 [レポートデザイン]タブをクリック

3 [プロパティシート]をクリック

プロパティシートが表示された

4 [データ]タブをクリック

5 [名前]に「標準計」と入力

6 [コントロールソース]に「=Sum([標準金額])」と入力

7 [書式]のここをクリックして[通貨]をクリック

使いこなしのヒント
どうしてテキストボックスに名前を付けるの?

次ページでコントロール名を使用した計算を行います。その準備として、操作5でテキストボックスに「標準計」という分かりやすい名前を付けました。

スキルアップ
レポートで四則演算する

金額の計算はレッスン57で行いましたが、レポートで行うこともできます。その場合、フィールド名またはコントロール名を使用して計算します。

●フィールド名で計算

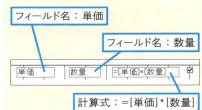

計算式:=[単価]*[数量]

●コントロールに名前を付けて計算

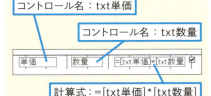

計算式:=[txt単価]*[txt数量]

使いこなしのヒント
Sum関数の計算対象はフィールド名だけ

四則演算やほとんどの関数ではフィールド名とコントロール名のどちらも使えますが、Sum関数の引数に指定できるのはフィールド名だけです。レポートに配置されていなくても、レコードソースに設定されているフィールドであれば指定できます。

> ほかのテキストボックスも下表を参考にプロパティを設定しておく

> 設定が済んだらプロパティシートを閉じておく

💡 使いこなしのヒント
消費税の計算ルール

適格請求書では、消費税率ごとに1回の端数処理を行うことがルールです。個々の商品の消費税を計算して、その都度端数処理することは認められません。

● 間違った計算例

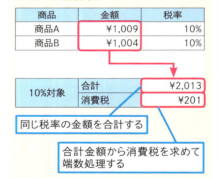

● プロパティと設定値

	名前	コントロールソース	書式
❶	標準計	=Sum([標準金額])	通貨
❷	軽減計	=Sum([軽減金額])	通貨
❸	標準税	=Fix([標準計]*0.1)	通貨
❹	軽減税	=Fix([軽減計]*0.08)	通貨
❺	(変更なし)	=[標準計]+[軽減計]+[標準税]+[軽減税]	通貨

3 請求書のデザインを整える

1 レッスン82の手順2を参考にテキストボックスの枠線を透明にする

2 [ご請求金額] のテキストボックスをクリック

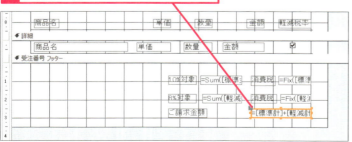

💡 使いこなしのヒント
Fix関数

Fix関数は、引数に指定した数値の小数部分を取り除いた数値を返します。

数値の小数部分を取り除く
Fix(数値)

| テキストボックスのフォントサイズを大きくする |

3 [書式] タブをクリック
4 [フォントサイズ] のここをクリック
5 [14] をクリック

| フォントサイズに合わせて [ご請求金額] のテキストボックスのサイズを整えておく |

6 レッスン82の手順1を参考に罫線を引く

7 レッスン48を参考に印刷プレビューを確認する
[上書き保存] をクリックして上書き保存しておく

使いこなしのヒント
計算式を読み解く

テキストボックスの [コントロールソース] プロパティに設定したSum関数とFix関数の意味は以下のとおりです。

● =Sum([標準金額])

[標準金額] フィールドの合計を求めます。グループフッターで計算した場合、グループ内のレコードの [標準金額] フィールドが合計されます。

● =Fix([標準計]*0.1)

[標準計] テキストボックスの値に0.1を掛けて、小数点以下を切り捨てます。

使いこなしのヒント
印刷プレビューを確認する

デザインビューでは、計算結果を確認できません。また、テキストボックスの枠線を透明にしたり、数値に通貨の書式を設定したりした結果も確認できません。必ず印刷プレビューに切り替えて確認してください。

この章のまとめ

オリジナルなレポートに挑戦しよう

請求書のような体裁のレポートは、一対多のリレーションシップの一側にあたるテーブルでグループ化を行うと、上部に宛名、下部に明細表という骨格が手早く完成します。完成したレポートは、デザインの手直しや改ページの設定が必要です。どのセクションがどの位置に印刷され、どこで改ページを行うのかを考えながら体裁を整えます。この一連の操作を身に付ければ、見積書や請求書など、さまざまな帳票を思い通りに作成できるでしょう。

個別の明細書がすぐにできて感動しました！どんどん使います。

そう！ まずは使って慣れることが大事です。レポートのテンプレートとして、便利に使ってくださいね♪

レイアウトを整えるのが楽しかったです♪ほかの形の出力にも挑戦してみます！

レポートウィザードで原型を作って、細かく整えていきましょう。オリジナルなレポートで、効率アップしてください！

活用編

第10章

マクロで画面遷移を
自動化するには

Accessには、「マクロ」というプログラムの作成機能が用意され
ています。実行したい操作を選択肢から選んでいくだけで、簡単
にプログラムを作成できる便利機能です。この章ではマクロを使
用してメニュー画面を作成し、データベースを使い勝手のいいシ
ステムに仕上げます。

86	マクロを使ってメニュー画面を作成しよう	370
87	マクロを作成するには	372
88	メニュー用のフォームを作成するには	374
89	フォームを開くマクロを作成するには	380
90	レポートを開くマクロを作成するには	384
91	顧客を検索する機能を追加するには	388
92	指定した受注番号の明細書を印刷するには	394
93	起動時にメニュー画面を自動表示するには	400

レッスン 86

Introduction この章で学ぶこと

マクロを使ってメニュー画面を作成しよう

この章ではマクロを使用して、フォームやレポートを開いたり、顧客を検索したりする操作を自動化します。自動化といっても難しいプログラミングをするわけではありません。日本語で書かれた選択肢から自動化したい操作を選ぶだけなので、初心者にも簡単です。

活用編 第10章 マクロで画面遷移を自動化するには

手軽に作る方法、紹介します！

マクロってプログラミングですよね！
難しくて無理ですー！

そう言うと思った。Accessのマクロは、マウス操作とちょっとした入力をするだけで作れるんです。この章では簡単に作る方法を紹介します。

マクロでできることを確認しよう

作る前に、マクロでどんなことができるか確認しましょう。例えばフォームに入力するときに、メニュー画面のボタンをクリックすると入力用の画面が開くようにできます。

へー、これもマクロだったんですね！
よく使うからAccessの機能かと思っていました。

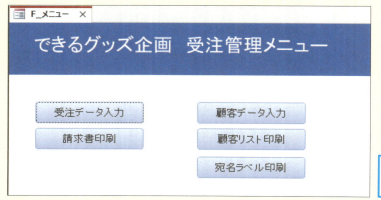

フォームのボタンをクリックして、別のタブで入力画面を表示できる

フォームの入力支援にも使える

ほかにも、コンボボックスに検索の機能を持たせることができます。リストから顧客名を選んで、そのデータをフォームに表示したいときなどに使えます。

入力の手間がぐっと減りますね！このフォーム、ぜひ作りたいです。

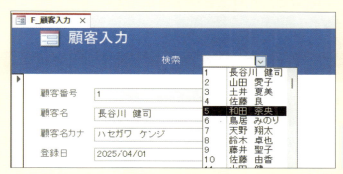

［検索］で選んだ顧客のデータが入った入力用のフォームが表示される

マウスで項目を選択するだけ！

これらのマクロが［マクロビルダー］と［マクロウィザード］なら、マウスで項目を選択するだけで作れるんです！ ほかにも、条件式やオプションを使ったマクロも紹介しますよ♪

コードとかとかは手で入力するのかと思っていました…！これなら僕にもできそうです！

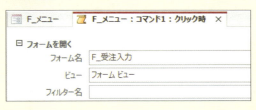

複雑な入力などを行わずにマクロを作成できる

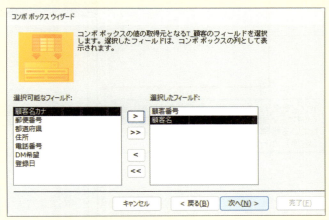

レッスン 87 マクロを作成するには

マクロビルダー、イベント　　練習用ファイル　なし

データベースシステムでデータの入力や印刷を行う人が、Accessに精通しているとは限りません。不慣れなユーザーが迷わずに間違えずに操作するには、分かりやすいメニュー画面を用意するのが有効です。「マクロ」を使えば、ボタンがクリックされたときに自動実行される処理を簡単に設定できます。

キーワード

イベント	P.456
マクロ	P.460
マクロビルダー	P.460

1 マクロとは

「マクロ」とは、Accessの操作を自動化するためのプログラムです。例えば、メニュー画面の［受注データ入力］ボタンに「[F_受注入力] フォームを開く」という処理を行うマクロを割り当てておくと、ボタンがクリックされたときに自動で [F_受注入力] フォームが開きます。Accessに不慣れなユーザーでも、分かりやすく操作を開始できるので便利です。

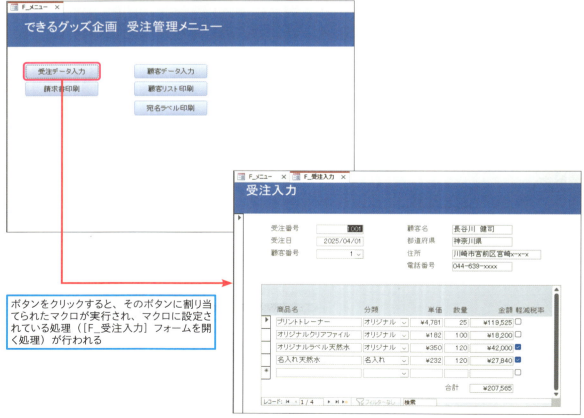

ボタンをクリックすると、そのボタンに割り当てられたマクロが実行され、マクロに設定されている処理（[F_受注入力] フォームを開く処理）が行われる

2 イベントとは

Accessでは、さまざまなタイミングでマクロを自動実行できます。マクロが実行されるきっかけとなる動作を「イベント」と呼びます。どんなイベントがあるかは、プロパティシートの［イベント］タブで確認できます。例えば、ボタンがクリックされたときにマクロが自動実行される仕組みを作るには、ボタンの［クリック時］プロパティにマクロを割り当てます。

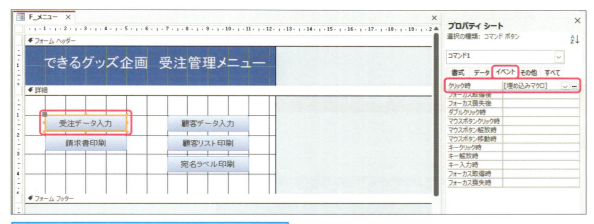

ボタンの［クリック時］プロパティにマクロを設定すると、ボタンがクリックされたときにマクロが自動実行される

3 マクロを作成するには

マクロは、「アクション」と呼ばれる命令文を組み合わせて作成します。アクションは「フォームを開く」「レポートを開く」のような日本語なので、初心者でも簡単にマクロを組むことができます。マクロの作成画面である「マクロビルダー」では、実行するアクションを一覧から選択できます。

●マクロビルダー

レッスン 88 メニュー用のフォームを作成するには

フォームデザイン、ボタン　　　**練習用ファイル** L088_メニュー画面.accdb

作成したデータベースシステムを誰もが簡単に使用できるように、「メニュー画面」を用意しましょう。ボタンのクリックで目的の処理を開始できるので、Accessに不慣れな人でも間違えずに操作できます。

キーワード
フォーム	P.459
ボタン	P.460
レコードセレクター	P.460

メニュー画面としての体裁を整える

After

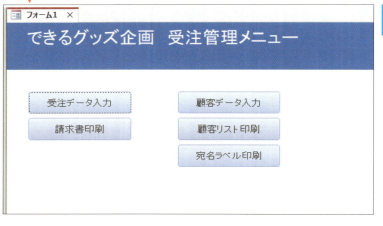

ここでは「受注管理メニュー」のメニュー画面を作成する

1 デザインビューで空のフォームを作成する

レッスン09を参考に「L088_メニュー画面.accdb」を開いておく

空のフォームを作成する

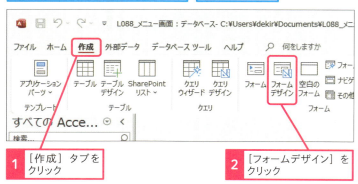

1 [作成] タブをクリック
2 [フォームデザイン] をクリック

使いこなしのヒント
メニュー画面はフォームで作成する

Accessでメニュー画面を作成するには、フォームを使用します。フォームにボタンを配置して、そのボタンにマクロを割り当てます。

●［フォームヘッダー］セクションを追加する

空のフォームのデザインビューが表示された

［フォームヘッダー］セクションを追加する

3 フォーム上を右クリック

4 ［フォームヘッダー/フッター］をクリック

［フォームヘッダー］セクションと［フォームフッター］セクションが追加された

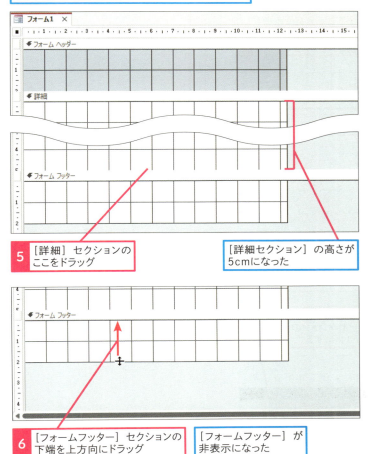

5 ［詳細］セクションのここをドラッグ

［詳細セクション］の高さが5cmになった

6 ［フォームフッター］セクションの下端を上方向にドラッグ

［フォームフッター］が非表示になった

使いこなしのヒント
空のフォームを使用する

操作2で［フォームデザイン］をクリックすると空のフォームが表示されます。最初からフォームを作りたいときは、この空のフォームを表示してから、自由にコントロールを配置します。

使いこなしのヒント
フィールドリストは使用しない

新しいフォームを作成すると、フィールドリストが表示される場合がありますが、使用しないので閉じましょう。また、プロパティシートを前回使用したときに閉じないでフォームを終了した場合、自動でプロパティシートが表示されることもあります。プロパティシートはこのあとの操作で使用するので、そのまま表示しておいてもかまいません。

使いこなしのヒント
フォームヘッダー／フッターはセットで表示設定を行う

フォームヘッダー／フッターの表示と非表示の切り替えは、2つセットで行います。一方しか使用しない場合でも、いったん両方を表示して、使用しないほうの領域を非表示にします。

2 フォームのタイトルを作成する

[フォームヘッダー］セクションに
タイトルラベルを配置する

1 レッスン80を参考に
ラベルを配置

2 「できるグッズ企画　受注管理メニュー」と入力

ラベルのフォントサイズを変える

3 ラベルをクリックして選択

4 ［書式］タブをクリック

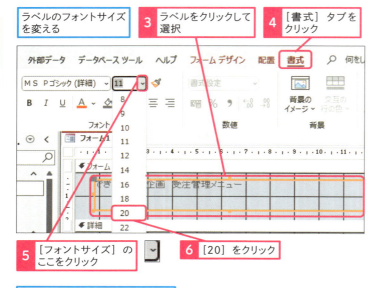

5 ［フォントサイズ］のここをクリック

6 ［20］をクリック

ラベルの文字の大きさが変わった

7 レッスン38を参考にラベルのフォントの色を［白、背景1］にする

8 レッスン38を参考に［フォームヘッダー］セクションの色を［青、アクセント1］にする

💡 使いこなしのヒント

レコードを操作する要素は非表示にする

フォームには、レコードセレクターと移動ボタンが自動で表示されます。レコードセレクターは、レコードを選択するための部品です。また、移動ボタンは、レコードを切り替えるための部品です。メニューはレコードを表示する画面ではなく、どちらも不要なので次ページの手順3で非表示にします。

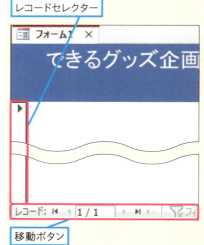

レコードセレクター

移動ボタン

3 不要な要素を非表示にする

メニュー画面に不要なレコードセレクターと移動ボタンを非表示にする

1 フォームセレクターをクリック ／ フォーム全体が選択された
2 ［フォームデザイン］タブをクリック
3 ［プロパティシート］をクリック

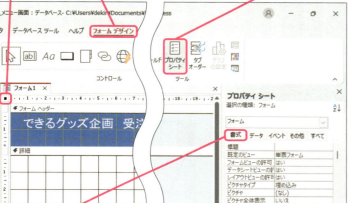

4 ［書式］タブをクリック

5 ［レコードセレクタ］で［いいえ］を選択

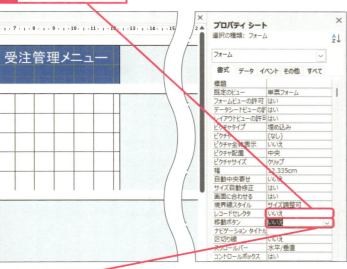

6 ［移動ボタン］で［いいえ］を選択

レコードセレクターと移動ボタンが非表示になった

レッスン62を参考にプロパティシートを閉じておく

使いこなしのヒント
プルダウンメニューで設定できる

レコードセレクターと移動ボタンの設定はいずれもプルダウンメニューから行えます。

プルダウンメニューから選択できる

時短ワザ
プロパティ値をダブルクリックで変更する

プルダウンメニューから選択するタイプのプロパティは、プロパティ名またはプロパティ欄をダブルクリックすると選択肢を順に切り替えられます。

境界線スタイル	サイズ調整可
レコードセレクタ	はい
移動ボタン	はい
ナビゲーション タイトル	
区切り線	いいえ
スクロールバー	水平/垂直
コントロールボックス	はい
閉じるボタン	はい

ここをダブルクリックすると［はい］から［いいえ］に変わる

4 ボタンを配置する

[詳細] セクションにボタンを配置する

右のヒントを参考に [コントロールウィザードの使用] をオフにしておく

1 [フォームデザイン] タブをクリック

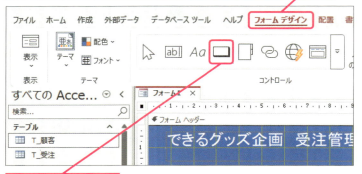

2 [ボタン] をクリック

マウスポインターの形が変わった

3 ドラッグ

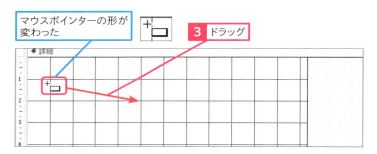

ボタンが配置された

4 ボタンをクリック

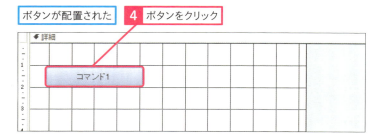

5 さらにボタン上をクリック

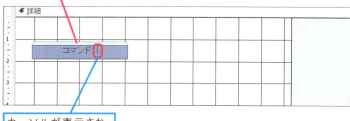

カーソルが表示され、入力できるようになる

使いこなしのヒント

コントロールウィザードをオフにするには

[コントロールウィザードの使用] がオンになっていると、操作4でフォームにボタンを配置したあとに、画面の指示にしたがってマクロを作成させる [コマンドボタンウィザード] 機能が起動します。ここではマクロを手動で作成するので、[コントロールウィザードの使用] をオフにします。

1 [コントロール] をクリック

2 [コントロールウィザードの使用] をクリック

使いこなしのヒント

ボタンの名前は分かりやすいものにする

ボタンには、機能が想像できるような分かりやすい名称を入力しましょう。ボタンに名称を入力すると、その名称がプロパティシートの [書式] タブの [標題] プロパティに設定されます。反対に [標題] プロパティに文字を入力すると、その文字がボタン上に表示されます。

ボタン名が表示される

●そのほかのボタンも配置する

| 文字を変更する | 6 | 「受注データ入力」と入力 |

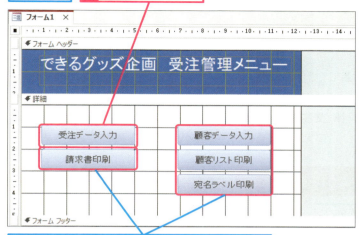

同様にボタンを4個配置し、コマンドの文字をそれぞれ「請求書印刷」「顧客データ入力」「顧客リスト印刷」「宛名ラベル印刷」に変更する

5 表示を確認する

フォームビューに切り替えて、表示の確認をする

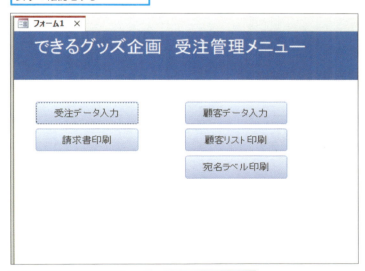

| レコードセレクターが非表示になった | 移動ボタンが非表示になった |

[上書き保存]をクリックして「F_メニュー」の名前で保存しておく

> ### 使いこなしのヒント
> **ボタン作成の順序に気を付けよう**
>
> フォームビューで[Tab]キーを押すと、フォームに作成した順序でボタンが選択されます。ボタンを配置するときは、上から下、左から右という具合に順序よく作成しましょう。なお、[Tab]キーによる選択の順序を変更したい場合は、264ページを参考に「タブオーダー」を設定しましょう。

> ### 使いこなしのヒント
> **ボタンの位置を揃えるには**
>
> 246ページのヒントを参考に[配置]タブの[配置]ボタンの一覧から[左]や[上]をクリックすると、複数のボタンの左位置や上位置を簡単に統一できます。

> ### 使いこなしのヒント
> **ボタンの間隔を揃えるには**
>
> 縦方向に並ぶ3つ以上のボタンを選択して[配置]タブの[サイズ/間隔]の一覧から[上下の間隔を均等にする]を選択すると、一番上と一番下のボタンの位置はそのまま、間にあるボタンの位置を調整できます。

レッスン 89 フォームを開くマクロを作成するには

[フォームを開く] アクション | 練習用ファイル L089_フォームを開く.accdb

レッスン88で作成したボタンにマクロを割り当てていきましょう。このレッスンでは [フォームを開く] というアクションを使用して、[受注データ入力] ボタンがクリックされたときに、[F_受注入力] フォームが開く仕組みを作成します。

キーワード

アクション	P.456
イベント	P.456
マクロビルダー	P.460

ボタンのクリックでフォームが開くようにする

[受注データ入力] ボタンにマクロが割り当てられている

クリックすると [F_受注入力] が開く

1 マクロビルダーを起動する

レッスン38を参考に [F_メニュー] をデザインビューで表示しておく

[受注データ入力] ボタンと [顧客データ入力] ボタンにマクロを設定する

1. [受注データ入力] ボタンをクリック
2. [フォームデザイン] タブをクリック
3. [プロパティシート] をクリック

用語解説

マクロ

「マクロ」とは、作業を自動化するためのプログラムです。Accessのマクロは、「アクション」と呼ばれる命令文を組み合わせて定義します。

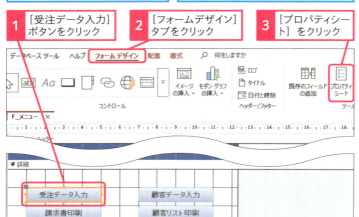

●プロパティシートで設定する

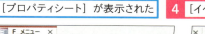
［プロパティシート］が表示された

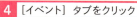
4 ［イベント］タブをクリック

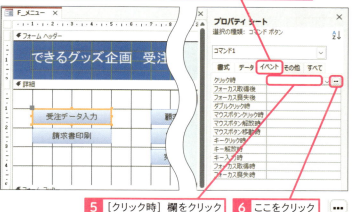

5 ［クリック時］欄をクリック
6 ここをクリック

［ビルダーの選択］画面が表示された

7 ［マクロビルダー］をクリック

8 ［OK］をクリック

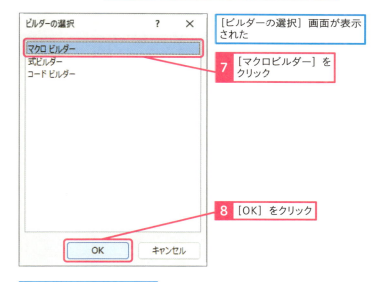

マクロビルダーが表示された

◆マクロビルダー　　◆アクションカタログ

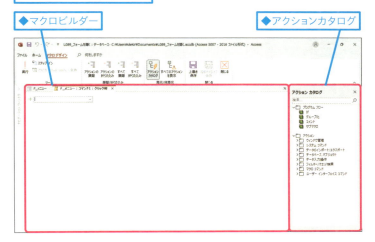

用語解説

イベント

「イベント」とは、マクロを実行するタイミングのことです。［イベント］タブには、［クリック時］［ダブルクリック時］などイベントの一覧が表示されます。例えば［クリック時］にマクロを割り当てると、ボタンがクリックされたときにマクロが実行されます。

使いこなしのヒント

マクロビルダーでマクロを作成する

操作7の［ビルダーの選択］画面では、［クリック時］に割り当てる処理を何で作成するかを指定します。［マクロビルダー］をクリックすると、マクロの作成画面が表示されます。

用語解説

マクロビルダー

「マクロビルダー」は、マクロの作成画面です。一般的なプログラムは、外国語のようなプログラミング言語を使い、定められた文法にしたがって作成します。一方Accessのマクロは、日本語で書かれた選択肢の中から実行したい操作を選択していく方式で作成します。

2 アクションを設定する

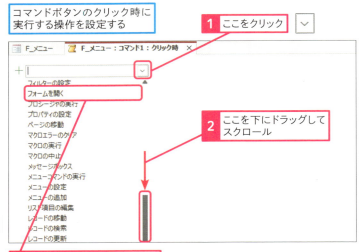

コマンドボタンのクリック時に実行する操作を設定する

1 ここをクリック
2 ここを下にドラッグしてスクロール
3 ［フォームを開く］をクリック

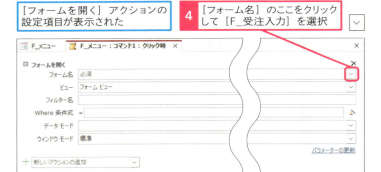

［フォームを開く］アクションの設定項目が表示された

4 ［フォーム名］のここをクリックして［F_受注入力］を選択

［ビュー］に［フォームビュー］が設定されていることを確認

5 ［上書き保存］をクリック
6 ［閉じる］をクリック

用語解説
アクション
「アクション」とは、Accessの処理をマクロで実行するための命令文です。「フォームを開く」「レポートを開く」「Accessの終了」など、Accessでよく使う操作がアクションとして用意されています。アクション名は日本語なので、誰でも簡単にマクロを作成できます。

用語解説
引数
「アクション」を実行するために必要な設定項目を「引数（ひきすう）」と呼びます。アクションの種類によって、引数の数や種類が変わります。

使いこなしのヒント
［フォームを開く］アクションの動作を確認しよう
［フォームを開く］は、文字通りフォームを開く操作を実行するためのアクションです。マクロを実行すると、引数［フォーム名］に指定したフォームが開きます。［フォーム名］の指定は省略できません。

●表示を確認する

[クリック時]に[埋め込みマクロ]が設定された　　[埋め込みマクロ]

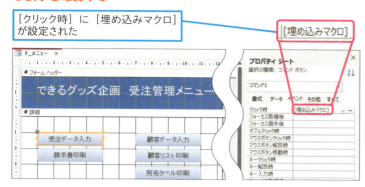

7 同様に[顧客データ入力]ボタンに[F_顧客入力]を開くマクロを設定　　[埋め込みマクロ]

8 [上書き保存]をクリック

フォームビューに切り替える　　9 [受注データ入力]ボタンをクリック

[F_受注入力]が開いた

同様に[顧客データ入力]ボタンの動作も確認しておく

用語解説

埋め込みマクロ

ボタンに割り当てたマクロは、そのボタンを含むフォームに保存されます。フォームの中に保存されるマクロを「埋め込みマクロ」と呼びます。

使いこなしのヒント

[上書き保存]でフォームを保存する

操作5の[上書き保存]は、作成したマクロをフォームに登録する操作です。フォーム自体をファイルに保存するには、操作8のようにAccessのタイトルバーにある[上書き保存]をクリックします。

使いこなしのヒント

フォーカスがあるボタンは Enter キーで実行できる

ボタンが点線で囲まれている状態を「フォーカスがある」と表現します。ボタンにフォーカスがある状態で Enter キーを押すと、マクロが実行されます。なお、フォーカスは、Tab キーで別のボタンに移動できます。

フォーカスがあるボタン

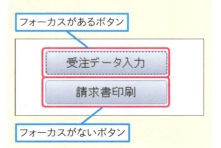

フォーカスがないボタン

89 [フォームを開く]アクション

383 できる

レッスン 90 レポートを開くマクロを作成するには

[レポートを開く] アクション　　練習用ファイル　L090_レポートを開く.accdb

[レポートを開く] アクションを使用すると、レポートを表示するマクロを作成できます。ここでは [請求書印刷] ボタンがクリックされたときに [R_請求書] レポートの印刷プレビューが表示される仕組みを作成します。

キーワード

アクション	P.456
埋め込みマクロ	P.456
マクロビルダー	P.460

ボタンのクリックで印刷プレビューを表示する

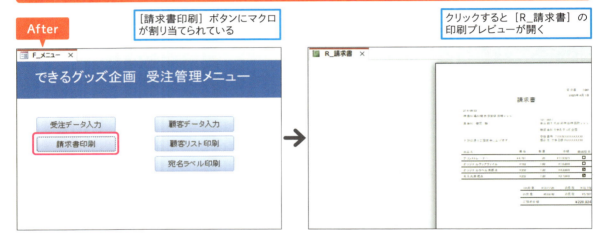

After
[請求書印刷] ボタンにマクロが割り当てられている
クリックすると [R_請求書] の印刷プレビューが開く

1 マクロビルダーを起動する

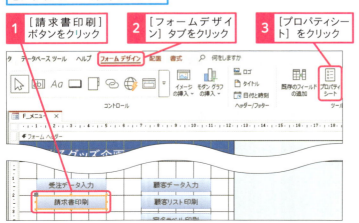

レッスン38を参考に [F_メニュー] をデザインビューで表示しておく

1 [請求書印刷] ボタンをクリック
2 [フォームデザイン] タブをクリック
3 [プロパティシート] をクリック

時短ワザ

右クリックからマクロビルダーを起動できる

ボタンを右クリックして、[イベントのビルド] をクリックすると、[ビルダーの選択] 画面を素早く表示できます。この方法で作成できるのは、[クリック時] イベントのマクロです。

1 右クリック
2 クリック

●プロパティシートで設定する

［プロパティシート］が表示された　　　4　［イベント］タブをクリック

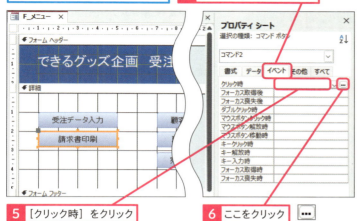

5　［クリック時］をクリック　　　6　ここをクリック

［ビルダーの選択］画面が表示された

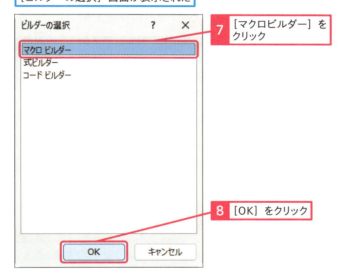

7　［マクロビルダー］をクリック

8　［OK］をクリック

マクロビルダーが表示された

使いこなしのヒント
イベントの説明を確認するには

マクロを実行するためのイベントは、コントロールの種類によって変わります。［イベント］欄をクリックしてカーソルを移動すると、ステータスバーにそのイベントの説明が表示されるので、参考にするといいでしょう。

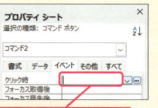

1　［クリック時］をクリック

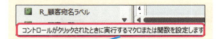

ステータスバーに［クリック時］イベントの説明が表示された

使いこなしのヒント
コードビルダーって何？

操作を自動化するには、マクロのほかに「VBA」（Visual Basic for Applications）というプログラミング言語を使用してプログラムを作成する方法もあります。操作7の画面で［コードビルダー］を選択すると、VBAのプログラムの作成画面が表示されます。VBAを使用すれば、マクロでは実現できない複雑な処理の実行も可能です。ただし、VBAによるプログラミングには専門的な知識が必要です。本書ではVBAの解説は行いません。

VBAで作成したプログラム

2 [レポートを開く] アクションを設定する

アクションを設定する　　　　　　1 ここをクリック

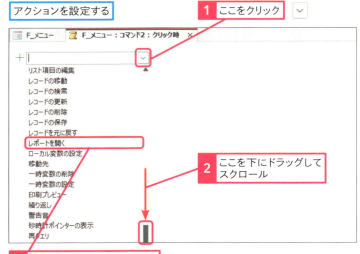

2 ここを下にドラッグしてスクロール

3 [レポートを開く] をクリック

[レポートを開く] アクションの設定項目が表示された

4 [レポート名] のここをクリックして [R_請求書] を選択

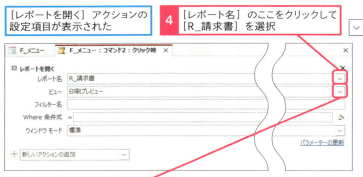

5 [ビュー] のここをクリックして [印刷プレビュー] を選択

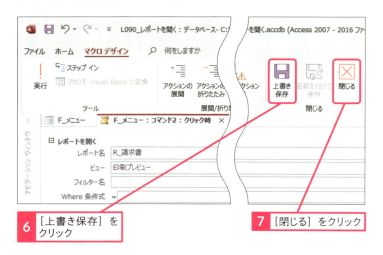

6 [上書き保存] をクリック

7 [閉じる] をクリック

使いこなしのヒント
[レポートを開く] アクションの動作を確認しよう

[レポートを開く] は、レポートを開く操作を実行するためのアクションです。引数の [レポート名] と [ビュー] を指定すると、マクロの実行時に指定したレポートが指定したビューで開きます。

使いこなしのヒント
レポートを直接印刷するには

[レポートを開く] アクションの引数 [ビュー] で [印刷] を選択すると、[請求書印刷] ボタンがクリックされたときに印刷が実行されます。

⚠ ここに注意

操作3で選択するアクションを間違えたときは、×をクリックしてアクションを削除し、改めてアクションを選択しましょう。×が表示されない場合は、アクション名をクリックすると表示されます。

1 アクション名をクリック

2 ここをクリックして削除

●表示を確認する

[クリック時]に[埋め込みマクロ]が設定された

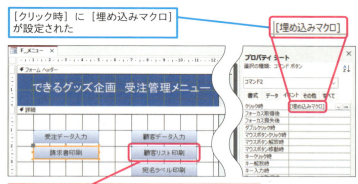

8 同様に[顧客リスト印刷]ボタンに[R_顧客一覧]の印刷プレビューを開くマクロを設定

9 同様に[宛名ラベル印刷]ボタンに[R_顧客宛名ラベル]の印刷プレビューを開くマクロを設定

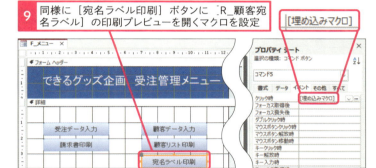

10 [上書き保存]をクリック

フォームビューに切り替える

11 [請求書印刷]ボタンをクリック

[R_請求書]の印刷プレビューが開いた

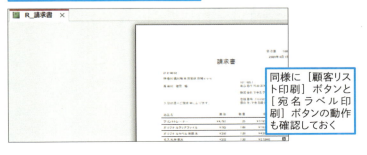

同様に[顧客リスト印刷]ボタンと[宛名ラベル印刷]ボタンの動作も確認しておく

使いこなしのヒント

作成したマクロを修正するには

すでに作成したマクロを修正する場合は、作成するときと同じ手順で操作します。デザインビューでプロパティシートを表示し、「[埋め込みマクロ]」の横の…をクリックすると、マクロビルダーで作成したマクロを修正できます。

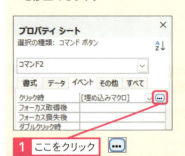

1 ここをクリック

使いこなしのヒント

マクロを削除するには

[クリック時]イベントから「[埋め込みマクロ]」の文字を削除すると、マクロを削除できます。

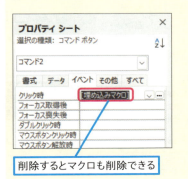

削除するとマクロも削除できる

レッスン 91 顧客を検索する機能を追加するには

コンボボックスウィザード　　**練習用ファイル** L091_コントロールW.accdb

[F_顧客入力] フォームにコンボボックスを配置して、フォームに表示する顧客をリストから選択できるようにしてみましょう。一見難しそうに見えますが、[コントロールウィザード] を使用すると簡単に作成できます。

キーワード
ウィザード	P.456
埋め込みマクロ	P.456
コントロール	P.457

フォームにコンボボックスを配置する

After

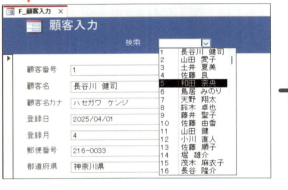

コンボボックスで顧客番号を選ぶと顧客名に反映される

1 メインフォームの位置とサイズを調整する

レッスン38を参考に [F_顧客入力] をデザインビューで表示しておく

コンボボックスを配置するため [フォームヘッダー] セクションの高さを2cm程度に広げておく

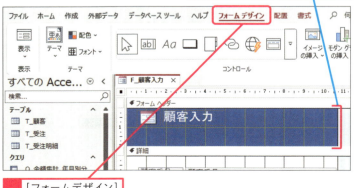

1　[フォームデザイン] タブをクリック

使いこなしのヒント
コンボボックスを検索目的で使用する

コンボボックスはテーブルにデータを入力するときに使用するほかに、検索の用途で使用することがあります。このレッスンでは後者の目的でコンボボックスを作成します。

●コントロールウィザードを使用する

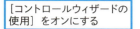
［コントロールウィザードの使用］をオンにする

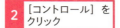
2 ［コントロール］をクリック

3 ［コントロールウィザードの使用］をクリック

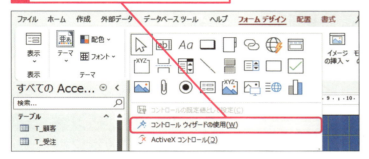

［コントロールウィザードの使用］がオンになった

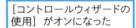

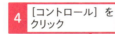
4 ［コントロール］をクリック

5 ［コンボボックス］をクリック

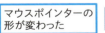
マウスポインターの形が変わった

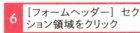
6 ［フォームヘッダー］セクション領域をクリック

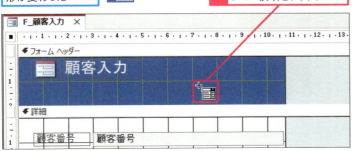

使いこなしのヒント

コントロールウィザードをオンにするには

［コントロールウィザード］は、クリックでオンとオフが交互に切り替わります。アイコンが枠線で囲まれた状態がオンの状態です。ここではオンにした状態で作業を進めます。

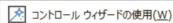

オンのときはアイコンが枠線で囲まれる

オフのときはアイコンがそのまま表示される

使いこなしのヒント

リストボックスで検索もできる

操作5のメニューから［リストボックス］を選択すると［リストボックスウィザード］が起動して、検索用のリストボックスを作成できます。リストボックスは常に選択肢が画面上に表示されるコントロールです。

使いこなしのヒント

クリックすると決まったサイズで配置される

コントロールを配置するときに、クリックして配置すると決まったサイズのコントロールが作成されます。ドラッグして配置した場合は好きなサイズで作成できます。コンボボックスで内容を表示する際の横幅は別に設定できるので、ここでは展開する前のコンボボックスを、初期状態の大きさで配置します。

2 ［コンボボックスウィザード］で設定する

［コンボボックスウィザード］が起動した

1 ［コンボボックスで選択した値に対応するレコードをフォームで検索する］をクリック

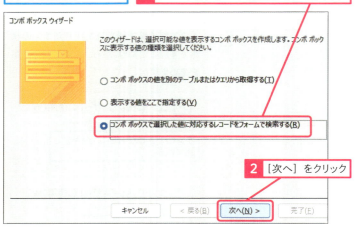

2 ［次へ］をクリック

コンボボックスのリストに表示するフィールドを指定する

3 ［顧客番号］と［顧客名］を右のボックスに追加

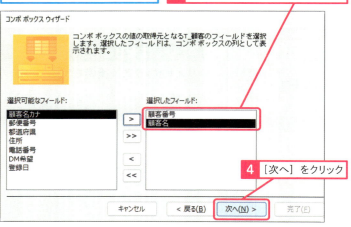

4 ［次へ］をクリック

コンボボックスに表示する内容を指定する

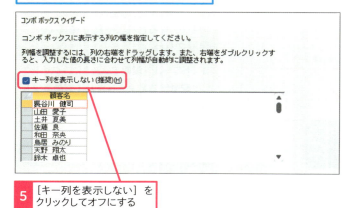

5 ［キー列を表示しない］をクリックしてオフにする

使いこなしのヒント
検索用の選択肢はフォームの状態で変わる

手順2操作1の画面に表示される選択肢は、フォームの状態によって変わります。レコードの取得元を設定する［レコードソース］プロパティが空欄になっているフォームでは、3番目の［コンボボックスで選択した値に対応するレコードをフォームで検索する］という選択肢は表示されません。

使いこなしのヒント
フォームの元になるテーブルのフィールドが表示される

操作1で［コンボボックスで選択した値に対応するレコードをフォームで検索する］を選択すると、フォームの元になる［T_顧客］テーブルのフィールドが一覧表示されます。コンボボックスに追加するフィールドを選択して、＞ボタンをクリックして右側の［選択したフィールド］に追加します。

用語解説
キー列

「キー列」とは、主キーフィールドのことです。操作5でチェックマークを外すと、コンボボックスのリストに［顧客番号］と［顧客名］が表示されます。また、リストから顧客を選択すると、コンボボックスのテキストボックス部分に［顧客番号］が表示されます。チェックマークを付けた場合は、リストにもテキストボックスにも［顧客名］が表示されます。

●列幅を調整する

キー列に設定されている［顧客番号］の列が表示された

6 フィールドの境界線にマウスポインターを合わせる

マウスポインターの形が変わった

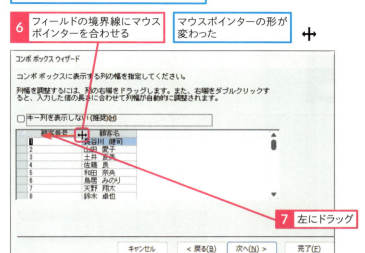

7 左にドラッグ

［顧客番号］の列幅が調整された

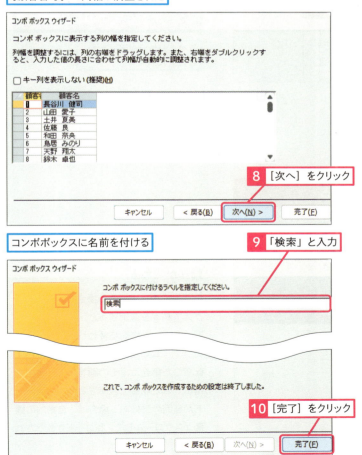

8 ［次へ］をクリック

コンボボックスに名前を付ける

9 「検索」と入力

10 ［完了］をクリック

使いこなしのヒント
フィールド名は表示されない

操作6の画面では、コンボボックスのリスト部分の列幅を設定しています。ウィザードの画面にはフィールド名が表示されていますが、実際のコンボボックスにフィールド名は表示されません。

使いこなしのヒント
列幅をあとから変更するには

コンボボックスが完成したあとで列幅を変更するには、デザインビューで［列幅］と［リスト幅］プロパティを編集します。各プロパティの設定値の意味は、229ページのヒントを参照してください。

コンボボックスを選択してプロパティシートを表示しておく

1 ［書式］タブをクリック

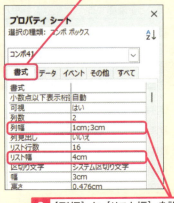

2 ［列幅］と［リスト幅］を設定

●コンボボックスの配置を整える

ラベルとコンボボックスが配置された

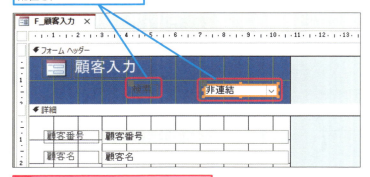

11 レッスン60を参考にラベルとコンボボックスの位置とサイズを整える

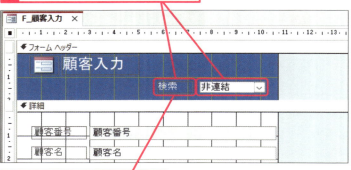

12 レッスン38を参考にラベルの文字の色を白にする

13 ［上書き保存］をクリックしてフォームを上書き保存する

3 コンボボックスの動作を確認する

設定したコンボボックスが正しく動作することを確認する

フォームビューに切り替える

1 コンボボックスのここをクリック

使いこなしのヒント
ラベルをコンボボックスに近付けるには

ラベルの移動ハンドルをドラッグすれば、コンボボックスの位置はそのまま、ラベルだけを移動できます。もしくは以下のように、ラベルの幅を調整する方法でも、結果としてラベルをコンボボックスに近付けられます。

1 ここをドラッグ

2 ここをドラッグ

ラベルがコンボボックスに近付いた

使いこなしのヒント
単票形式と表形式で動作が変わる

単票形式のフォームの場合、コンボボックスで顧客を選択すると、画面がその顧客のレコードに切り替わります。表形式のフォームに検索用のコンボボックスを配置した場合は、その顧客のレコードが選択された状態で表示されます。レコードが画面の外にある場合は、自動的に画面がスクロールして、レコードが表示されます。

● 表示を確認する

[顧客番号][顧客名]の一覧が表示された

2 顧客をクリック

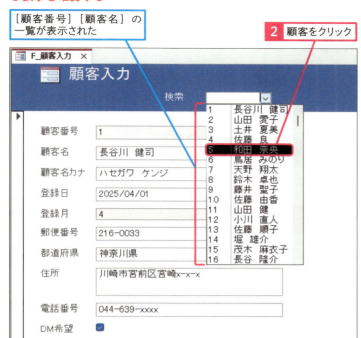

選択した顧客のレコードが表示された

3 ここをクリックしてフォームを閉じる

使いこなしのヒント
マクロが自動作成される

[コンボボックスウィザード]で検索用のコンボボックスを作成すると、マクロが自動作成されます。デザインビューでコンボボックスを選択してプロパティシートを表示すると、[イベント]タブの[更新後処理]プロパティに埋め込みマクロが設定されていることを確認できます。

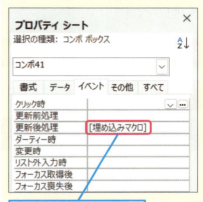

マクロが自動生成されている

使いこなしのヒント
[更新後処理]イベントが実行されるタイミングを覚えよう

[更新後処理]イベントに設定したマクロは、コンボボックスの値の入力や変更が確定されたときに実行されます。

レッスン 92 指定した受注番号の明細書を印刷するには

Where条件式 　　練習用ファイル　L092_複数マクロ.accdb

[F_受注入力] フォームにボタンを配置して、現在フォームに表示されているレコードの請求書が開く仕組みを作成します。[レポートを開く] アクションの引数 [Where条件式] で抽出条件を指定することがポイントです。

キーワード

Where条件	P.456
引数	P.459
マクロビルダー	P.460

条件が一致した請求書を印刷する

[請求書印刷] ボタンをクリックすると現在の受注番号の請求書の印刷プレビューが表示される

1 マクロ用のボタンを作成する

レッスン38を参考に [F_受注入力] をデザインビューで表示しておく

レッスン88を参考にボタンを配置し、文字を「請求書印刷」に変えておく

使いこなしのヒント
実行する順に注意してマクロを作成する

マクロで複数のアクションを指定すると、上のアクションから順に実行されます。ここでは [レコードの保存] と [レポートを開く] の2つのアクションを使用してマクロを作成します。

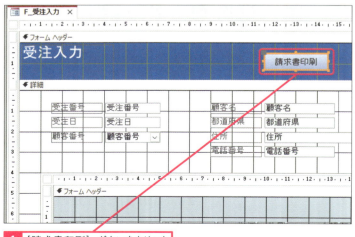

1 [請求書印刷] ボタンをクリック

2 アクションを設定する

レッスン89を参考にマクロビルダーを起動しておく

1 ここをクリック

2 ここを下にドラッグしてスクロール

3 [レコードの保存]をクリック

[レコードの保存]アクションが設定された

4 [新しいアクションの追加]のここをクリック

5 [レポートを開く]をクリック

[レポートを開く]アクションの設定項目が表示された

6 [レポート名]のここをクリックして[R_請求書]を選択

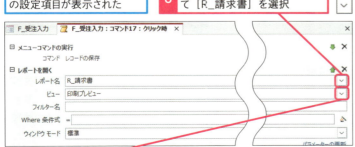

7 [ビュー]のここをクリックして[印刷プレビュー]を選択

使いこなしのヒント
[レコードの保存]アクションの内容を確認しよう

[レコードの保存]アクションでは、現在フォームに表示されているレコードをテーブルに保存します。レコードを編集して保存しないままレポートを開くと、レポートに編集前のデータが表示されます。レコードを保存してからレポートを開けば、編集内容をレポートに反映させられます。

使いこなしのヒント
[レコードの保存]は引数に設定される

アクションの一覧から[レコードの保存]を選択すると、クエリビルダーのアクション欄に[メニューコマンドの実行]アクションが設定され、引数[コマンド]欄に[レコードの保存]が設定されます。

手順2操作3で追加した[レコードの保存]が引数として設定される

使いこなしのヒント
アクションの選択欄は最初は1つしか表示されない

マクロビルダーに最初に表示されるのは、アクションの選択欄1つです。アクションを選択すると、2つ目のアクションの選択欄が表示されます。

2つ目のアクションの選択欄が表示される

3 Where条件式を設定する

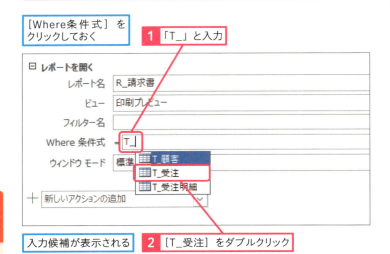

[Where条件式] をクリックしておく
1 「T_」と入力
入力候補が表示される
2 [T_受注] をダブルクリック

「[T_受注]」と入力された

3 半角の「!」と入力
入力候補が表示される

4 [受注番号] をダブルクリック

用語解説
Where条件式

[レポートを開く] アクションの引数 [Where条件式] は、開くレポートに表示するレコードの抽出条件を指定するための引数です。この引数の指定を省略した場合、レポートにすべてのレコードが表示されます。ここでは、[F_受注入力] フォームに表示されている受注番号のレコードがレポートに表示されるように、抽出条件を設定します。

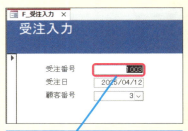

[F_受注入力] フォームの [受注番号] 欄の値をレポートの抽出条件とする

時短ワザ
入力候補を利用して素早く設定する

日本語入力をオフにして入力を開始すると、[Where条件式] 欄でテーブル名やフィールド名を入力するときに入力候補を使用できます。入力する式の意味は、397ページのスキルアップを参照してください。

●条件式の続きを入力する

[T_受注]![受注番号]」と入力された

使いこなしのヒント
一度閉じると書式が補完される

マクロを保存して閉じ、再度マクロビルダーを開くと、[Where条件式]に入力した「Forms」に「[ ]」が自動的に補完されて「[Forms]」と表示されます。

使いこなしのヒント
アクションの入れ替えを行うには

アクションの順序を変更したいときは、アクションをクリックして選択して⬇や⬆をクリックすると、アクションを引数ごと下や上に移動できます。

5 半角で「=Forms!」と入力　　入力候補が表示される

6 [F_受注入力] をダブルクリック

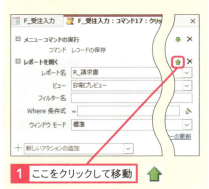

1 ここをクリックして移動

👍 スキルアップ

[Where条件式] の構文を確認しよう

[レポートを開く] アクションの引数 [Where条件式] では、「=」の左側に開くレポートの元になるテーブルのフィールド名を、右側に条件が入力されているフォームのコントロール名を指定します。

[テーブル名]![フィールド名] = **[Forms]![フォーム名]![コントロール名]**

開くレポートは「[T_受注]![受注番号]」と入力して指定する

抽出条件は「[Forms]![F_受注入力]![受注番号]」と入力して指定する

●数式を完成させる

「[T_受注]![受注番号]=Forms![F_受注入力]」と入力された

7 半角の「!」と入力

入力候補が表示される

8 ［受注番号］をダブルクリック

「[T_受注]![受注番号]=Forms![F_受注入力]![受注番号]」と入力された

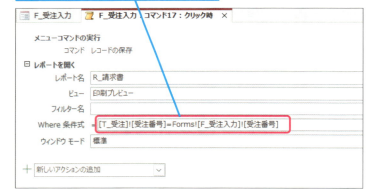

9 ［上書き保存］をクリック

10 ［閉じる］をクリック

デザインビュー画面に戻るのでそこでも上書き保存しておく

使いこなしのヒント

［フォームを開く］アクションで抽出条件を指定するには

［フォームを開く］アクションの［Where条件式］を使用すると、表形式のフォームから、クリックした行のレコードを表示するフォームを開けます。抽出条件の構文は、［レポートを開く］アクションと同様です。以下の例では、「F_受注一覧」という名前の表形式のフォームの［詳細］ボタンをクリックしたときに［F_受注入力］フォームが開き、クリックした行の受注データが表示されるようにしています。

●[詳細] ボタンのマクロ

1 ［フォームを開く］アクションを選択

2 引数［フォーム名］で［F_受注入力］を選択

3 引数［Where条件式］に「[T_受注]![受注番号]=Forms![F_受注一覧]![受注番号]」を設定

●マクロの動作

1 受注番号が「1003」のレコードの［詳細］ボタンをクリック

[F_受注入力]フォームが開き、受注番号が「1003」のレコードが表示された

4 表示を確認する

設定したマクロが正しく動作することを確認する

フォームビューに切り替える

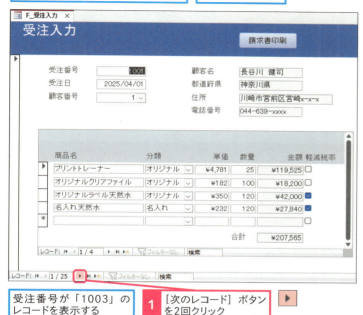

受注番号が「1003」のレコードを表示する

1 [次のレコード] ボタンを2回クリック

受注番号が「1003」のレコードが表示された

2 [請求書印刷] ボタンをクリック

受注番号が「1003」のレポートの印刷プレビューが開いた

使いこなしのヒント

請求書が1枚だけ表示される

画面に受注番号が「1003」のレコードが表示されている状態で[請求書印刷]ボタンをクリックすると、[R_請求書]レポートに受注番号が「1003」のレコードだけが表示されます。ほかの受注番号のページに切り替えることはできません。

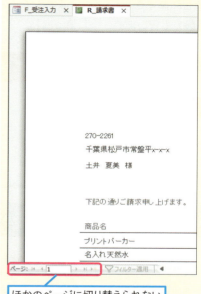

ほかのページに切り替えられない

⚠ ここに注意

[請求書印刷]ボタンをクリックしても[R_請求書]レポートの印刷プレビューが表示されない場合は、ボタンに割り付けたマクロを見直します。[レポートを開く]アクションの引数[ビュー]で[印刷プレビュー]が選択されているかどうか、[Where条件式]にテーブル名やフィールド名などが397ページで紹介した構文にしたがって正しく指定されているかどうかを確認しましょう。

レッスン 93 起動時にメニュー画面を自動表示するには

起動時の設定　　**練習用ファイル** L093_起動時設定.accdb

データベースファイルを開いたときに、メニュー画面が自動表示されるように設定しておくと、Accessに不慣れな人でも分かりやすく作業を開始できます。ここではナビゲーションウィンドウを非表示にする設定も行います。

キーワード

ナビゲーションウィンドウ	P.459
ビュー	P.459

ファイルを開いたときにメニューを自動表示する

After

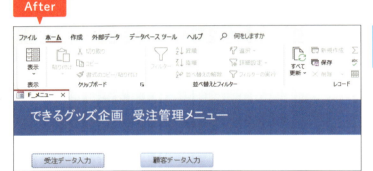

ファイルを開くとナビゲーションウィンドウではなくメニューが自動表示される

1 ［Accessのオプション］画面を表示する

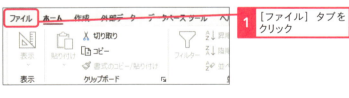

1 ［ファイル］タブをクリック

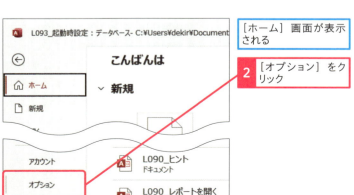

［ホーム］画面が表示される

2 ［オプション］をクリック

使いこなしのヒント

非表示のナビゲーションウィンドウを再表示するには

このレッスンの設定を行うと、データベースファイルを開いたときにナビゲーションウィンドウが表示されなくなります。オブジェクトの編集をしたいときは、F11キーを押すと非表示にしたナビゲーションウィンドウを表示できます。

2 ナビゲーションウィンドウを非表示にする

[Accessのオプション] 画面が表示された

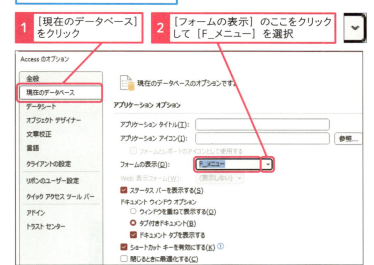

1 [現在のデータベース] をクリック

2 [フォームの表示] のここをクリックして [F_メニュー] を選択

スクロールして画面の下部を表示しておく

3 [ナビゲーションウィンドウを表示する] をクリックしてオフにする

4 [OK] をクリック

確認画面が表示される

5 [OK] をクリック

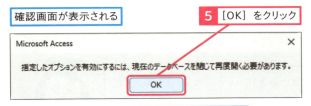

いったんデータベースファイルを閉じ、開き直すとメニュー画面が表示されることを確認しておく

使いこなしのヒント
起動時に表示するフォームを選択する

操作2では、データベースファイルを開いたときに、自動的に表示されるフォームを指定します。ここでは[F_メニュー]フォームが自動表示されるように設定しました。

使いこなしのヒント
ナビゲーションウィンドウを非表示にする

操作3で[ナビゲーションウィンドウを表示する]のチェックマークを外すと、データベースファイルを開いたときにナビゲーションウィンドウが表示されません。オブジェクトを隠すことで、誤操作から守りやすくなります。

使いこなしのヒント
さらに誤操作を防ぐ設定にするには

操作4の画面にある[すべてのメニューを表示する]のチェックマークを外すと、データベースファイルを開いたときに[ファイル]タブと[ホーム]タブしか表示されなくなります。ビューの切り替えボタンも表示されなくなり、誤操作によりテーブルの構造やフォームのデザインなどが変更される心配がなくなります。

使いこなしのヒント
起動時の設定を無効にしてファイルを開くには

[Shift]キーを押しながらファイルアイコンをダブルクリックすれば、このような起動時の設定を無視して、ファイルを開けます。

この章のまとめ

使いやすいフォームを完成させよう

Accessを使うメリットの1つに、メニュー画面を作成して、データベースを独自のアプリとして使用できる点が挙げられます。メニュー画面があれば、誰でも迷わずにフォームを開いて入力したり、レポートを開いて印刷したりできます。ナビゲーションウィンドウを非表示にしておけば、不慣れなユーザーの誤操作によるテーブルの変更なども防げます。メニューの作成に必要なマクロは、ほかのプログラミング言語に比べて習得が容易です。マクロを活用して、データベースアプリの完成度を高めてください。

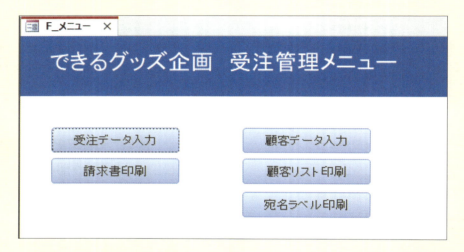

マクロがどんどんできて楽しかったですー！

それは良かった！ マクロビルダーにはほかにもいろいろなアクションが用意されているから、ぜひ挑戦してみてください♪

Accessのオプション設定もすごく参考になりました！

この章で紹介したマクロは、フォームを作るときにセットにしておくといいですね。

活用編

第11章

AccessとExcelを
連携するには

「Excelで管理していたデータをAccessに移行したい」「Access
に蓄積したデータを使い慣れたExcelで分析したい」……、そん
なときに役に立つデータのインポート／エクスポートの方法を紹
介します。AccessとExcelの連携により、データをより有効に活
用しましょう。

94	Excelと連携してデータを活用しよう	404
95	Excelの表をAccessに取り込みやすくするには	406
96	Excelの表をAccessに取り込むには	410
97	Excelのデータを既存のテーブルに追加するには	416
98	Accessの表をExcelに出力するには	420
99	エクスポートの操作を保存するには	424
100	Excelへの出力をマクロで自動化するには	428

レッスン 94

Introduction この章で学ぶこと

Excelと連携してデータを活用しよう

本章では、AccessとExcelの間でデータをやり取りする方法を紹介します。ExcelからAccessにデータを移行したいときや、AccessのデータをExcelで分析したいときに便利な連携ワザです。Excelと連携することで、データの活用の場が広がります。

Accessの強い味方、Excel登場！

だいぶAccessが分かってきましたー。
この章は何をやるんですか？

ふふふ、良かった。この章ではとっておきの、AccessとExcelの連携ワザを紹介します！

ExcelのデータをAccessに読み込める

Officeの2大データベースソフト、ExcelとAccessは相性がバツグン！少しデータを調整するだけで、Excelを元にしたテーブルが正確に作れます。

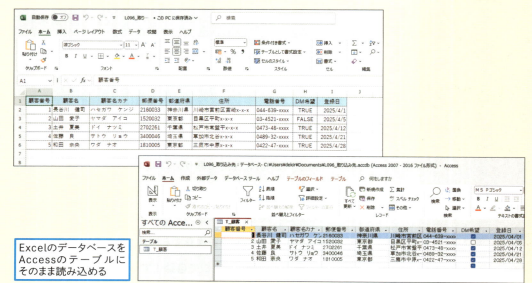

ExcelのデータベースをAccessのテーブルにそのまま読み込める

AccessのデータをExcelに出力できる

そしてもちろん、AccessからExcelにデータを渡すこともできます。データの分析やグラフの作成など、Excelでサクサク作業したいときに使えますよ♪

データが手軽に扱えますね！
使い方、早く知りたいです。

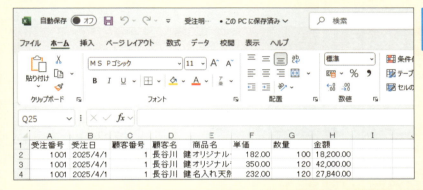

クエリやテーブルをExcelファイルに出力できる

操作の自動化もできる！

さらに！　第10章で学んだマクロと組み合わせると、ボタンをクリックするだけで、最新のデータをExcel形式で保存できます。これは便利ですよ！

すごい、新しいデータが一瞬でできている！
このやり方、覚えたいです！

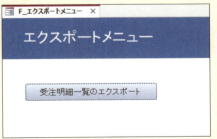

クリックだけで最新のデータをExcel形式で保存できる

レッスン 95 Excelの表をAccessに取り込みやすくするには

表の整形 　　　　　**練習用ファイル** L095_Access用に変更.xlsx

Excelの表をAccessに取り込んでデータを利用するには、事前にExcelの表を整理しておく必要があります。どのように整理すればトラブルなくスムーズに取り込めるのか、ポイントを見ていきましょう。

キーワード	
データ型	P.458
レコード	P.460

データベースとしての体裁を整える

余分な行や列があり、表示形式も不正確になっている

余分な行や列を削除し、Accessに取り込みやすい体裁に整えた

1 余分な行や列を削除する

Excelを起動して「L095_Access用に変更.xlsx」を開いておく

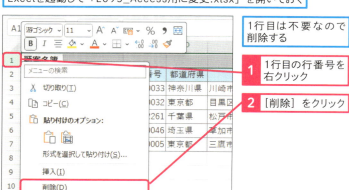

1行目は不要なので削除する

① 1行目の行番号を右クリック

② [削除]をクリック

使いこなしのヒント

Accessに取り込む表のルールを知っておこう

Excelの表を正しくAccessに取り込むためには、1行に1件分のレコード、1セルに1つのデータが入力されていることが基本です。また、ワークシートの1行目にフィールド名、2行目以降にデータが入力されている状態にしておくと、スムーズに取り込めます。表の中に空白行や空白列を作らず、ワークシートに表以外のデータを入力しないようにしましょう。空白セルが点在するのは問題ありません。

●不要な列を削除する

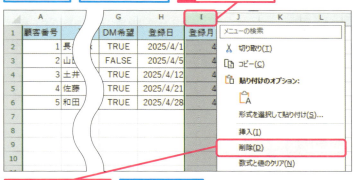

	使いこなしのヒント
	1行目はフィールド名にする

ワークシートの1行目にフィールド名が入力されている状態にするために、操作2ではタイトルの行を削除しています。なお、タイトルを削除せずに表に名前を付けて取り込む方法もあります。409ページのスキルアップを参照してください。

2 ふりがなを表示する列を作成する

使いこなしのヒント
計算できるデータは取り込まない

Access上で計算によって求められるデータは、Accessに取り込まないのが原則です。Beforeの表のI列の［登録月］は、［登録日］から求められるので取り込む必要がありません。ここでは列を削除しますが、**レッスン96**で紹介する方法では列ごとに取り込むかどうかを指示できるので、削除せずに残しておいてもかまいません。

使いこなしのヒント
ふりがなの列を作成しよう

Excelのセルに漢字データを入力すると、漢字変換前の「読み」が漢字のふりがなとしてセルに記録されます。そのため、Excelでは必要なときにいつでもふりがなを使った操作を行えます。しかし、漢字データをAccessに取り込むと、ふりがなの情報は消えてしまいます。ふりがなを取り込むには、事前にExcelの表にふりがなの列を作成しておく必要があります。

95 表の整形

次のページに続く→

できる 407

●関数を入力する

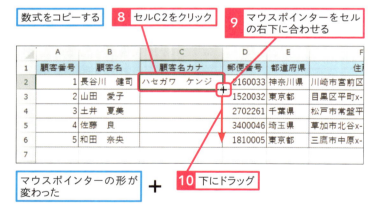

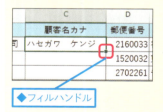

用語解説
PHONETIC関数

PHONETIC関数は、セルに記録されているふりがなを取り出す関数です。例えば、セルB2に「長谷川　健司」と入力すると、「ハセガワ　ケンジ」というふりがながセルB2の内部に記録されます。「=PHONETIC(B2)」という式で、セルB2に記録された「ハセガワ　ケンジ」を求めることができます。なお、セルに直接入力せず、テキストファイルなどからコピー＆ペーストした場合は、ふりがなが取り出せません。その場合は、改めてセルに直接入力しましょう。

使いこなしのヒント
ドラッグで式をコピーするには

セルを選択すると、右下にフィルハンドルと呼ばれる小さな四角形が表示されます。これを下方向にドラッグすると、セルに入力した式が下のセルにコピーされます。

◆フィルハンドル

時短ワザ
ダブルクリックで式をコピーできる

式を入力したセルを選択し、フィルハンドルにマウスポインターを合わせ、ダブルクリックすると、隣の列の行数分だけ式がコピーされます。表に大量のデータが入力されている場合でも、瞬時に式をコピーできるので便利です。

408　できる

3 セルの表示形式を設定する

郵便番号の表示形式に［文字列］を設定する

1 ドラッグしてセルD2〜D6を選択

2 ［ホーム］タブをクリック

3 ［数値の書式］のここをクリック

4 ［文字列］をクリック

［文字列］が設定され、左揃えになった

5 ［上書き保存］をクリックして上書き保存する

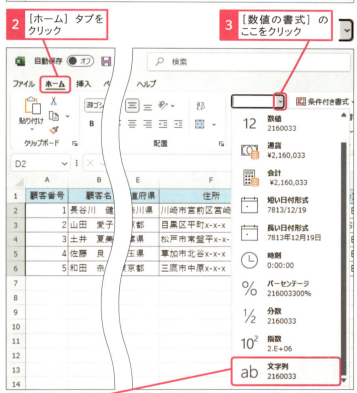

使いこなしのヒント
データ型に合わせて書式を設定する

Excelのデータを取り込むときに、Accessは各列のデータ型を識別します。［郵便番号］の列に入力されているのは7桁の数字です。これをそのままAccessに取り込むと、数値型として取り込まれます。あらかじめ［郵便番号］の列に［文字列］を設定しておくと、Accessは郵便番号データを短いテキストと認識するのでスムーズに取り込めます。

スキルアップ
表に名前を付けておく方法もある

表に名前を付けておくと、名前が付いた範囲だけをAccessに取り込めます。操作は以下の通りです。

取り込むセル範囲を選択しておく

1 ［名前ボックス］に「名簿」と入力

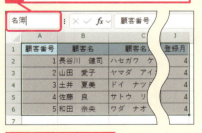

2 Enter キーを押す

選択した範囲に「名簿」という名前が設定される

95 表の整形

レッスン 96 Excelの表をAccessに取り込むには

インポート　練習用ファイル　L096_取り込み元.xlsx、L096_取り込み先.accdb

ExcelのテーブルをAccessの新しいテーブルとして取り込みましょう。[スプレッドシートインポートウィザード]が起動するので、画面の流れに沿って取り込む列の詳細設定や主キーの設定を行いながら取り込めます。

キーワード	
インポート	P.456
フィールドサイズ	P.459
フィールドプロパティ	P.459

Excelの表をテーブルとしてインポートする

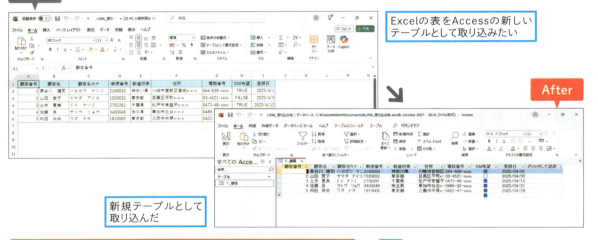

Excelの表をAccessの新しいテーブルとして取り込みたい

新規テーブルとして取り込んだ

1 インポートを開始する

レッスン09を参考に「L096_取り込み先.accdb」を開いておく

① [外部データ]タブをクリック
② [新しいデータソース]をクリック

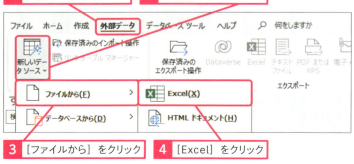

③ [ファイルから]をクリック
④ [Excel]をクリック

用語解説

インポート

ほかのアプリで作成されたデータを、Accessで使用できる形にして取り込むことを「インポート」といいます。Excelの表のほか、テキストファイルやAccessのオブジェクトもインポートできます。テキストファイルをインポートする方法は、付録を参照してください。

410

●外部データの取り込み設定を行う

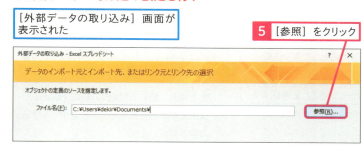

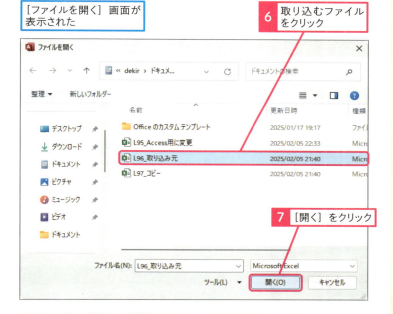

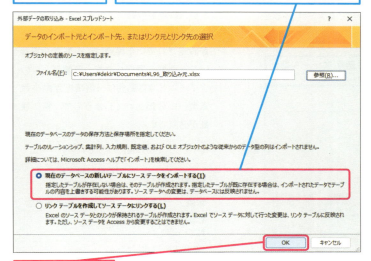

👍 スキルアップ

Accessのオブジェクトをインポートするには

ほかのAccessファイルのテーブルやクエリ、フォームなどのオブジェクトをインポートできます。[外部データ] タブの [新しいデータソース] - [データベースから] - [Access] をクリックし、表示される画面で取り込むデータベースファイルを指定します。すると下図のような [オブジェクトのインポート] 画面が表示されるので、インポートするオブジェクトを指定します。複数のテーブルを選択した場合、リレーションシップの設定もインポートされます。

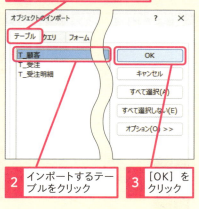

💡 使いこなしのヒント

「リンク」って何？

操作8の画面に [リンクテーブルを作成してソースデータにリンクする] という選択肢があります。「リンク」とは、データベースからほかのファイルに連結してそのファイルのデータを使用することです。リンクにはデータを一元管理できるというメリットがあります。しかし、扱えるデータ量や処理能力はAccessのほうが高いので、AccessからExcelにリンクするのはお勧めできません。

2 インポートの設定を行う

［スプレッドシートインポートウィザード］が表示された

ここではExcelにあるデータの先頭行をフィールド名として取り込む

［先頭行をフィールド名として使う］がオンになっていることを確認する

1 ［次へ］をクリック

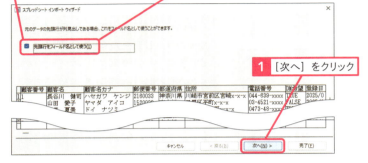

フィールドの設定画面が表示された

ここでは顧客番号のデータ型を設定する

2 ［顧客番号］をクリック　　**3** ［データ型］のここをクリック

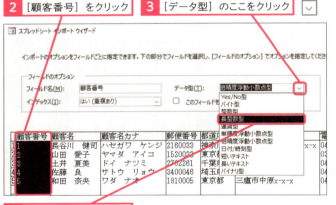

4 ［長整数型］をクリック

［長整数型］が設定された

各フィールドに適切なデータ型が設定されていることを確認しておく

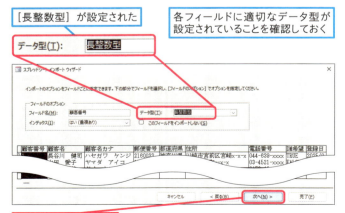

5 ［次へ］をクリック

使いこなしのヒント

取り込むワークシートや名前の付いた範囲を指定するには

Excelのファイルの中にワークシートが複数ある場合や、名前が付いた範囲が存在する場合、操作1の画面の前に下図のような画面が表示されるので、インポートする内容を選択します。

［ワークシート］と［名前の付いた範囲］のどちらをインポートするかを指定する

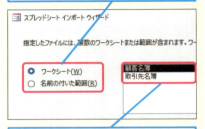

ワークシート名または名前の一覧からインポートする内容を選択する

使いこなしのヒント

目的とは違うデータ型が設定された場合は

操作2の画面では、1列ずつ選択してデータ型（数値型の場合はフィールドサイズ）を確認します。目的とは異なるデータ型が設定されていた場合は、一覧から正しいデータ型を選択します。数値データのフィールドは自動的に［倍精度浮動小数点型］に分類されてしまうので、特に注意が必要です。

●インポート時に自動認識されるデータ型

Excelのデータ	自動認識されるデータ型
数値データの列	倍精度浮動小数点型
［文字列］が設定されている列	短いテキスト
［通貨表示形式］が設定されている列	通貨型

●主キーを確認する

| 新しいテーブルの中で主キーを付けるフィールドを設定する | ここでは［顧客番号］フィールドを主キーにする |

6 ［次のフィールドに主キーを設定する］をクリック

7 ここをクリックして［顧客番号］を選択

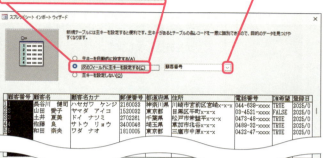

8 ［次へ］をクリック

インポート先のテーブルに名前を付ける

9 「T_顧客」と入力

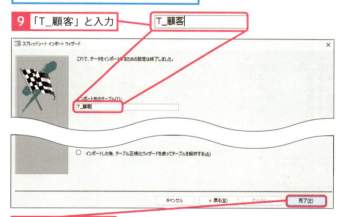

10 ［完了］をクリック

データの取り込みが完了し、［インポート操作の保存］の画面が表示される

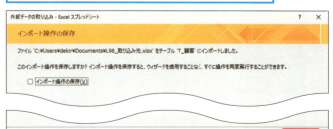

11 ［閉じる］をクリック

使いこなしのヒント
取り込みたくない列がある場合は

操作2の画面で列を選択し、［このフィールドをインポートしない］にチェックマークを付けると、選択した列をインポートから除外できます。

| 取り込みたくない列を選択しておく |

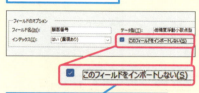

ここをクリックしてチェックマークを付けると、選択した列をインポートから除外できる

使いこなしのヒント
主キーを設定するには

操作6の画面では、主キーのフィールドを設定します。インポートする表の中から主キーを選択する場合は、重複データが入力されていない列を選択する必要があります。主キーにふさわしい列が存在しない場合は、［主キーを自動的に設定する］をクリックすると、「ID」という名前のオートナンバー型のフィールドが先頭の列に挿入され、［ID］フィールドが主キーになります。

使いこなしのヒント
インポート操作は保存できる

操作11の画面で［インポート操作の保存］にチェックマークを付けると、インポートの設定が保存されます。［外部データ］タブの［保存済みのインポート操作］をクリックすることで、前回と同じファイルから同じ設定で素早くインポートを実行できます。

3 インポートされたテーブルを確認する

ナビゲーションウィンドウに [T_顧客] が表示された

1 [T_顧客] をダブルクリック

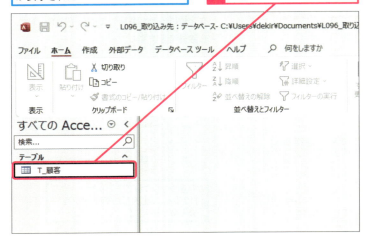

テーブルが表示された

Excelのデータがきちんとインポートされていることを確認する

フィールドプロパティを編集するためにデザインビューに切り替える

2 [ホーム] タブをクリック

3 [表示] をクリック　デザインビューが表示される

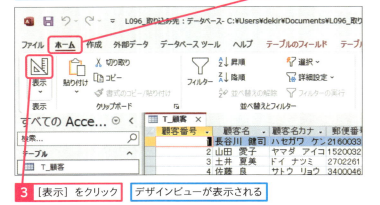

使いこなしのヒント
インポートしたデータとデザインを確認しよう

Excelの表をインポートしたら、まずデータが正しく取り込まれたかどうか、データシートビューを確認します。次に、デザインビューに切り替えて、フィールド名やデータ型、フィールドサイズが適切かどうかを確認しましょう。

使いこなしのヒント
必要に応じて主キーフィールドの名前を変更する

[スプレッドシートインポートウィザード] で主キーフィールドを自動挿入した場合、フィールド名は「ID」になります。そのままでは分かりづらいので、デザインビューで適切な名前に変更しましょう。

使いこなしのヒント
Excelの計算式のセルを取り込むとどうなるの?

計算式が入力されているExcelの表をインポートすると、計算式ではなく計算結果の値が取り込まれます。例えば、[登録月] の列をインポートした場合、月を求める式ではなく、「4」「5」などの数値が取り込まれます。[登録日] の日付を変更しても、[登録月] は変更されません。計算で求められる値は取り込まず、Accessで改めて計算するほうがいいでしょう。

● フィールドプロパティを設定する

［顧客名］フィールドのフィールド
プロパティを設定する

4 ［顧客名］フィールドをクリック

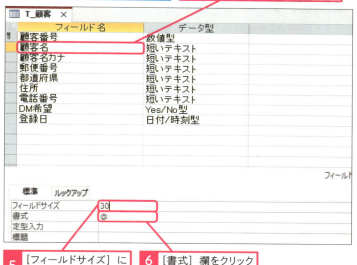

5 ［フィールドサイズ］に「30」と入力

6 ［書式］欄をクリック

7 Delete キーを押して「@」を削除

必要に応じてその他のフィールドの
フィールドプロパティも設定しておく

8 ［上書き保存］をクリック

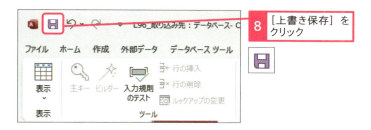

［一部のデータが失われる可能性が
あります］と表示された

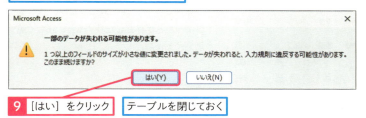

9 ［はい］をクリック　テーブルを閉じておく

使いこなしのヒント

フィールドプロパティを適切に設定する

短いテキストのフィールドは、［フィールドサイズ］プロパティが255文字に設定されます。例えば［顧客名］フィールドは、余裕を見ても30文字あれば十分です。255文字のまま使用すると、ディスクスペースの無駄になります。フィールドごとに［フィールドサイズ］プロパティを適切に修正しましょう。

● フィールドサイズの設定

フィールド名	フィールドサイズ
顧客名	30
顧客名カナ	30
郵便番号	10
都道府県	10
住所	50
電話番号	20

使いこなしのヒント

［書式］プロパティの「@」とは

Excelからインポートした短いテキストのフィールドには、［書式］プロパティに「@」が設定されます。「@」は文字列データをそのまま表示させるための記号です。今後、［定型入力］プロパティでデータの表示方法を設定したときに、［書式］プロパティの「@」の影響で意図した表示にならないことがあるので削除しておきます。

レッスン 97 Excelのデータを既存のテーブルに追加するには

コピー／貼り付け　　練習用ファイル　L097_コピー.xlsx、L097_貼り付け.accdb

Excelの表とAccessのテーブルのフィールド構成が一致している場合、コピー／貼り付けを利用してExcelのデータをテーブルに追加できます。Excelの表の一部の行だけを追加したいときにも有効です。

キーワード

インポート	P.456
データシート	P.458
テーブル	P.458

Excelの表を既存のテーブルに追加する

Excelの表をAccessのテーブルに追加したい

既存のテーブルの下に追加された

1 Excelのデータをコピーする　　L097_コピー.xlsx

Excelで「L097_コピー.xlsx」を開いておく

ExcelのデータをAccessの [T_顧客] のデータに追加する

1 [ホーム] タブをクリック

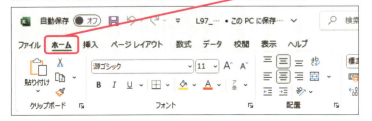

使いこなしのヒント

Excelの表を整理しておく

ExcelのデータをAccessの既存のテーブルに追加するときは、あらかじめフィールド構成を確認しておきましょう。フィールドの順序がテーブルと異なったり、余計なフィールドが存在したりすると、正しく追加できません。

●データを選択する

［顧客名］〜［登録日］のデータを
コピーする

2 セルA2〜I4をドラッグして選択

3 ［コピー］をクリック

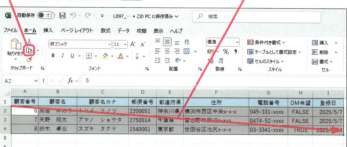

選択した箇所が破線で囲まれた　　データがコピーされた

2 Accessのテーブルに貼り付ける

L097_貼り付け.accdb

コピーしたデータをAccessの
テーブルに貼り付ける

レッスン11を参考に［T_顧客］を
データシートビューで表示しておく

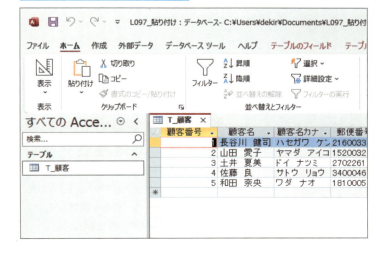

ショートカットキー

コピー　　　　　　　　　　　Ctrl + C

使いこなしのヒント

**リボンのボタンを使って
テーブルに追加するには**

レッスン96と同様にリボンのボタンでもテーブルに追加できます。データベースファイルにテーブルが存在する場合、レッスン96の手順1の操作8の画面に［レコードのコピーを次のテーブルに追加する］という選択肢が表示されます。その選択肢を選び、データを追加するテーブルを指定すると、指定したテーブルにExcelのデータを追加できます。

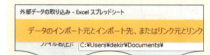

ここをクリックしてテーブルを
選択する

使いこなしのヒント

**同じ処理を繰り返すなら
インポート操作を保存しよう**

同じファイルから定期的にレコードの追加を行う場合は、上のヒントを参考にインポートを実行し、最後の画面でインポート操作を保存しておくといいでしょう。毎回手作業でコピーするより効率的です。その場合、ExcelのファイルからAccessに追加済みのデータを削除して、インポートするデータが重複しないようにしましょう。

●貼り付ける場所を選択する

1 新しいレコードのレコードセレクターをクリック

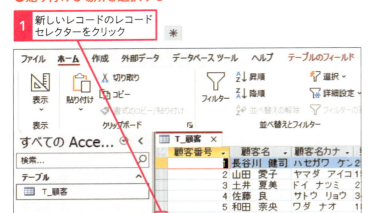

最終行がすべて選択された

2 [貼り付け] をクリック

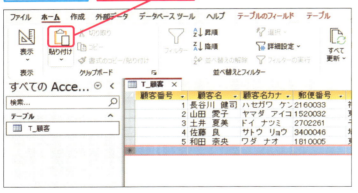

貼り付けを確認する画面が表示される

3 [はい] をクリック

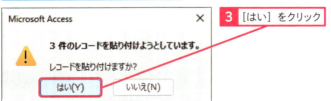

テーブルにデータが追加された

使いこなしのヒント

新規入力行全体を選択しておく

特定のフィールドを選択した状態や、セルの中にカーソルがある状態で貼り付けを行うと、レコードを貼り付けられません。手順のように新規入力行全体を選択して貼り付けましょう。

ショートカットキー

貼り付け　　　Ctrl + V

ここに注意

主キーフィールドの値が重複していると、エラーメッセージが表示され、レコードを貼り付けることができません。Excelの表の主キーフィールドの値を調整して、コピー／貼り付けをやり直しましょう。

👍 スキルアップ
コピーを利用してExcelの表からテーブルを作成するには

Excelの表全体をコピーして、Accessのデータベースに貼り付けると、表がテーブルとして貼り付けられます。その際、「データの最初の行には、列ヘッダーが含まれていますか？」というメッセージが表示されるので、[はい]をクリックすると、表の先頭行の項目名がフィールド名となります。ワークシート名がテーブル名となるので、適切な名前に変更しましょう。また、デザインビューを表示して、必要に応じて各フィールドのデータ型やフィールドサイズなどを設定し直しましょう。主キーを設定すれば、データは主キーの昇順に並べ替えられます。

●Excelのデータをコピーする

Excelの表を開いておく

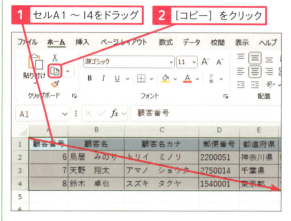

●Accessに貼り付ける

Accessのデータベースを開いておく

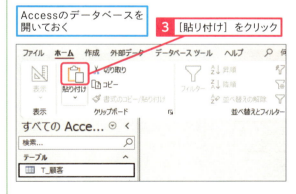

●表示を確認する

列ヘッダーの有無を確認する画面が表示される

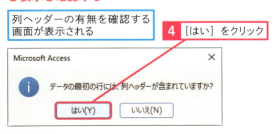

●表示を確認する

データがインポートされたことを確認する画面が表示される

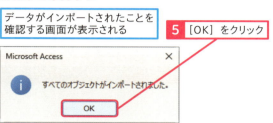

●データが貼り付けられる

Excelのデータが新規テーブルとして貼り付けられた

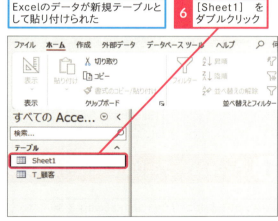

●貼り付けられたデータを確認する

Sheet1がデータシートビューで表示される

Excelの表が貼り付けられている

レッスン 98 Accessの表をExcelに出力するには

エクスポート　練習用ファイル　L098_出力.accdb

Accessのテーブルやクエリのデータを Excel のファイルとして出力できます。Excel のさまざまな機能を使用してデータ分析したり、グラフを作成して報告書の資料にしたりと、使い慣れた環境でデータを活用できます。

キーワード	
エクスポート	P.457
クエリ	P.457

テーブルやクエリからExcelファイルを作成する

Before

クエリのデータをExcelに出力したい

After

Excelのファイルにエクスポートされた

1　AccessのクエリをExcelにエクスポートする

レッスン09を参考に「L098_出力.accdb」を開いておく

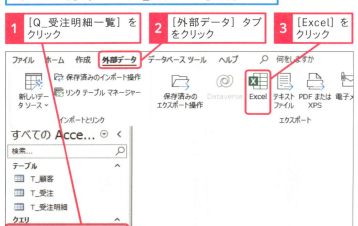

1　[Q_受注明細一覧] をクリック
2　[外部データ] タブをクリック
3　[Excel] をクリック

用語解説

エクスポート

Accessのデータを外部のファイルに出力することを「エクスポート」といいます。Excelやテキストファイルなどにエクスポートできます。テキストファイルにエクスポートする方法は、付録を参照してください。

活用編　第11章　AccessとExcelを連携するには

●エクスポート先を指定する

[エクスポート]画面が表示された   4 [参照]をクリック

5 保存先を選択　6 [ファイル名]に「受注明細一覧」と入力

7 [保存]をクリック

元の画面に戻る　8 [OK]をクリック

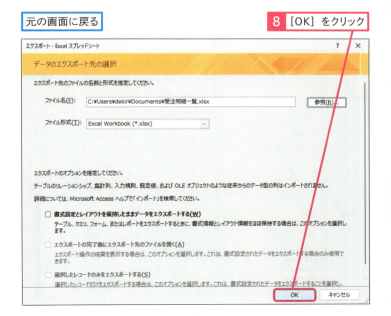

使いこなしのヒント
ほかのAccessファイルにエクスポートするには

ナビゲーションウィンドウでオブジェクトを選択し、[外部データ]タブの[Access]をクリックして出力先のデータベースファイルを指定すると、選択したオブジェクトをほかのデータベースにエクスポートできます。

1 ここをクリック

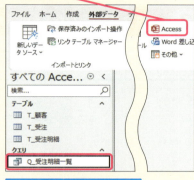

エクスポート先にAccessのファイルを選択できる

使いこなしのヒント
「書式設定とレイアウトの保持」って何?

操作8の画面に[書式設定とレイアウトを保持したままデータをエクスポートする]という設定項目があります。ここにチェックマークを付けると、出力先のExcelの表の列見出しのセルに色が付いたり、金額データに「¥」が付いたり、Accessのデータシートに合わせて列幅が調整されたりします。

使いこなしのヒント
エクスポートの設定を保存するには

次ページの操作9の画面で[エクスポート操作の保存]にチェックマークを付けると、エクスポートの設定を保存できます。詳しい操作方法は、レッスン99で紹介します。

● [エクスポート] 画面を閉じる

エクスポートが完了した

9 [閉じる] をクリック

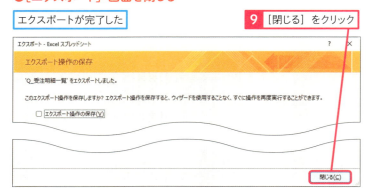

2 エクスポートしたExcelのファイルを確認する

保存先のフォルダーを表示してエクスポートしたExcelのファイルを開く

1 「受注明細一覧」をダブルクリック

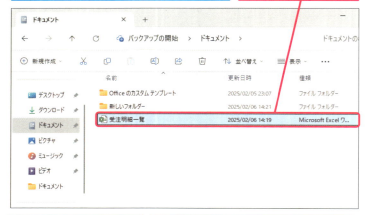

Excelが起動してデータが表示された

[Q_受注明細一覧] の内容が反映されていることが確認できる

必要に応じて列幅を調整する

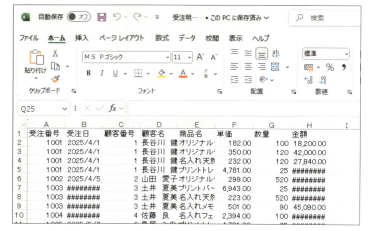

💡 使いこなしのヒント
列幅を調整しよう

Excelにエクスポートしたときに、数値や日付が「######」と表示される場合があります。列幅を広げると、データが正しく表示されます。

日付が「######」と表示されている

1 B列の列番号の境界線をダブルクリック

B列の列幅が調整された

日付が正しく表示された

💡 使いこなしのヒント
表示形式を調整しよう

データをExcelにエクスポートしたときに、金額に小数点以下が表示されたり、日付が「日-月-年」で表示されたりすることがあります。そのようなセルを選択して、[ホーム] タブの [数値の書式] の一覧から表示形式を設定すると、データを目的の形式で表示できます。

ここをクリックして表示形式を設定する

スキルアップ
AccessのテーブルをExcelにコピーするには

Excelのワークシートにaccessのテーブルやクエリをコピーするには、双方のファイルを開いて並べておきます。Accessのナビゲーションウィンドウでテーブルかクエリを選択し、Excelのセルまでドラッグすると、データが貼り付けられます。貼り付け後、必要に応じて列幅や表示形式を調整しましょう。

ちなみに、Accessのテーブルやクエリをデータシートビューで開き、✚の形のマウスポインターでドラッグすると、データシートの複数のセルを選択できます。選択範囲をExcelまでドラッグすると、テーブルやクエリの一部をコピーできます。

●並べて表示する

Excelで新規ブックを作成しておく

1 コピー元（Access）とコピー先（Excel新規ブック）を開いて並べる

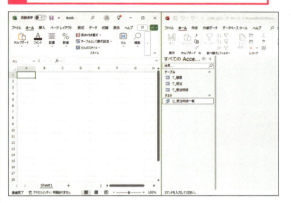

●ナビゲーションウィンドウからコピーする

2 クエリを選択してコピー先のセルにドラッグ

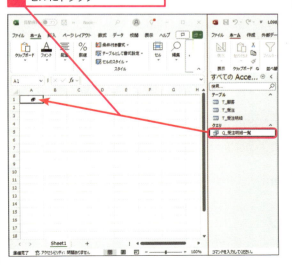

●Accessのテーブルデータが貼り付けられる

AccessのテーブルデータがExcelの新規ブックに貼り付けられた

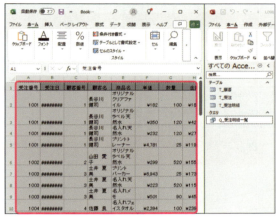

●表示を確認する

Accessのテーブルデータの内容がきちんとコピーされているか確認する

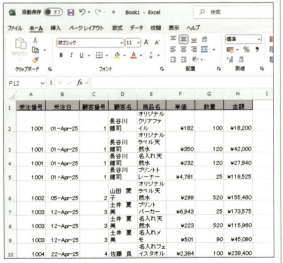

必要に応じて列幅を調整する

レッスン 99 エクスポートの操作を保存するには

エクスポート操作の保存 | 練習用ファイル L099_出力先保存.accdb

同じオブジェクトに対して定期的にインポートやエクスポートを行う場合、その都度設定するのは面倒なので、操作そのものを保存しましょう。ここではエクスポートを例に操作の保存方法と保存した操作の実行方法を紹介します。

キーワード
インポート	P.456
エクスポート	P.457

エクスポートの設定を保存する

After

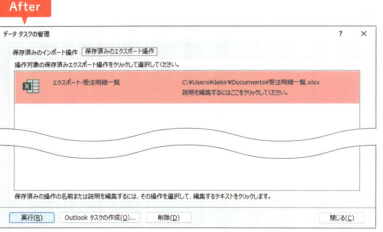

エクスポート操作が保存され、Accessのメニューから選択できるようになる

1 エクスポート操作を保存する

レッスン98を参考にエクスポート先にファイルを保存しておく

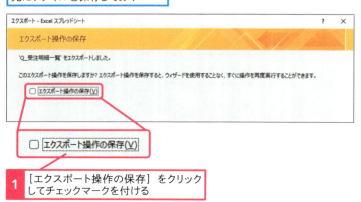

1 [エクスポート操作の保存]をクリックしてチェックマークを付ける

使いこなしのヒント
インポート操作も保存できる

ここではエクスポート操作を保存しますが、インポート操作も同じ要領で保存できます。レッスン96の手順2の操作11の画面で[インポート操作の保存]にチェックマークを付けて、[名前を付けて保存]欄にインポート操作の名前を設定して保存します。

● 名前を付ける

画面にエクスポート操作の保存のための設定項目が表示された

エクスポート操作の名前を付ける

2 「エクスポート-受注明細一覧」と入力

3 [エクスポートの保存]をクリック

エクスポート操作が保存された

2 保存した操作を実行する

データベースの画面に戻る

1 [外部データ] タブをクリック

2 [保存済みのエクスポート操作]をクリック

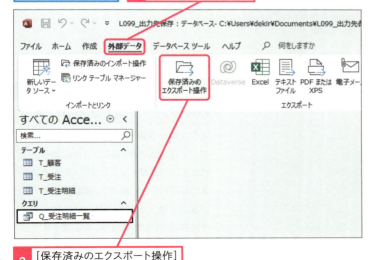

使いこなしのヒント
分かりやすい名前を付けよう

エクスポート操作を呼び出すときに名前の一覧から選択するので、分かりやすい名前を付けましょう。[名前を付けて保存] 欄の下の [説明] 欄にエクスポートするオブジェクトなどの覚書を入力しておくと、呼び出すときにその説明も確認できます。

使いこなしのヒント
Accessの設定ではなくデータベースファイルに保存される

エクスポート操作やインポート操作は、Accessではなくデータベースファイルに保存されます。そのため、保存した操作をほかのデータベースファイルで使用できません。

使いこなしのヒント
インポート操作を呼び出すには

保存したインポート操作を呼び出すには、[外部データ] タブの [保存済みのインポート操作] をクリックし、開く画面でインポート操作名をクリックします。

●エクスポート操作を実行する

［データタスクの管理］画面が表示された

手順1で保存したデータが表示されている

3 ［エクスポート-受注明細一覧］をクリック

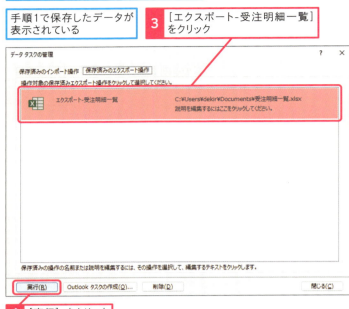

4 ［実行］をクリック

「既存のファイルを更新しますか?」というメッセージが表示された

5 ［はい］をクリック

エクスポートの完了を確認するメッセージが表示された

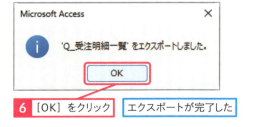

6 ［OK］をクリック　エクスポートが完了した

使いこなしのヒント
エクスポート先のファイル名を変更するには

手順2の操作3の画面に表示されるエクスポート先のファイル名をクリックすると、カーソルが表示され、編集を行えます。同じ要領でエクスポート操作の名前や説明も編集できます。

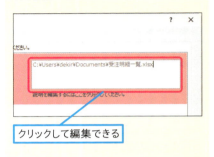

クリックして編集できる

使いこなしのヒント
エクスポート操作を削除するには

操作3の画面でエクスポート操作を選択し、［削除］をクリックすると削除できます。

使いこなしのヒント
既存のファイルは上書き保存される

エクスポート操作では、毎回決まったオブジェクトが決まったファイルに書き出されます。前回書き出したファイルをそのままにしておくと、操作5の確認メッセージが表示され、上書き保存されます。上書き保存したくない場合は、前回エクスポートしたファイルのファイル名を変更しておくか、別の場所に移動しておきましょう。

スキルアップ
エクスポートするデータの期間を指定できるようにするには

パラメータークエリをエクスポートすると、エクスポートの実行時にその都度抽出条件を指定できるようになります。以下の例では、パラメータークエリの条件として、[受注日] フィールドに「>=[いつから？]」を設定しています。エクスポートの実行時に指定した日付以降のデータがエクスポートされます。ちなみに抽出条件を「Between [開始日] And [終了日]」とすれば、指定した開始日から終了日までのデータをエクスポートできます。

●抽出条件を指定する

1 [Q_受注明細一覧] クエリをデザインビューで開く

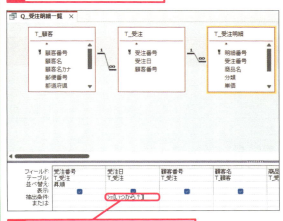

2 [受注日] フィールドの [抽出条件] 欄に「>=[いつから？]」と入力

3 クエリを上書き保存して閉じる

●パラメータークエリをエクスポートする

4 [Q_受注明細一覧] クエリをクリック

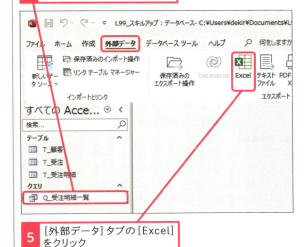

5 [外部データ] タブの [Excel] をクリック

●ファイル名を指定する

6 [ファイル名] を指定

C:\Users\dekir\Documents\Q_受注明細一覧.xlsx

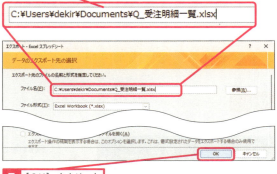

7 [OK] をクリック

●日付を入力する

[パラメーターの入力] 画面が表示された

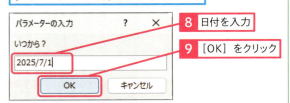

8 日付を入力

9 [OK] をクリック

●エクスポートを確認する

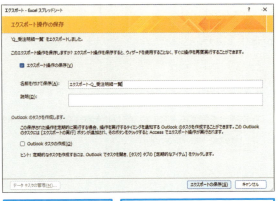

指定した日付以降のレコードがエクスポートされた

エクスポート操作を保存しておくと、毎回エクスポートの実行時に抽出条件を指定できる

レッスン 100 Excelへの出力をマクロで自動化するには

自動でエクスポート | **練習用ファイル** L100_出力自動化.accdb

インポート操作やエクスポート操作を保存しておき、[保存済みのインポート／エクスポート操作の実行] アクションを使用してマクロを作成すると、インポートやエクスポートを自動化できます。ここではエクスポートを例として解説します。

キーワード

エクスポート	P.457
マクロ	P.460
マクロビルダー	P.460

ボタンのクリックでエクスポートを実行する

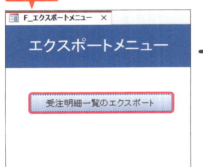

ここでは [受注明細一覧のエクスポート] ボタンをクリックすると、Excelへのエクスポートが実行される設定を行う

1 保存されたエクスポート操作を確認する

レッスン98を参考にエクスポート先にファイルを保存しておく

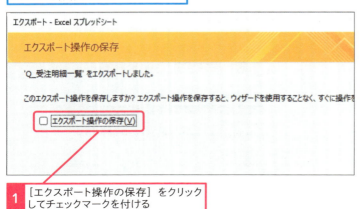

1 [エクスポート操作の保存] をクリックしてチェックマークを付ける

使いこなしのヒント

エクスポート操作を保存する

Excelへのエクスポートを自動化するための準備として、エクスポートを実際に実行し、エクスポート操作を保存します。インポート操作を自動化する場合も、事前にインポートを実行してインポート操作を保存してください。

● エクスポート操作の名前を確認する

1 エクスポート操作の名前を付ける
2 [名前を付けて保存]に「エクスポート-受注明細一覧」と入力

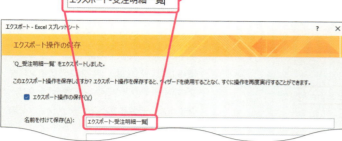

3 [エクスポートの保存]をクリック
エクスポート操作が保存された

2 エクスポートを実行するマクロを作成する

レッスン38を参考に[F_エクスポートメニュー]をフォームのデザインビューで開いておく
プロパティシートを表示しておく

1 [受注明細一覧のエクスポート]ボタンをクリック

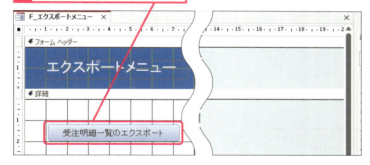

2 [イベント]タブをクリック
3 [クリック時]欄をクリック

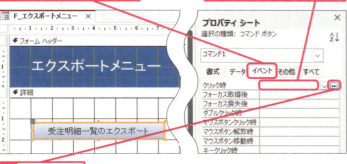

4 ここをクリック

使いこなしのヒント
エクスポート操作の名前

操作2で指定した名前はマクロの作成時に使用するので、分かりやすい名前を付けておきましょう。

使いこなしのヒント
マクロビルダーでマクロを作成する

手順2ではエクスポートを実行するマクロを作成しますが、基本的な作成の流れはレッスン89、90と同じです。ボタンの[クリック時]イベントからマクロビルダーを起動し、アクションと引数を指定します。

使いこなしのヒント
[F_エクスポートメニュー]フォームの内容

練習用ファイルの[F_エクスポートメニュー]フォームは、レッスン88で紹介した[F_メニュー]フォームと同じ方法で作成したものです。[フォームヘッダー]セクションにラベル、[詳細]セクションにボタンを配置してあります。また、フォームの[レコードセレクタ]プロパティと[移動ボタン]プロパティにそれぞれ[いいえ]を設定してあります。

次のページに続く ➡

できる 429

●ビルダーを選択する

[ビルダーの選択] 画面が表示される

5 [マクロビルダー] をクリック

6 [OK] をクリック

マクロビルダーが起動した

7 [すべてのアクションを表示] をクリック

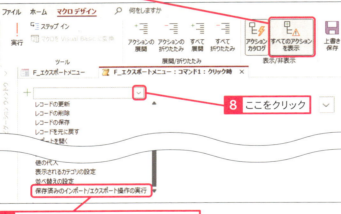

8 ここをクリック

9 [保存済みのインポート／エクスポート操作の実行] をクリック

10 ここをクリックして [エクスポート-受注明細一覧] を選択

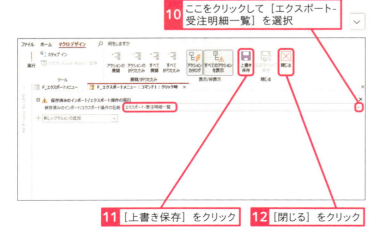

11 [上書き保存] をクリック　　12 [閉じる] をクリック

使いこなしのヒント
[すべてのアクションを表示] って何？

マクロビルダーのアクションの一覧には、オブジェクトの変更やデータの書き換えなど、実行に注意が必要なアクションが表示されません。そのようなアクションを使用したいときは、[マクロデザイン] タブの [すべてのアクションを表示] をクリックすると、一覧にすべてのアクションを表示できます。

使いこなしのヒント
アクションカタログを使用する場合は

マクロビルダーの右側に表示される [アクションカタログ] には、アクションが分類別に整理されて表示されます。ここからアクションをマクロビルダーにドラッグして追加できます。その場合も事前に [すべてのアクションを表示] をオンの状態にしてからアクションをドラッグします。項目の先頭の⚠マークは、[すべてのアクションを表示] をオンにすることによって表示されるアクションを示します。

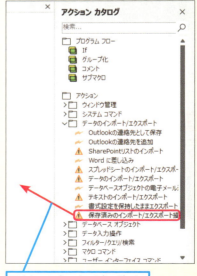

アクションをマクロビルダーにドラッグ

3 マクロの動作を確認する

マクロビルダーが閉じた　　［埋め込みマクロ］と表示された

［上書き保存］をクリックして上書き保存しておく

フォームビューに切り替える

1 ［受注明細一覧のエクスポート］ボタンをクリック

［Q_受注明細一覧］の内容がExcelにエクスポートされた

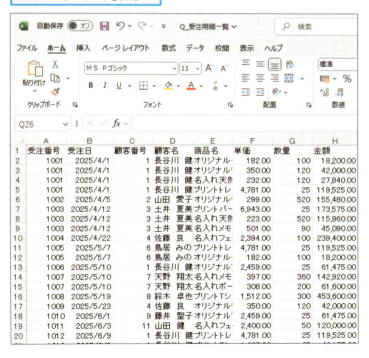

用語解説

［保存済みのインポート／エクスポート操作の実行］アクション

［保存済みのインポート／エクスポート操作の実行］アクションは、保存済みのインポート操作やエクスポート操作を実行するアクションです。引数［保存済みのインポート／エクスポート操作の名前］を指定することで、指定したインポートまたはエクスポートが実行されます。

使いこなしのヒント

実行のたびに上書きされる

レッスン99の操作と同様に、マクロを実行するたびに、エクスポート先のExcelファイルが上書きされます。前回エクスポートしたExcelファイルをとっておきたい場合は、別の場所に移動するか、ファイル名を変更しておきましょう。

使いこなしのヒント

パラメータークエリを利用するには

レッスン99のスキルアップを参考にパラメータークエリのエクスポート操作を保存し、マクロに割り付けると、実行のたびにエクスポートするレコードの条件を指定できます。

この章のまとめ

2つのソフトの長所を活かそう

AccessとExcelを連携すると、さらにデータ活用の幅が広がります。例えば、データ管理をExcelからAccessに移行する場合は、ExcelからAccessにデータをインポートすることで効率的にテーブルを作成できます。また、Accessに蓄積した中から必要なデータをExcelにエクスポートすることで、使い慣れたExcelでデータ分析やグラフの作成などが行えます。定期的にインポートやエクスポートを実行する場合は操作を保存しておくと時短になります。AccessとExcelの特徴を理解して、データを有効活用してください。

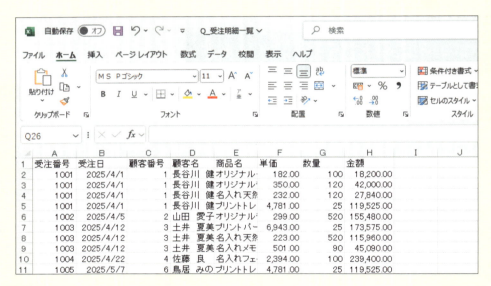

Excelとの連携、仕事に役立ちそうです！

ExcelとAccess、それぞれの長所を組み合わせましょう。設定が少し細かいので、丁寧にチェックするのがコツです。

マクロとの組み合わせが楽しかったです！

定期的な集計なんかは、ボタン1つで済ませちゃいましょう♪
単純作業を大幅に減らせば、業務改革できますよ！

活用編

第12章

AccessでCopilotを活用するには

この章では、Windows 11に標準搭載されているAIアシスタント「Copilot」をAccessの作業に役立てる方法を紹介します。無料で使えるので操作や考え方など分からないことをどんどん質問して、Accessの作業を効率化しましょう。

101	Copilotを活用しよう	434
102	CopilotにAccessの操作を教えてもらうには	436
103	データベースの構成を提案してもらうには	438
104	サンプルデータを作成してもらうには	440
105	演算フィールドの式を作成してもらうには	442
106	クエリのデザインを解析してもらうには	444

レッスン 101

Introduction この章で学ぶこと

Copilotを活用しよう

Windows 11には、「Microsoft Copilot」というAIアシスタントが搭載されています。分からない操作を質問したり、テーブルの構造を提案してもらったり、演算フィールドの式を立ててもらったりと、さまざまなAccessの作業にAIアシスタントを役立てられます。

難しい作業はAIにおまかせ？

待ってましたCopilot！　面倒なことを全部おまかせできるんですよね？

ちょ、ちょっと待って！　AIは便利だけど、万能の道具じゃないの。使い方を間違えると正しい答えが出せないから、ひとつずつ学んでいきましょう。

Copilotの特徴をつかもう

Copilotは種類によって機能が異なります。この章ではWindows 11に標準で搭載されている無料版のMicrosoft Copilotで操作を説明します。まずは特徴を押さえましょう。

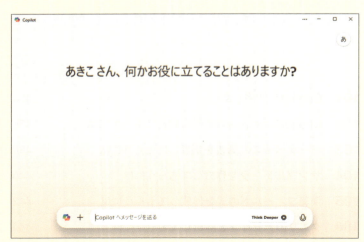

無料版のCopilotの使い方を確認する

Accessの操作方法を聞いてみよう

手始めにAccessの操作方法を聞いてみましょう。細かい質問でもかなり具体的に答えてくれますよ。ただ、正確な答えかどうかはわからないので、検証してから使うのがコツです。

手順を確認したいときに便利ですね。
検証できる範囲で聞いてみます！

> Accessのデータベースファイルを開いたときに、「F_メニュー」という名前のフォームを自動で開く方法を教えてください。

Accessデータベースを開いたときに「F_メニュー」というフォームを自動で開くには、以下の手順を行います：

1. **データベースを開く**：まず、Accessデータベースを開きます。
2. **オプションを設定**：データベースを開いた状態で、メニューから「オプション」を選択します。
3. **現在のデータベースの設定**：「現在のデータベース」を選択し、設定画面を開きます。
4. **フォームの表示を設定**：設定画面で「フォームの表示」を選択し、「F_メニュー」を指定します。
5. **設定を保存**：設定を保存し、データベースを再起動します。

これで、次回データベースを開いたときに「F_メニュー」が自動で開かれるようになります。

もし、VBAを使ってより詳細な設定や処理を行いたい場合は、AutoExecマクロを作成することもできます。AutoExecマクロはデータベースを開いたときに自動的に実行されるマクロです。この方法を使うと、より柔軟な設定が可能です。

→ フォームの設定など詳しい操作方法について教えてくれる

計算式を作ってもらおう

おすすめの使い方はこれ。演算フィールド用の計算式を聞いて、回答をそのままコピーして使えます。間違った答えが出ないように、細かく指示をするのがポイントです。

そのまま使えるんですね！
質問文（プロンプト）の作り方を知りたいです！

> Accessのクエリで、「生年月日」フィールドから現在の年齢を計算するための式を教えてください。

Accessで「生年月日」フィールドから現在の年齢を計算するには、以下のような式を使用します。

```
現在の年齢: DateDiff("yyyy", [生年月日], Date()) - IIf(Format([生年月日], "mmdd
```

→ 回答の計算式をコピーしてそのまま使える

レッスン 102 CopilotにAccessの操作を教えてもらうには

Copilot | 練習用ファイル なし

Windows 11に搭載されている「Microsoft Copilot」は、無料で使えるAIアシスタントです。Accessについて分からないことを教えてもらったり、計算式や抽出条件を組み立ててもらったりと、さまざまなシーンで利用できます。ここではAccessの操作方法を質問します。

キーワード
Copilot	P.456
プロンプト	P.459

1 Microsoft Copilotを起動する

Copilotを起動する

1 [Copilot] をクリック

Copilotが起動した

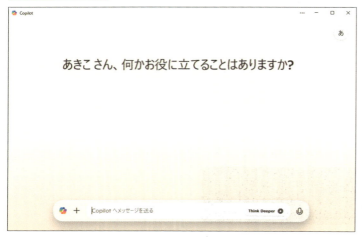

用語解説 Copilot
「Copilot」はMicrosoftが提供するAIサービスの総称です。Copilotには有料/無料、個人向け/企業向けなど複数の種類がありますが、ここではWindows 11に付属する無料の「Microsoft Copilot」を使用します。

用語解説 プロンプト
Copilotに対する質問や指示の入力のことを「プロンプト」といいます。

使いこなしのヒント 同じ回答が返されるとは限らない
Copilotはその都度回答を生成するため、本書と同じ文言のプロンプトを入力しても回答が同じになるとは限りません。

活用編 第12章 AccessでCopilotを活用するには

436 できる

2 CopilotにAccessの操作を教えてもらう

質問例

> Accessのデータベースファイルを開いたときに、「F_メニュー」という名前のフォームを自動で開く方法を教えてください。

1 上記のプロンプトを入力　　**2** ［メッセージの送信］をクリック

回答が表示された

必要に応じて追加の質問を入力できる

💡 使いこなしのヒント
Microsoftアカウントでサインインする

画面右上の［サインイン］をクリックしてMicrosoftアカウントでサインインすると、過去の質問や会話をもとにより的確なアドバイスが提供されます。

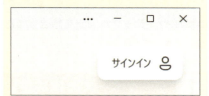

💡 使いこなしのヒント
個人向けのCopilotはデータ保護の対象にならない

個人向けのMicrosoft CopilotとMicrosoft Copilot Proはデータ保護の対象にならず、入力したプロンプトの内容がAIの学習に使用されることがあります。個人情報や機密情報の入力は避けましょう。なお、企業向けのMicrosoft 365 Copilotはデータ保護の対象になります。

💡 使いこなしのヒント
Copilotの種類

Copilotには下表の種類があります。「データ保護」についてはこのページ、「Microsoft 365との連携」については439ページの「使いこなしのヒント」で解説します。

製品名	価格	対象	データ保護	ピーク時の優先アクセス	Microsoft 365との連携
Microsoft Copilot	無料	個人向け	なし	なし	なし
Microsoft Copilot Pro	有料	個人向け	なし	あり	あり
Microsoft 365 Copilot	有料	企業向け	あり	あり	あり

レッスン 103 データベースの構成を提案してもらうには

| 構成の提案 | 練習用ファイル | なし |

Copilotは、提案やアイデア出しも得意です。例えばデータベースの作成を始める際にCopilotに相談すれば、テーブルとフィールドの構成や、テーブル同士を結合するためのリレーションシップの提案などをしてくれます。

キーワード

Copilot	P.456
プロンプト	P.459
リレーションシップ	P.460

1 データベースの構成を提案してもらう

 質問例

> Accessデータベースで次の項目を管理します。どのようなテーブル構成にするとよいでしょうか。
> 受注番号
> 受注日
> 顧客番号
> 顧客名
> 顧客住所
> 明細番号
> 商品番号
> 商品名
> 単価
> 数量

💡 使いこなしのヒント
新しい話題に切り替える

[開く]-[新規]をクリックすると、今までの会話が消えて、新しい話題で会話を始められます。

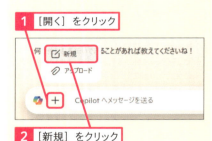

1 [開く]をクリック
2 [新規]をクリック

💡 使いこなしのヒント
難しい概念の説明もしてくれる

Copilotは具体的な操作方法だけでなく、概念の説明などもしてくれます。例えば、「Accessの主キーと外部キーについて、初心者にも分かるように説明してください。」「Accessの外部結合について、具体的な例を挙げて説明してください。」のようなプロンプトを入力すると、丁寧に回答してもらえます。

Copilotを起動しておく

1 上記のプロンプトの「Accessデータベースで次の項目を管理します。どのようなテーブル構成にするとよいでしょうか。」まで入力

2 Shift + Enter キーを押す

活用編 第12章 AccessでCopilotを活用するには

438

新しい行にカーソルが移動した　　続きのプロンプトを入力しておく

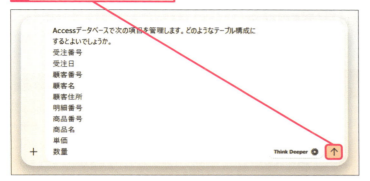

3 ［メッセージの送信］をクリック

回答が表示された

使いこなしのヒント
プロンプトを改行する

プロンプトを入力するときに Shift ＋ Enter キーを押すと、改行できます。Enter キーだけ押した場合は［メッセージの送信］が実行されるので注意してください。

使いこなしのヒント
必ず正しい回答が返されるの？

Copilotの回答はインターネット上の情報を用いて生成されるため、回答に間違った情報や古い情報が含まれる可能性があります。回答をうのみにせずに、正確かどうかを検証して利用してください。

使いこなしのヒント
意図した回答が得られない場合は？

Copilotの回答に対して、質問を続けることができます。回答が分かりづらい場合は、「初心者にも分かるように教えて」「表にまとめて」「ステップバイステップで説明して」などと追加の指示を出しましょう。また回答が意図に沿わない場合は、「別の方法を教えて」などと指示するとよいでしょう。

使いこなしのヒント
Microsoft 365と連携する

有料のCopilotは、同じMicrosoftアカウントで契約しているMicrosoft 365と連携します。連携対象のMicrosoft 365製品は、Copilotの種類によって変わります。例えばMicrosoft Copilot Proの場合、Microsoft 365 PersonalまたはMicrosoft 365 FamilyのWordやExcelの画面内に起動して、作業中の文書に関する相談を行えます。さらに、書式の設定や数式の入力など、文書に対する操作を指示して実際に実行してもらうことも可能です。なお、2025年1月現在、Accessとの連携はありません。

レッスン 104 サンプルデータを作成してもらうには

データの作成 | **練習用ファイル** なし

データベースの設計の段階でフォームやレポートの動作を確認したいときに、サンプルデータが欲しいことがあります。Copilotに生成してもらったサンプルデータをExcelに貼り付け、それをAccessに取り込むと便利です。

キーワード

Copilot	P.456
フォーム	P.459
レポート	P.460

1 サンプルデータを作成してもらう

質問例

Accessのテーブルに入力するサンプルデータを5件分作成してください。住所の番地は「X-X-X」にしてください。回答はコンマ区切りでお願いします。テーブルのフィールド構成は以下のとおりです。
会員ID
会員名
郵便番号
住所

使いこなしのヒント
コンマ区切りが確実

回答を表形式で出してもらっても、表形式のデータをそのままExcelのワークシートにコピー／貼り付けできないことがあります。そこで、ここでは確実にExcelに取り込めるコンマ区切りのデータの作成を指示しました。

Copilotを起動しておく

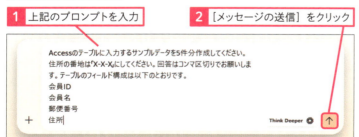

1 上記のプロンプトを入力
2 [メッセージの送信] をクリック

回答が表示された

3 [コピー] をクリック

使いこなしのヒント
[コピー] のクリックでデータをコピーできる

Copilotに式やデータの提案を求めると、操作3の画面のように [コピー] が表示される場合があります。その場合、[コピー] をクリックすると式やデータ全体が即座にコピーされます。[コピー] が表示されない場合は、データをドラッグして選択し、Ctrl+Cキーでコピーしてください。

ショートカットキー
コピー	Ctrl+C

2 サンプルデータをExcelに貼り付ける

Excelを起動し、新規ブックを開いておく

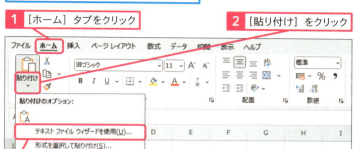

使いこなしのヒント
いったんExcelに貼り付ける

Copilotの回答をそのままAccessのテーブルに貼り付けるのは難しいので、ここではExcelのワークシートに貼り付けます。貼り付けたデータは、レッスン97を参考にテーブルにコピーできます。

使いこなしのヒント
CSVファイルに保存してもよい

操作3でコピーしたデータをCSVファイルとして保存する方法もあります。それにはまずメモ帳を起動して、データを貼り付けます。[名前を付けて保存]画面を表示し、[ファイル名]欄に「○○.csv」のようにファイル名に「.csv」を付けて入力します。[エンコード]欄で[ANSI]を選択し、[保存]をクリックすると、CSVファイルとして保存されます。あとは付録2を参考にAccessのテーブルにインポートします。

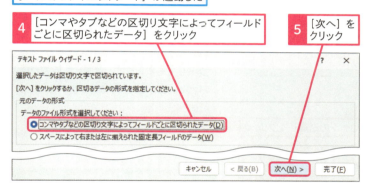

使いこなしのヒント
[データのプレビュー]を確認する

操作7で[完了]をクリックする前に、[データのプレビュー]欄でデータの状態を確認してください。日付が文字列になってしまっているなどの不具合がある場合は[次へ]をクリックし、表示される画面で各列のデータ型を調整しましょう。

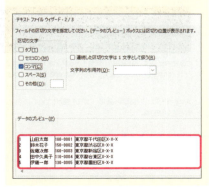

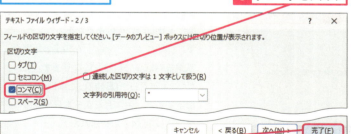

104 データの作成

できる 441

レッスン 105 演算フィールドの式を作成してもらうには

式の作成　　　練習用ファイル　L105_式の作成.accdb

クエリの演算フィールドや［抽出条件］、フォームやレポートの［コントロールソース］プロパティなどに入力する式に迷ったときは、Copilotに相談してみましょう。質問するときにフィールド名を伝えれば、そのままコピーして使用できる式を提案してもらえます。

🔍 キーワード

クエリ	P.457
コントロールソース	P.458
プロンプト	P.459

1 演算フィールドの式を提案してもらう

💡 使いこなしのヒント
具体的に質問しよう

思い通りの回答を得るためには、プロンプトにできるだけ詳細な情報を含めましょう。操作1のように実際のフィールド名を伝えておけば、フィールド名を使った式を提案してもらえます。意図した回答が得られない場合は、より細かく指示を出しましょう。

質問例
> Accessのクエリで、「生年月日」フィールドから現在の年齢を計算するための式を教えてください。

Copilotを起動しておく

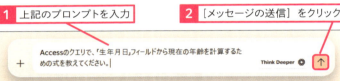

1 上記のプロンプトを入力
2 ［メッセージの送信］をクリック

回答が表示された

3 ［コピー］をクリック

💡 使いこなしのヒント
DateDiff関数

DateDiff関数は、［日時1］と［日時2］の間に基準日時が何回あるかをカウントします。［単位］に"yyyy"を指定した場合、基準日時は「1月1日」になります。［日時1］に生年月日、［日時2］に本日の日付を指定すると、生年月日から本日までの「1月1日」の回数が求められます。

DateDiff(単位, 日時1, 日時2)

2 提案された式をクエリに貼り付けて確認する

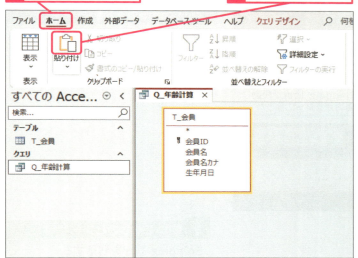

コピーした式が貼り付けられた

[クエリデザイン]タブの[実行]をクリックして
データシートビューに切り替えておく

[生年月日]フィールドを
元に年齢が計算された

使いこなしのヒント
Accessで年齢を計算する

ExcelではDATEDIF関数1つで年齢を計算できますが、AccessのDateDiff関数はExcelとは機能が異なります。Accessで年齢を求めるには、DateDiff関数を使用して生年月日と本日の間の「1月1日」の回数を求め、本日の「月日」が生年月日の「月日」の前であれば「1」を引きます。全体の式は以下になります。

DateDiff("yyyy", [生年月日], Date()) - IIf(Format([生年月日], "mmdd") > Format(Date(), "mmdd"), 1, 0)

使いこなしのヒント
データベースのコピーを取って検証しよう

Copilotが正しい回答を返すとは限りません。事前にデータベースをコピーして、コピーしたデータベースのクエリに式を貼り付けて検証するといいでしょう。コピーしたデータベースであれば、[生年月日]フィールドに今日や明日の月日を入力して年齢が1歳加算されるかどうかなどを自由に検証できます。

ショートカットキー

貼り付け　　　　　　　　　　[Ctrl]+[V]

レッスン 106 クエリのデザインを解析してもらうには

スクリーンショット 　　**練習用ファイル** L106_スクリーンショット.accdb

Copilotは、画像上の文字や数値を読み取って解析する能力を持っています。Accessの画面のスクリーンショットをアップロードして、クエリのデザインを解析してもらったり、集計結果を分析してもらったりと、さまざまな用途に役立ちます。

キーワード

クエリ	P.457
フォーム	P.459
プロンプト	P.459

ショートカットキー

Snipping Toolの起動
⊞ + Shift + S

1 クエリのスクリーンショットを撮る

「L106_スクリーンショット.accdb」を開き、[Q_顧客抽出_取引実績なし] クエリのデザインビューを表示しておく

1 ⊞ + Shift + S キーを押す

Snipping Toolが起動し、画面がグレーになった

2 [四角形] が選択されていることを確認

3 デザインビュー上をドラッグ

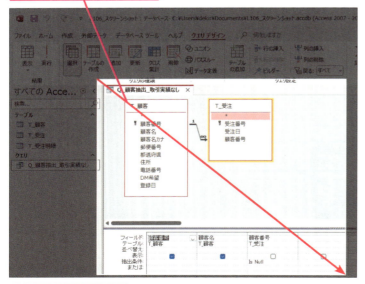

スクリーンショットされた

使いこなしのヒント

Snipping Toolを利用する

⊞ + Shift + S キーを押すと、カメラの絵柄のボタンがオンの状態でSnipping Toolが起動します。[四角形] のモードで画面上を斜めにドラッグすると、四角い範囲がPNG形式の画像ファイルとして [ピクチャ] フォルダー内の [スクリーンショット] フォルダーに撮影日時入りのファイル名で自動保存されます。ファイル名は必要に応じて分かりやすい名前に変更してください。

[四角形] を選択しておく

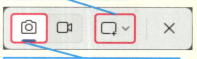

このボタンがオンの状態で画面上をドラッグするとスクリーンショットできる

2 スクリーンショットをアップロードして質問する

質問例

> このクエリの意味を教えてください。

Copilotを起動しておく

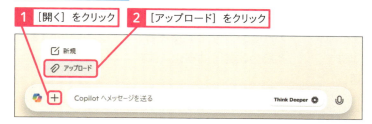

使いこなしのヒント
個人情報や機密情報の扱いに注意

Microsoft CopilotとMicrosoft Copilot Proでは、プロンプトの内容がAIの学習に使用されることがあります。個人情報や機密情報を含む画像のアップロードおよびプロンプトの入力は避けましょう。

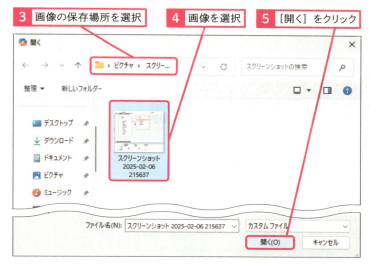

使いこなしのヒント
クエリのデザインの解析

ここではレッスン72で作成した[Q_顧客抽出_取引実績なし]クエリの解析を依頼しました。Copilotからは、「このクエリは、受注がない顧客を抽出するためのクエリです」という旨の回答が返されました。

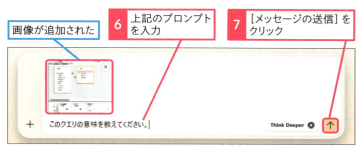

使いこなしのヒント
見た目の情報が解析の対象

画像解析では、画像に写っているものだけが解析の対象です。フォームやレポートのデザインビューでは設定の要であるコントロールのプロパティを伝え切れないため、解析の精度は低くなります。
反対に、画面の情報だけで解析可能なものは高い精度を期待できます。例えば、クエリのデータシートビューで月別売上の集計結果を解析してもらうなどの使い方が考えられます。

この章のまとめ

CopilotをAccessの作業に役立てよう

この章で紹介したとおり、Copilotは操作の説明やテーブル設計の提案、サンプルデータの生成、式の作成、画像の解析など、Accessの作業に関するさまざまなサポートをしてくれます。操作に迷ったときや分からないことに遭遇したときはぜひCopilotを活用してみましょう。「個人情報や機密情報を入力しないこと」「回答をうのみにしないこと」に注意しながら、Copilotを業務の改善・効率化に役立ててください。

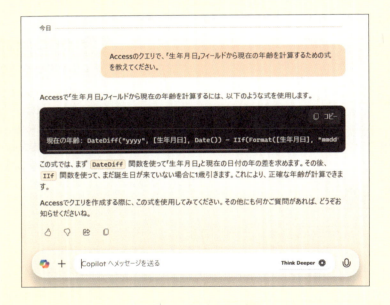

AccessとAI、とても楽しかったです！

AIは「習うより慣れろ」。どんどん使って、Copilotと仲良しになってください♪

意外と複雑なこともできて、びっくりしました！

プロンプト次第で高度な質問にも答えてくれます。とはいえ、AIはまだ発展途上なので、回答は自分でもしっかりチェックしましょうね。

付録1 セキュリティリスクのメッセージが表示されないようにするには

データベースファイルを開いたときに、リボンの下に［セキュリティリスク］や［セキュリティの警告］のメッセージバーが表示されることがあります。そのまま利用した場合、アクションクエリや一部のマクロを実行できません。メッセージバーが表示されないようにするには、データベースファイルを保存するフォルダーを［信頼できる場所］として設定します。

1 ［Accessのオプション］画面を表示する

Accessを起動しておく　　**1**［オプション］をクリック

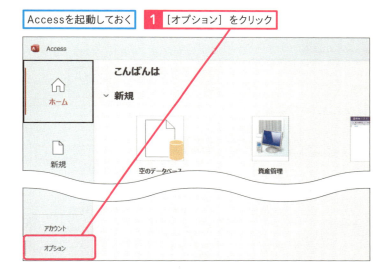

［Accessのオプション］画面が表示された　　**2**［トラストセンター］をクリック

使いこなしのヒント
セキュリティリスクとは

Webサイトからダウンロードしたデータベースファイルを開いたときに、メッセージバーに［セキュリティリスク］が表示され、一部の機能の使用が制限されます。メッセージバー上から機能制限を解除することはできません。

これが表示されると一部の機能の使用が制限される

使いこなしのヒント
セキュリティの警告とは

データベースファイルを開くと、［セキュリティの警告］が表示され、一部の機能の使用が制限されます。［コンテンツの有効化］をクリックすると、機能制限を解除できます。一度有効化すると、次回から［セキュリティの警告］は表示されなくなります。

次のページに続く→

できる　447

2 トラストセンターの設定を行う

[トラストセンター] 画面が表示された

1 [トラストセンターの設定] をクリック

データベースファイルを保存する [信頼できる場所] を設定する

2 [信頼できる場所] をクリック

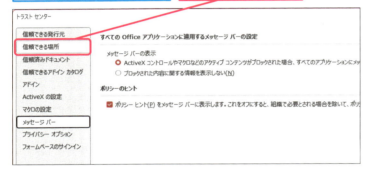

3 [新しい場所の追加] をクリック

用語解説

トラストセンター

[トラストセンター] 画面は、Officeのセキュリティとプライバシーの設定/確認を行う機能です。

使いこなしのヒント

[セキュリティリスク] を個別に解除するには

[セキュリティリスク] のメッセージバーには、[コンテンツの有効化] のような解除機能はありません。解除するには、ファイルのプロパティを表示して設定します。

1 エクスプローラーでファイルアイコンを右クリック

2 [プロパティ] をクリック　**3** [全般] タブをクリック

4 [セキュリティ] 欄の [許可する] をクリック

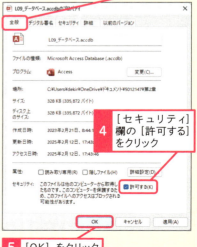

5 [OK] をクリック

448

●保存先を設定する

[信頼できる場所] に設定したい
フォルダーを指定する

4 [参照] をクリックして保存したい
フォルダーを指定

5 ここをクリックしてチェック
マークを付ける

6 [OK] をクリック

指定した場所が [信頼できる場所] の
一覧に追加されたことを確認する

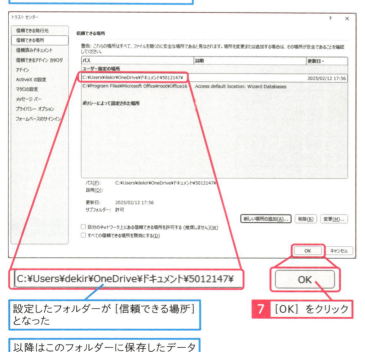

C:¥Users¥dekir¥OneDrive¥ドキュメント¥5012147¥

設定したフォルダーが [信頼できる場所]
となった

以降はこのフォルダーに保存したデータ
ベースファイルを開いても [セキュリティ
リスク] や [セキュリティの警告] メッセー
ジは表示されない

7 [OK] をクリック

使いこなしのヒント
[信頼できる場所] を
むやみに作成しない

[セキュリティリスク] や [セキュリティ
の警告] は、マクロなどを利用した悪意
あるウィルスから大切なデータを守るた
めに、注意を促す目的で表示されるもの
です。メッセージが煩わしいからといって、
[信頼できる場所] をむやみに作成しない
ようにしましょう。

使いこなしのヒント
サブフォルダーも信頼できる場所に
設定するには

[この場所のサブフォルダーも信頼する]
にチェックマークを付けると、指定した
フォルダーに含まれるフォルダーも信頼
できる場所と見なされます。

使いこなしのヒント
[信頼できる場所] の設定を
解除するには

操作7の [トラストセンター] 画面で [信
頼できる場所] の一覧からフォルダーを
クリックし、[削除] をクリックすると、[信
頼できる場所] の設定を解除できます。

使いこなしのヒント
[信頼できる場所] から
データベースファイルを開く

[信頼できる場所] に登録したフォルダー
に保存したデータベースファイルを開く
と、[セキュリティリスク] や [セキュリティ
の警告] は表示されません。すべての機
能が使用できる状態で、データベースファ
イルが開きます。

付録2 AccessのデータをCSVファイルにエクスポートするには

Accessでは［テキストエクスポートウィザード］を使用して、テーブルやクエリをCSVファイルにエクスポートできます。ファイル名を指定するときに拡張子「.csv」を付けて指定すること、ウィザードの中で区切り文字として「コンマ」を指定することがポイントです。

1 エクスポートしたいファイルを指定する　fu02_エクスポート.accdb

レッスン09を参考に「fu02_エクスポート.accdb」を開いておく

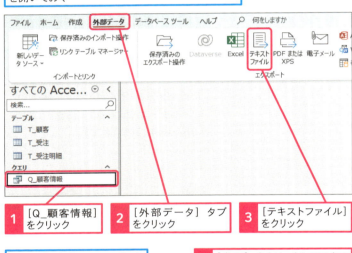

1 ［Q_顧客情報］をクリック
2 ［外部データ］タブをクリック
3 ［テキストファイル］をクリック

エクスポート先のフォルダーとファイル名を指定する

4 ［参照］をクリックしてエクスポートするファイルを指定

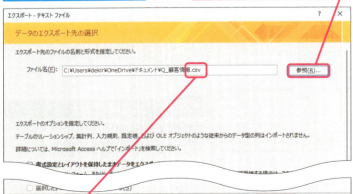

5 csv形式で出力したいので拡張子「.csv」を入力

ここでは［ドキュメント］フォルダーに［顧客情報.csv］というファイル名で保存する

6 ［OK］をクリック

用語解説　CSVファイル

CSVファイル（拡張子「.csv」）はフィールドをコンマ「,」で区切ったファイルで、テキストファイルの一種です。多くのアプリで使用できるファイル形式なので、アプリ間でデータをやり取りするときによく使用されます。「CSV」は「Comma Separated Values」の略です。

用語解説　拡張子

拡張子とは、ファイル名の末尾に付くファイルの種類を表す記号です。Accessの操作の中でよく使う拡張子は下表のとおりです。

拡張子	ファイルの種類
.accdb	Accessデータベース
.xlsx	Excelブック
.txt	テキストファイル
.csv	CSVファイル

2 エクスポートの形式を指定する

[テキストエクスポートウィザード]が表示される

[区切り記号付き]が選択されていることを確認する

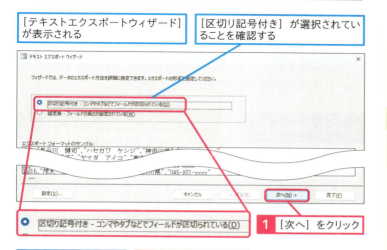

1 [次へ]をクリック

区切り記号を指定する　2 [コンマ]をクリック

フィールド名を付けてエクスポートしたい場合はここにチェックマークを付ける

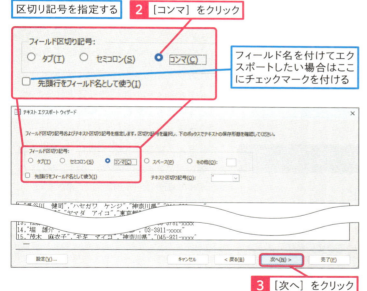

3 [次へ]をクリック

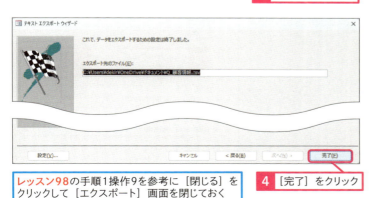

レッスン98の手順1操作9を参考に[閉じる]をクリックして[エクスポート]画面を閉じておく

4 [完了]をクリック

⚠ ここに注意

CSVファイルにエクスポートするときは、必ず操作1の画面で[区切り記号付き]を選択し、操作2でフィールド区切り記号として[コンマ]を選択してください。

💡 使いこなしのヒント
フィールド名を付けてエクスポートするには

CSVファイルにフィールド名を含めたいときは、手順2の操作2の画面で[先頭行をフィールド名として使う]にチェックマークを付けます。

💡 使いこなしのヒント
テキスト区切り記号とは

操作2の画面の[テキスト区切り記号]で「"」を指定すると、文字列データが「"」で囲まれてエクスポートされます。本書のサンプルでは「"」を付けなくても問題ありませんが、例えば文字列データの中に「,」が含まれる場合などはフィールドの区切りをはっきりさせるために「"」などで囲む必要があります。なお、「"」で囲まずにエクスポートしたいときは、[テキスト区切り記号]から[{なし}]を選択してください。

💡 使いこなしのヒント
テキストファイルにエクスポートするには

手順1の操作5でエクスポート先のファイル名として拡張子「.txt」を入力すると、テキストファイルにエクスポートできます。テキストファイルは区切り文字の決まりはないので、[タブ][スペース]などの記号を自由に選択できます。

付録

できる　451

付録3 CSVファイルをAccessにインポートするには

CSVファイルをテーブルとしてAccessにインポートできます。インポートを実行すると［テキストインポートウィザード］が表示されるので、取り込むフィールドのデータ型や主キーの設定をしてください。

1 インポートするファイルを確認する　fu03_顧客情報.csv

「fu03_顧客情報.csv」をメモ帳で開いて内容を確認しておく

2 ［外部データの取り込み］画面を表示する　fu03_インポート.accdb

レッスン09を参考に「fu03_インポート.accdb」を開いておく

1 ［外部データ］タブをクリック
2 ［新しいデータソース］をクリック
3 ［ファイルから］をクリック
4 ［テキストファイル］をクリック

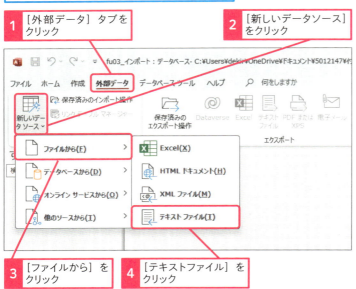

使いこなしのヒント
CSVファイルはExcelと関連付けられている

CSVファイルは、初期設定でExcelと関連付けられています。エクスプローラーでCSVファイルのファイルアイコンをダブルクリックすると、Excelが起動してファイルが開きます。

使いこなしのヒント
CSVファイルの中身を確認するには

CSVファイルをExcelで開くと各フィールドが別々のセルに読み込まれるため、フィールドの区切り文字や文字列が「"」で囲まれているかどうかなどを確認できません。確認したいときは、メモ帳を起動し、［ファイル］タブの［開く］からファイルの場所と名前を指定して開きます。

メモ帳を起動しておく
1 ［ファイル］タブをクリック
2 ［開く］をクリック
3 CSVファイルを選択する
4 ［開く］をクリック

●インポートするファイルを指定する

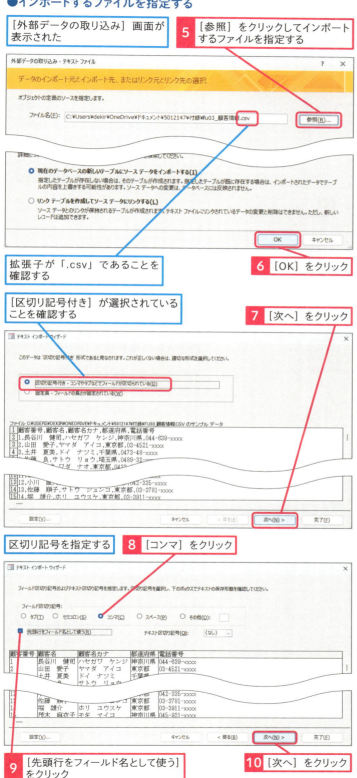

[外部データの取り込み] 画面が表示された

5 [参照] をクリックしてインポートするファイルを指定する

拡張子が「.csv」であることを確認する

6 [OK] をクリック

[区切り記号付き] が選択されていることを確認する

7 [次へ] をクリック

区切り記号を指定する　8 [コンマ] をクリック

9 [先頭行をフィールド名として使う] をクリック

10 [次へ] をクリック

使いこなしのヒント
拡張子を表示するには

Windowsの初期設定では、エクスプローラーに拡張子は表示されません。表示するには、以下のように操作します。

1 [表示] をクリック

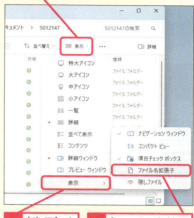

2 [表示] をクリック

3 [ファイル名拡張子] をクリック

使いこなしのヒント
既存のテーブルへCSVファイルを追加するには

データベースファイルにテーブルが含まれている場合、操作5の画面に [レコードのコピーを次のテーブルに追加する] という選択肢が表示されます。この選択肢をクリックし、追加先のテーブルを指定すると、CSVファイルのデータを既存のテーブルに追加できます。

⚠ ここに注意

CSVファイルをインポートするときは、操作7の画面で [区切り記号付き] を選択し、操作8でフィールド区切り記号として [コンマ] を選択します。

付録

次のページに続く→

できる　453

●顧客番号のデータ型を確認する

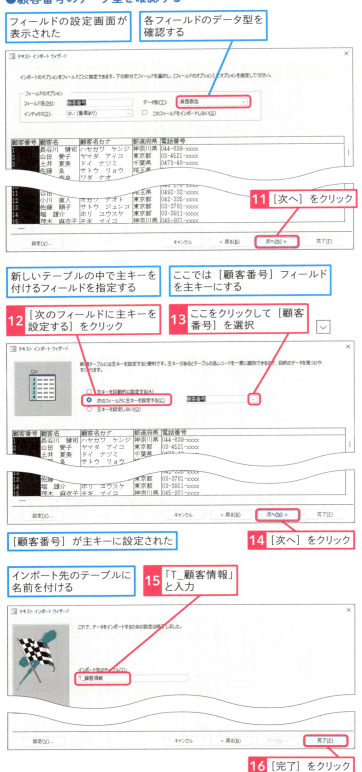

| フィールドの設定画面が表示された | 各フィールドのデータ型を確認する |

11 [次へ] をクリック

| 新しいテーブルの中で主キーを付けるフィールドを指定する | ここでは [顧客番号] フィールドを主キーにする |

12 [次のフィールドに主キーを設定する] をクリック

13 ここをクリックして [顧客番号] を選択

[顧客番号] が主キーに設定された

14 [次へ] をクリック

| インポート先のテーブルに名前を付ける | 「T_顧客情報」と入力 |

15

16 [完了] をクリック

使いこなしのヒント

フィールド名もインポートするには

CSVファイルの先頭にフィールド名が含まれている場合は、操作9の画面で [先頭行をフィールド名として使う] にチェックマークを付けます。含まれていない場合は、チェックマークを外します。その場合、「フィールド1」のような仮のフィールド名が付くので、インポート後にテーブルのデザインビューで適切な名前を設定してください。

使いこなしのヒント

目的とは違うデータ型が設定された場合は

操作11の画面では、1列ずつ選択してデータ型（数値型の場合はフィールドサイズ）を確認します。目的とは異なるデータ型が設定されていた場合は、一覧から正しいデータ型を選択してください。

使いこなしのヒント

主キーを設定する

操作12の画面では、主キーのフィールドを設定します。インポートする表の中から主キーを選択する場合は、重複データが入力されていない列を選択する必要があります。主キーにふさわしい列が存在しない場合は、[主キーを自動的に設定する] をクリックすると、「ID」という名前のオートナンバー型のフィールドが先頭の列に挿入され、[ID] フィールドが主キーになります。

● [外部データの取り込み] 画面を閉じる

データの取り込みが完了し、[インポート操作の保存] 画面が表示される

17 [閉じる] をクリック

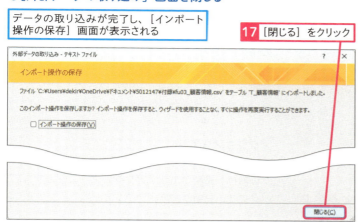

使いこなしのヒント
インポートの操作を保存するには

操作17の画面で [インポート操作の保存] にチェックマークを付け、インポート操作名を設定すると、インポートの操作が保存されます。[外部データ] タブの [保存済みのインポート操作] を使用すると、同じ設定のインポート操作を実行できます。

3 インポートされたテーブルを確認する

ナビゲーションウィンドウに [T_顧客情報] が表示された

1 [T_顧客情報] をダブルクリック

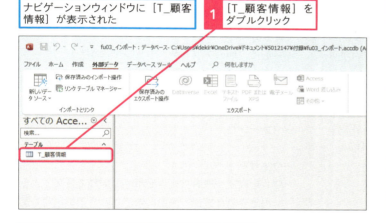

テーブルが表示された

「fu03_顧客情報.csv」の内容がインポートされている

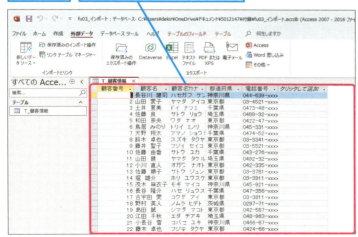

使いこなしのヒント
テーブルのデザインを確認しよう

インポートを実行したら、テーブルのデータシートビューだけでなく、デザインビューも確認し、短いテキストの [フィールドサイズ] など、各フィールドのフィールドプロパティを適切に設定しましょう。

用語集

And条件（アンドジョウケン）
複数の抽出条件を指定する方法の1つ。And条件を設定した抽出では、指定したすべての条件を満たすレコードが取り出される。
→抽出、レコード

Between And演算子（ビトゥィーンアンドエンザンシ）
抽出条件の設定時に、指定した値の範囲内にあるかどうかを判断する演算子。例えば「Between 10 And 20」は10以上20以下を表す。
→演算子、抽出

Copilot（コパイロット）
Microsoftが提供しているAIサービスの総称。対話形式で分からないことを質問できる。Windows 11に付属する「Microsoft Copilot」のほか、契約が必要な有料の製品もある。

Like演算子（ライクエンザンシ）
抽出条件の設定時に、ワイルドカードを使用して文字列のパターンを比較する演算子。例えば「Like "山*"」は「山」で始まる文字列を表す。
→演算子、抽出、ワイルドカード

Or条件（オアジョウケン）
複数の抽出条件を指定する方法の1つ。Or条件を設定した抽出では、指定した条件のうち少なくとも1つを満たすレコードが取り出される。
→抽出、レコード

Where条件（ホウェアジョウケン）
クエリで集計を行うときに、集計対象のフィールドに設定する条件のこと。マクロを使用してフォームやレポートを開く際に設定するレコードの抽出条件も「Where条件」と呼ぶ。
→クエリ、集計、抽出、フィールド、フォーム、マクロ、レコード、レポート

アクション
Accessのマクロで実行できる命令のこと。マクロには［フォームを開く］［レポートを開く］［レコードの保存］といったさまざまなアクションが用意されており、アクションの実行順を指定したマクロを作成することで、Accessの操作を実行できる。
→フォーム、マクロ、レコード、レポート

アクションクエリ
テーブルのデータを一括で変更する機能を持つクエリの総称。更新クエリはアクションクエリの1つ。
→クエリ、更新クエリ、テーブル

イベント
マクロを実行するきっかけとなる動作を指す。「クリック時」や「更新後処理」のような動作がある。
→マクロ

インポート
一般に、他のアプリケーションで作成されたデータを現在のファイルに取り込むことをいう。Accessでは、Excelやテキストファイルなどのデータをテーブルの形式に変換してインポートできる。
→テーブル

ウィザード
難しい設定や複雑な処理を単純な操作で行えるように用意された機能。画面に表示される選択項目を選ぶだけで、複雑なフォームやレポートを作成したり、インポートの設定をしたりできる。
→インポート、フォーム、レポート

埋め込みマクロ
フォーム、レポート、またはコントロールのイベントのプロパティに埋め込まれたマクロのこと。埋め込みマクロは、埋め込まれたオブジェクトやコントロールの一部になる。
→イベント、オブジェクト、コントロール、フォーム、マクロ、レポート

エクスポート

現在のファイル内のデータやデータベースオブジェクトを、他のファイルに保存すること。Accessでは、テーブルやクエリのデータをExcelやテキストファイルの形式に変換してエクスポートできる。
→クエリ、データベースオブジェクト、テーブル

演算子

式の中で数値の計算や値の比較のために使用する記号のこと。数値計算のための算術演算子や値を比較するときに使う比較演算子、文字列を連結するための文字列連結演算子などがある。
→比較演算子

演算フィールド

クエリで演算結果を表示するフィールドのこと。テーブルや他のクエリのフィールドの値のほか、算術計算や文字列結合、関数式などの演算結果も表示できる。
→関数、クエリ、テーブル、フィールド

オブジェクト

Accessのテーブル、クエリ、フォーム、レポート、マクロ、モジュールなどの構成要素の総称。データベースオブジェクトともいう。
→クエリ、テーブル、フォーム、マクロ、モジュール、レポート

関数

与えられたデータを元に複雑な計算や処理を簡単に行う仕組みのこと。関数を使うことで、データを集計したり、いろいろな形に加工したりできる。

クエリ

テーブルのレコードを操作するためのオブジェクト。クエリを使うと、テーブルのレコードを抽出、並べ替え、集計できる。また、複数のテーブルのレコードを組み合わせたり、演算フィールドを作成したりすることも可能。
→演算フィールド、オブジェクト、抽出、テーブル、レコード

グループ集計

特定のフィールドをグループ化して、別のフィールドを集計すること。例えば［商品名］フィールドをグループ化して［売上高］フィールドを合計すれば、商品別の売上の合計を集計できる。
→フィールド

クロス集計

項目の1つを縦軸に、もう1つを横軸に配置して集計を行うこと。集計結果を二次元の表に見やすくまとめることができる。

クロス集計クエリ

クロス集計を実現するためのクエリ。
→クエリ、クロス集計

結合線

リレーションシップウィンドウやクエリのデザインビューで複数のテーブルを結合するときに、結合フィールド間に表示される線のこと。
→クエリ、結合フィールド、テーブル、デザインビュー、リレーションシップ

結合フィールド

テーブル間にリレーションシップを設定するときに、互いのテーブルを結合するために使用するフィールドのこと。通常、共通のデータが入力されているフィールドを結合フィールドとして使う。
→テーブル、フィールド、リレーションシップ

更新クエリ

アクションクエリの1つ。テーブルのデータを一括更新する機能を持つ。
→アクションクエリ、テーブル

コントロール

フォームやレポート上に配置するラベルやテキストボックスなどの総称。ボタン、コンボボックス、チェックボックスなどもコントロールの1つ。
→コンボボックス、チェックボックス、テキストボックス、フォーム、ボタン、ラベル、レポート

コントロールソース

テキストボックスなどのコントロールに表示するデータの元となるもの。［コントロールソース］プロパティでフィールド名や計算式を設定する。

→コントロール、テキストボックス、フィールド、
　ラベル

コントロールレイアウト

フォームやレポートのコントロールをグループ化して整列する機能。左列にラベル、右列にテキストボックスを配置する「集合形式レイアウト」と、表の形式でラベルとテキストボックスを配置する「表形式レイアウト」がある。

→コントロール、テキストボックス、フォーム、ラ
　ベル、レポート

サブフォーム

メイン／サブフォームにおいて、メインフォームの中に埋め込まれるフォームをサブフォームと呼ぶ。
→メイン／サブフォーム、メインフォーム

参照整合性

テーブル間のリレーションシップを維持するための規則のこと。リレーションシップに参照整合性を設定しておくと、データの整合性が崩れるようなデータの削除や変更などの操作がエラーになり、リレーションシップを正しく維持できる。

→テーブル、リレーションシップ

主キー

テーブルの各レコードを識別するためのフィールドのこと。主キーに設定されたフィールドには、重複した値を入力できない。テーブルのデザインビューのフィールドセレクターに、カギのマーク🔑が表示されているフィールドが主キー。

→テーブル、デザインビュー、フィールド、レコード

セクション

フォームやレポートを構成する領域。領域ごとに機能が異なる。例えば、［ページヘッダー］は各ページの最初に表示・印刷され、［詳細］はレコードの数だけ繰り返し表示・印刷される。

→フォーム、レコード、レポート、レコード

選択クエリ

クエリの種類の1つ。テーブルや他のクエリからデータを取り出す機能を持つ。
→クエリ、テーブル

チェックボックス

Yes/No型のデータを格納するためのコントロール。チェックマークが付いている場合は「Yes」、付いていない場合は「No」の意味になる。
→コントロール

抽出

条件に合致するレコードを抜き出すこと。クエリで抽出条件を指定すると抽出を実行できる。例えば、「東京都」という条件を指定することで顧客情報のテーブルから東京都在住の顧客を抜き出せる。
→クエリ、テーブル、レコード

データ型

フィールドに格納するデータの種類を定義するための設定項目。短いテキスト、長いテキスト、数値型、日付/時刻型、通貨型、オートナンバー型、Yes/No型、集計型などがある。
→オートナンバー型、フィールド

データシート

レコードを表形式で表示・入力する画面のこと。テーブル、クエリ、フォームのビューの1つでもある。
→クエリ、テーブル、ビュー、フォーム、レコード

テーブル

Accessに用意されているオブジェクトの1つで、データを格納する入れ物。テーブルに格納したデータはデータシートに表形式で表示され、1行分のデータをレコード、1列分のデータをフィールドと呼ぶ。
→オブジェクト、データシート、フィールド、レコード

テキストボックス

フォームやレポートに配置するコントロールの1つ。フォームでは文字の入力、表示用、レポートでは文字の表示用として使用する。
→コントロール、フォーム、レポート

デザインビュー

テーブル、クエリ、フォーム、レポートに用意されたビューの1つで、オブジェクトの設計画面。
→オブジェクト、クエリ、テーブル、ビュー、フォーム、レポート

ナビゲーションウィンドウ

データベースファイルを開いたときに画面の左側に表示される領域。データベースファイルに含まれるテーブル、クエリ、フォーム、レポートなどのオブジェクトが分類ごとに表示される。
→オブジェクト、クエリ、テーブル、フォーム、レポート

パラメータークエリ

クエリの実行時に抽出条件を指定できるクエリのこと。クエリを実行するたびに異なる条件で抽出を行いたいときに利用する。
→クエリ、抽出

比較演算子

値を比較して、真偽（Yes ／ No）を求める演算子。=演算子、<演算子、>演算子、<=演算子、>=演算子、<>演算子がある。例えば「10>8」の結果は「真（Yes）」となる。
→演算子

引数

関数の計算やマクロのアクションの実行に必要なデータのこと。「ひきすう」と読む。関数やアクションの種類によって、引数の種類や数が決まっている。
→アクション、関数、マクロ

ビュー

オブジェクトが持つ表示画面のこと。各オブジェクトには特定の役割を担う複数のビューがある。テーブルの場合はデータを表示・入力するためのデータシートビュー、テーブルの設計を行うためのデザインビューがある。
→オブジェクト、データシート、テーブル、デザインビュー

フィールド

テーブルの列項目のこと。同じ種類のデータを蓄積する入れ物。例えば、社員情報を管理するテーブルでは、社員番号、社員名、所属などがフィールドにあたる。
→テーブル、フィールド

フィールドサイズ

短いテキスト、数値型、オートナンバー型のフィールドに設定できるフィールドプロパティの1つ。このプロパティを使用すると、フィールドに入力できる文字列の文字数や数値の種類を指定できる。
→オートナンバー型、フィールド、フィールドプロパティ

フィールドプロパティ

フィールドに設定できるプロパティの総称。フィールドのデータ型によって、設定できるプロパティは変わる。
→データ型、フィールド

フォーム

テーブルやクエリのデータを見やすく表示するオブジェクトのこと。フォームからテーブルにデータを入力することもできる。
→オブジェクト、クエリ、テーブル

フッター

フォームやレポートの下部に表示・印刷する領域。フォームフッター、レポートフッター、ページフッター、グループフッターがある。
→フォーム、レポート

プロパティシート

フォームやレポートの中に配置されているコントロールのデータや表示形式などの設定を行うための画面。
→コントロール、フォーム、レポート

プロンプト

CopilotなどのAIに対して質問や指示を行うための入力のこと。
→Copilot

ヘッダー
フォームやレポートの上部に表示・印刷する領域。フォームヘッダー、レポートヘッダー、ページヘッダー、グループヘッダーがある。
→フォーム、レポート

ボタン
フォームに配置してマクロを割りあて、処理を自動実行させるために使用するコントロール。
→コントロール、フォーム、マクロ

マクロ
処理を自動化するためのオブジェクト。「フォームを開く」や「レポートを開く」など、用意されている処理の中から実行する操作を選択できる。
→オブジェクト、フォーム、レポート

マクロビルダー
マクロを作成する画面。マクロで実行するアクションや、アクションの実行条件となる引数は、ドロップダウンリストから選択できる。
→アクション、引数、マクロ

メイン／サブフォーム
フォームに明細となる表形式あるいはデータシート形式のフォームを埋め込んだもの。一側テーブルのレコードとそれに対応する多側テーブルのレコードを1つの画面で表示するために作成する。
→データシート、テーブル、フォーム、レコード

ラベル
フォームやレポートの任意の場所に文字を表示するためのコントロール。
→コントロール、フォーム、レポート

リレーショナルデータベース
テーマごとに作成した複数のテーブルを互いに関連付けて運用するデータベース。Accessで扱うデータベースはリレーショナルデータベースにあたる。
→テーブル

リレーションシップ
テーブル間の関連付けのこと。互いのテーブルに共通するフィールドを結合フィールドといい、このフィールドを介することにより、テーブルを関連付けできる。
→結合フィールド、テーブル、フィールド

ルーラー
フォームやレポートのデザインビューの上端と左端に表示される目盛り。標準ではセンチメートル単位。コントロールの配置の目安にできる。また、ルーラーをクリックすると、その延長線上にあるコントロールを一括選択できる。
→コントロール、デザインビュー、フォーム、レポート

レコード
1件分のデータのことで、テーブルの行項目。例えば社員情報を管理するテーブルでは、1人分の社員データがレコードにあたる。
→テーブル

レコードセレクター
データシートビューやフォームビューのレコードの左端に表示される長方形の領域で、レコードの状態を示す。クリックするとレコードを選択できる。
→データシート、フォーム、レコード

レコードソース
フォームやレポートに表示するデータの元となるもの。テーブルやクエリなどを設定する。
→クエリ、テーブル、フォーム、レポート

レポート
テーブルやクエリのデータを見やすく印刷するオブジェクトのこと。
→オブジェクト、クエリ、テーブル

ワイルドカード
抽出や検索の条件を指定するときに、条件として不特定の文字や文字列を表す記号のこと。0文字以上の任意の文字を表す「*」(アスタリスク)や任意の1文字を表す「?」(クエスチョンマーク)などがある。
→抽出

索引

記号・アルファベット

&演算子	347
And条件	112, 456
Between And演算子	106, 456
Copilot	436, 456
Day関数	126
Fix関数	366
Format関数	296
Like演算子	110, 456
Month関数	124
Null値	311
Or条件	116, 456
PHONETIC関数	408
SQLビュー	89
Sum関数	254
Where条件	292, 456
Where条件式	394
Year関数	126
Yes ／ No型	56

ア

アクション	373, 456
アクションカタログ	430
アクションクエリ	313, 456
アクションの選択欄	373
宛名ラベルウィザード	192
移動ボタン	48
イベント	381, 456
インポート	410, 456
ウィザード	73, 456
埋め込みマクロ	383, 456
エクスポート	420, 457
エラーインジケーター	342
演算子	230, 457
演算フィールド	124, 457
オートナンバー型	55
オブジェクト	32, 457
親レコード	204

カ

外部キー	204

外部結合	306
改ページ	338
関数	124, 457
キー列	390
既定値	70
行列の入れ替え	302
クエリ	88, 457
クエリビルダー	318
グループ化	326
グループ集計	286, 457
クロス集計	300, 457
クロス集計クエリ	300, 457
結合線	218, 457
結合フィールド	203, 457
更新クエリ	312, 457
コードビルダー	385
子レコード	204
コンテンツの有効化	53
コントロール	139, 457
コントロールウィザード	146
コントロールソース	149, 458
コントロールレイアウト	140, 458
コンボボックス	227

サ

サブデータシート	220
サブフォーム	238, 458
参照整合性	204, 458
式ビルダー	232
自動結合	284
集計	231
集計値	258
集計クエリ	287
集計フィールド	230
住所入力支援	76
主キー	51, 458
詳細	150
数値型	50
セクション	150, 458
セクションバー	151

できる 461

セキュリティの警告	53
選択クエリ	88, 458

タ

タブオーダー	264
タブストップ	266
単票形式	135
チェックボックス	139, 458
抽出	458
帳票形式	173
通貨型	50
定型入力	83
データ型	49, 458
データシート	243, 458
データシートビュー	48
データベース管理システム	31
テーブル	48, 458
テキストボックス	138, 458
デザインビュー	49, 459

ナ

内部結合	306
長いテキスト	50
長さ0の文字列	311
ナビゲーションウィンドウ	42, 459
日本語入力モード	80

ハ

パラメータークエリ	120, 459
比較演算子	104, 459
引数	124, 459
日付／時刻型	50
ビュー	60, 459
ビュー切り替えボタン	48
表形式	135
表示形式	354
フィールド	49, 459
フィールドサイズ	62, 459
フィールドセレクター	48
フィールドプロパティ	62, 459
フィールド名	54
フィールドリスト	91
フォーム	132, 459
フォームウィザード	238

フォームヘッダー	150
フッター	459
プロパティシート	148, 459
プロンプト	436, 459
ページ番号	187
ページフッター	168
ページヘッダー	168
ヘッダー	460
ボタン	378, 460

マ

マクロ	380, 460
マクロビルダー	380, 460
短いテキスト	56
命名規則	55
メイン／サブフォーム	238, 460

ラ・ワ

ラベル	144, 460
リストボックス	227
リレーショナルデータベース	30, 460
リレーションシップ	202, 460
リレーションシップウィンドウ	214
ルーラー	183, 460
ルックアップ	226
レイアウトビュー	133
レコード	49, 460
レコードセレクター	460
レコードソース	319, 460
レポート	166, 460
レポートウィザード	170
レポートセレクター	342
レポートビュー	175
レポートフッター	168
レポートヘッダー	168
ワイルドカード	110, 460

■著者

きたみあきこ

東京都生まれ。神奈川県在住。テクニカルライター。コンピューター関連の雑誌や書籍の執筆を中心に活動中。近著に『増強改訂版 できる イラストで学ぶ 入社1年目からのExcel VBA』『できる Excelパーフェクトブック 困った！＆便利ワザ大全 Copilot対応 Office 2024/2021/2019&Microsoft 365版』（以上、インプレス）『マンガで学ぶエクセル VBA・マクロ "自動化の魔法" Microsoft 365対応』（マイナビ出版）『データ収集・整形の自動化がしっかりわかる Excel パワークエリの教科書』（SBクリエイティブ）などがある。

STAFF

シリーズロゴデザイン	山岡デザイン事務所 <yamaoka@mail.yama.co.jp>
カバー・本文デザイン	伊藤忠インタラクティブ株式会社
カバーイラスト	こつじゆい
本文イラスト	ケン・サイトー
校正	株式会社トップスタジオ
デザイン制作室	今津幸弘 <imazu@impress.co.jp>
	鈴木　薫 <suzu-kao@impress.co.jp>
制作担当デスク	柏倉真理子 <kasiwa-m@impress.co.jp>
編集・制作	リブロワークス
デスク	荻上　徹 <ogiue@impress.co.jp>
編集長	藤原泰之 <fujiwara@impress.co.jp>
オリジナルコンセプト	山下憲治

本書のご感想をぜひお寄せください　https://book.impress.co.jp/books/1124101137

「アンケートに答える」をクリックしてアンケートにご協力ください。アンケート回答者の中から、抽選で図書カード（1,000円分）などを毎月プレゼント。当選者の発表は賞品の発送をもって代えさせていただきます。はじめての方は、「CLUB Impress」へご登録（無料）いただく必要があります。　※プレゼントの賞品は変更になる場合があります。

読者登録サービス

アンケートやレビューでプレゼントが当たる！

■商品に関する問い合わせ先

このたびは弊社商品をご購入いただきありがとうございます。本書の内容などに関するお問い合わせは、下記のURLまたは二次元バーコードにある問い合わせフォームからお送りください。

https://book.impress.co.jp/info/

上記フォームがご利用いただけない場合のメールでの問い合わせ先
info@impress.co.jp

※お問い合わせの際は、書名、ISBN、お名前、お電話番号、メールアドレス に加えて、「該当するページ」と「具体的なご質問内容」「お使いの動作環境」を必ずご明記ください。なお、本書の範囲を超えるご質問にはお答えできないのでご了承ください。

- 電話やFAXでのご質問には対応しておりません。また、封書でのお問い合わせは回答までに日数をいただく場合があります。あらかじめご了承ください。
- インプレスブックスの本書情報ページ https://book.impress.co.jp/books/1124101137 では、本書のサポート情報や正誤表・訂正情報などを提供しています。あわせてご確認ください。
- 本書の奥付に記載されている初版発行日から3年が経過した場合、もしくは本書で紹介している製品やサービスについて提供会社によるサポートが終了した場合はご質問にお答えできない場合があります。

■落丁・乱丁本などの問い合わせ先
FAX　03-6837-5023
service@impress.co.jp
※古書店で購入された商品はお取り替えできません。

できるAccess 2024 Copilot対応
Access 2024/2021 & Microsoft365版

2025年3月21日　初版発行

著　者　きたみあきこ & できるシリーズ編集部
発行人　高橋隆志
編集人　藤井貴志
発行所　株式会社インプレス
　　　　〒101-0051　東京都千代田区神田神保町一丁目105番地
　　　　ホームページ　https://book.impress.co.jp/

本書は著作権法上の保護を受けています。本書の一部あるいは全部について（ソフトウェア及びプログラムを含む）、株式会社インプレスから文書による許諾を得ずに、いかなる方法においても無断で複写、複製することは禁じられています。

Copyright © 2025 AKIKO KITAMI and Impress Corporation. All rights reserved.

印刷所　株式会社広済堂ネクスト
ISBN978-4-295-02147-6　C3055

Printed in Japan